东北粮食主产区水-能源-粮食纽带关系及保障技术

仇亚琴　郝春沣　董维红　王会肖 等　著

中国水利水电出版社
www.waterpub.com.cn
·北京·

内 容 提 要

　　本书是国家重点研发计划课题"东北粮食主产区水-能源-粮食纽带关系及保障技术"（2017YFC0404603）研究成果的总结。书中以东北粮食主产区为研究区，解析了区域水-能源-粮食现状及时空演变特点，揭示了区域水-能源-粮食纽带关系的响应路径、动态机制及关键制约因素，评估了区域水-能源-粮食协同安全水平及其动态变化，提出了区域水-能源-粮食协调发展优化格局及保障技术。

　　本书可供水文水资源及资源环境相关领域的科研人员、大学教师和研究生，以及从事流域水资源规划与管理的技术人员参考。

图书在版编目（CIP）数据

东北粮食主产区水-能源-粮食纽带关系及保障技术 /
仇亚琴等著. -- 北京 : 中国水利水电出版社，2024.12
　ISBN 978-7-5226-1316-1

　Ⅰ．①东… Ⅱ．①仇… Ⅲ．①粮食产区-水资源管理
-关系-粮食问题-研究-东北地区 Ⅳ．①TV213.4
②F326.11

中国国家版本馆CIP数据核字（2023）第053422号

审图号：GS京（2024）2441号

书　　名	**东北粮食主产区水-能源-粮食纽带关系及保障技术** DONGBEI LIANGSHI ZHUCHANQU SHUI - NENGYUAN - LIANGSHI NIUDAI GUANXI JI BAOZHANG JISHU
作　　者	仇亚琴　郝春沣　董维红　王会肖　等著
出版发行	中国水利水电出版社 （北京市海淀区玉渊潭南路 1 号 D 座　100038） 网址：www.waterpub.com.cn E-mail：sales@mwr.gov.cn 电话：（010）68545888（营销中心）
经　　售	北京科水图书销售有限公司 电话：（010）68545874、63202643 全国各地新华书店和相关出版物销售网点
排　　版	中国水利水电出版社微机排版中心
印　　刷	天津嘉恒印务有限公司
规　　格	184mm×260mm　16 开本　15.75 印张　389 千字
版　　次	2024 年 12 月第 1 版　2024 年 12 月第 1 次印刷
定　　价	**128.00 元**

凡购买我社图书，如有缺页、倒页、脱页的，本社营销中心负责调换
版权所有·侵权必究

前　言

　　东北粮食主产区是我国最大的商品粮食基地，涉及黑龙江、吉林、辽宁及内蒙古东部三市一盟等区域，粮食产量约占全国的1/5，在我国粮食安全保障中占有不可替代的重要地位。同时，东北地区也是我国石油、煤炭等化石能源基地，原油产量约占全国的1/4。其中，大庆市位于黑龙江省西部，松嫩平原中部，是中国第一大油田、世界第十大油田大庆油田所在地，也是全国"产粮大市"，粮食产量约占黑龙江省的10%，是典型的能源及粮食生产基地。以往的区域社会经济发展规划布局中，往往仅考虑水、能源、粮食的某一方面，未能统筹考虑其内部联系和外部影响，且缺乏未来不同情景下水、能源、粮食协同安全风险的科学认知，一定程度上导致了地下水位下降、黑土地退化、能源稳产难度加大等问题，区域水-能源-粮食协同安全面临严峻挑战。

　　水-能源-粮食纽带关系是近期国内外相关研究的热点，但是当前研究缺乏对三者之间互馈耦合机理及外部影响因素的科学认知，且尚无典型研究区的针对性成果。结合新时代东北全面振兴、全方位振兴重大战略需求，针对东北粮食主产区地下水超采、粮食增产、能源结构调整及其背后的水-能源-粮食系统协同安全和均衡发展科学问题，国家重点研发计划项目"'水-能源-粮食'协同安全保障关键技术"（2017YFC0404600）设立了课题"东北粮食主产区水-能源-粮食纽带关系及保障技术"（2017YFC0404603）。课题承担单位为中国水利水电科学研究院，参加单位包括吉林大学、北京师范大学，协作单位包括中国社会科学院数量经济与技术经济研究所等。

　　经过近四年的研究攻关，课题完成了东北粮食主产区水-能源-粮食互馈机理及其影响因素辨识、东北粮食主产区水-能源-粮食协同安全适配性与风险评估、东北粮食主产区水-能源-粮食协调发展优化格局及保障技术等三项研究内容，研发了面向粮食安全的水资源竞争协调-高效利用-全程管控的水-能源-粮食协同安全保障技术，为东北粮食主产区的水资源开发利用和排放、粮食生产和消费、能源生产和转化/利用以及经济社会可持续发展提供了综合的政策模拟和量化分析工具。

　　全书由仇亚琴、郝春沣统稿，各章主要撰写人为：第1章，仇亚琴、郝春沣、贾玲、杜军凯、刘海滢、王蓓卿、牛存稳等；第2章，郝春沣、李云玲、潘扎荣、余弘婧、朱厚华、朱成、陈卓、杜军凯、刘海滢、姬世保、何锡君、王贝等；第3章，董维红、王会肖、温传磊、张琦琛、杨雅雪、王雨、李红芳等；第4章，王会肖、杨雅雪、李红芳、王雨、赵茹欣、郭嘉豪、董宇轩、丁梅等；第5章，仇亚琴、王喜峰、杜兆国、刘玉涛、李明亮、肖鹏、莫李娟、张杰、杨月、甘永德、蒋梦源、何小龙等；第6章，郝春沣、王军、鲁欣、杨雅雪、李红芳、董维红、李桐、温传磊、张琦琛、田璐婵等；第7章，仇亚琴、郝春沣、董维红、王会肖、王喜峰等。

课题研究工作得到河海大学王慧敏教授、南京水利科学研究院吴时强正高级工程师的全程指导，马洪琪、林学钰、王浩、张建云、韩文科、李云、郝芳华、刘国纬、程国强、盛昭瀚、秦勇、曾少军、陈敏建、王玲、郦建强、刘晓燕、陈晓宏、贾仰文、周建中、Guoyi Han、李善同、钟平安、汪党献、左其亭、程春田、汤秋鸿、宋永嘉、赵惠媛、朱晶、卓拉等知名专家也对研究给予指导和帮助。课题研究还得到水利部、国家能源局、国家粮食和物资储备局、黑龙江省水利厅、黑龙江省粮食局、黑龙江省统计局、黑龙江省水文水资源中心、吉林省水利厅、辽宁省水利厅、内蒙古自治区水利厅、大庆市水务局、大庆市粮食局、大庆市统计局、中国石油大庆石化公司，瑞典海洋和水资源管理局（Swedish Agency for Marine and Water Management，SwAM）、斯德哥尔摩环境研究院（Stockholm Environment Institute，SEI）、瑞典农业科学大学（Swedish University of Agricultural Sciences，SLU）等机构和单位，以及中国水利水电科学研究院、南京水利科学研究院、河海大学的领导、同事和研究生的大力支持，在此表示衷心感谢！本书出版得到国家重点研发计划课题"东北粮食主产区水－能源－粮食纽带关系及保障技术"（2017YFC0404603）资助，还得到中国水利水电科学研究院流域水循环模拟与调控国家重点实验室的支持，特此表示感谢！

受时间和作者水平限制，书中不足在所难免，恳请读者批评指正！

作者

2022 年 7 月

目　录

第1章 概　　述

1.1　研究背景及意义

资源安全是十八大以后党中央提出的"总体国家安全观"的重要组成部分，而水安全、能源安全和粮食安全是支撑国家资源安全的三个重要方面。随着科学技术和经济社会的快速发展，东北粮食主产区在节水、节能、增粮等方面均取得了持续的进步，但是区域水、能源、粮食的纽带关系研究和协同安全保障仍面临诸多问题。开展基础技术研究并用于指导相关规划布局，对东北粮食主产区社会经济可持续发展具有十分重要的意义。

从科学机理上看，水、能源、粮食的安全并不是彼此孤立、静态不变的。水资源、能源和粮食三者之间存在复杂的制约和互馈机制，三者互相关联且在不同区域、不同自然地理环境、不同经济社会发展状况等条件下呈现出显著的差异；同时，新型城镇化、经济新常态等经济社会发展新形势以及气候变化等外部环境变化对水资源、能源和粮食的供给侧和需求侧也产生显著影响，进而影响了三者的协同安全形势。目前，水、能源、粮食纽带关系是国内外相关学科研究的热点，但是当前研究缺乏三者之间互动耦合机理及外部影响因素的科学认知，且尚无典型研究区的针对性成果。

从政策规划来看，东北粮食主产区是我国最大的商品粮基地，涉及黑龙江、吉林、辽宁及内蒙古东部三市一盟区域，粮食产量约占全国的 1/5，在我国粮食安全保障中占有不可替代的重要地位，其中大庆市位于黑龙江省西部，松嫩平原中部，是我国第一大油田、世界第十大油田大庆油田所在地，也是全国"产粮大市"，粮食产量约占黑龙江省的 10%，是典型的能源及粮食生产基地。以往的在区域社会经济发展规划布局中，往往仅考虑水、能源、粮食的某一方面，未能统筹考虑其内部联系和外部影响，且缺乏未来不同情景下水、能源、粮食协同安全风险的科学认知。基于此，本研究选择了东北粮食主产区及区内典型省市为研究对象，开展水-能源-粮食互馈机理及其影响因素研究，从而为保障区域资源安全，促进资源高效利用和科学管理提供决策依据。

1.2　国内外相关研究概述

国际上对水-能源-粮食纽带关系方面的研究中，相关研究机构及学者采用定性和定量等不同方法，研究水-能源、水-粮食以及水-能源-粮食之间的复杂系统关联关系。国际原子能机构（Bazilian，2011）提出 CLEW（climate，land，energy and water）分析框架，通过构建气候、土地、能源和水资源为主体的系统结构网络并提供结构参数，以期实现考虑水、能源、粮食纽带关系的综合模拟。瑞典斯德哥尔摩环境研究所（Hoff，2011）从系统的角度，充分考虑资源的供给与需求设计出了水资源系统和能源系统的规划模型与软件，完成水资源评估与规划（Water Evaluation and Planning System，WEAP）和能源规划（LEAP），探究区域气候变化对水资源和能源资源的影响。联合国粮农组织（Food and Agriculture Organization of United Nations）在气候变化、资源约束等的基础上，引入社会、经济、政策等因素，从整体性视角提出了全局性的概念框架，提出了保障粮食安全和农业可持续发展的新思路。相关学者也在不同资源环境及政治经济背景下对水-能源-粮食纽带关系的研究提出了不同的研究思路和方法。Endo 等（2015）基于跨学科思想提出了不同区域、不同部门之间协同的水-能源-粮食纽带关系研究框架，并采用问卷调查、本体工程等定性分析方法和成本收益分析、优化管理模型等定量分析方法在日本和菲律宾进行了应用。Strasser 等（2016）提出一种跨界流域的水、能源、粮食、生态系统纽带关系研究框架，考虑了社会经济背景、关键部门、关键问题以及效益分析等。

在当前的研究中，以框架性的定性方法为主，在定量分析中则主要采用概念性方法或者简单联结关系。能够体现水-能源-粮食之间动态平衡及相互反馈，特别是机理性联系，在此基础上考虑水的开发、利用、排放，粮食的种植、加工、消费以及能源的开发、转化、利用等全过程，针对不同区域的资源环境及政治经济等条件进行具体分析，进而得到有针对性和可操作的量化指标和政策建议，是未来研究的发展方向。

在国内，对水-能源-粮食相关研究的关注热度较高，但是对三者之间复杂关联的具体研究尚不多见，当前研究主要集中在水-能源-粮食的驱动因素、响应路径以及综合安全等方面的定性分析，部分学者采用系统动力学方法进行研究。詹贻琛等（2014）对比分析了中美面临的水、能源、粮食冲突及趋势，在三者单独讨论及简单联系的基础上，提出理顺水资源、能源、粮食关系的相应措施和政策建议。米红等（2010）采用系统动力学方法，对未来中国粮食、淡水和能源的需求规模进行了仿真，提炼出人口、经济与粮食、淡水和能源需求的关联模式，探讨了为确保粮食、水、能源安全所能采取的有效措施。李桂君等（2016）构建了以水-能源-粮食三者为主体、涵盖社会、经济和环境子系统的复杂系统因果关联网络，并运用系统动力学仿真技术，实现了对北京市水-能源-粮食关联系统的动力学仿真模拟、预测及敏感性分析。郭淑敏等（2007）通过灰色关联分析法研究了影响粮食产量的相关因素的灰色关联系数，分析了水资源、耕地、灌溉等因素对粮食生产的影响。

与国外相比，国内对水-能源-粮食纽带关系的框架性研究较少，尚未形成对研究体系和管理体系的明确指引；对水-能源、水-粮食等单向约束及响应的研究较多，对水-能源-粮食耦合的复杂互馈关系研究较少；在相关定量研究中，机理性和系统性不足，在水-能源-粮食纽带关系的系统动力学模型中，主要基于概念性反馈关系，采用统计学理论进行模拟和预测，未体现气候、土地、政策等综合条件下各相关要素的动态变化，且缺乏对水、能源、粮食的全生命周期相互反馈和多重影响的充分考虑。

1.3 研究目标及研究内容

研究目标是：基于东北粮食主产区水、能源、粮食发展现状及时空演变特点，揭示区域水-能源-粮食纽带关系的响应路径、动态机制及关键制约因素，评估不同情景下区域水-能源-粮食协同安全适配性与风险水平，提出区域水-能源-粮食协调发展优化格局及保障技术。

研究内容是：解析东北粮食主产区水资源、能源、粮食的供需平衡及演变趋势，揭示水-能源-粮食响应关系及外部影响因素；构建水-能源-粮食安全评价体系，评估东北粮食主产区水-能源-粮食协同安全适配性与风险水平；构建水-能源-粮食的竞争协调、风险管控和水资源高效利用技术体系，提出东北粮食主产区水-能源-粮食协调发展的优化格局和保障方案。

1.3.1 东北粮食主产区水-能源-粮食互馈机理及其影响因素辨识

研究东北粮食主产区水资源空间分布特征以及能源和粮食的生产、加工、消费等变化趋势，解析水资源开发利用、粮食生产转化以及能源生产等相互之间的互馈机理，揭示东北粮食主产区水-能源-粮食三者供给和使用之间的响应关系以及外部影响因素，为东北粮食主产区水-能源-粮食的综合优化格局和均衡发展模式研究提供科学依据。

（1）基础数据库构建：在确定东北粮食主产区范围的基础上，基于区域水资源本底、能源禀赋及粮食生产结构与定位，构建水资源数量、质量和利用效率，粮食种植结构、灌溉制度、贸易和消费，以及化石能源、生物质能的开发、转化、利用等全过程多要素基础数据库。

（2）水-能源-粮食互馈机理研究：结合气候变化以及水利工程、能源开发利用、粮食生产等发展规划，从数量、质量、结构等方面，分析研究区域能源开发利用、粮食生产与水资源供需平衡的互馈影响及其演变趋势，阐释不同资源环境及社会经济条件下水资源供给-能源开发利用-粮食生产的联动特征。

（3）水-能源-粮食响应关系研究：选择大庆市作为典型研究区，从社会、经济、资源、环境等层面，解析水资源供给-能源开发利用-粮食生产相关的系统行为及因果回路，构建基于水-能源-粮食纽带关系的系统动力学模型，揭示水、能源、粮食三者供给、使用和转化等的响应关系以及外部影响因素。

1.3.2 东北粮食主产区水-能源-粮食协同安全适配性与风险评估

基于水循环理论、水资源综合配置理论方法等，分析粮食与能源的需耗水规律及其影响、水分胁迫对粮食产量的影响等，构建基于水-能源-粮食数量和结构的动态安全评价体系，阐释东北粮食主产区黑龙江、吉林、辽宁三省水-能源-粮食协调发展的关键短板及水-能源-粮食协同安全风险时空分布特征，评估未来气候变化、人口变化、能源增长等挑战下水-能源-粮食协同安全适配性。

（1）水-能源-粮食相关要素定量关系研究：选择典型研究区，解析粮食、能源相关产业链条的用水、耗水规律，阐释不同因素对东北粮食主产区典型作物产量的影响机理和关键环节；解析气候变化、种植结构、能源需求及不同用水水平等自然和社会背景条件下的粮食产量、能源规模和供用水量变化，提出研究区水-能源-粮食相关要素的定量关系。

（2）水-能源-粮食协同安全风险评价：构建基于水-能源-粮食数量、质量、结构的动态安全评价体系，结合水-能源-粮食互馈机理及响应关系，揭示东北地区黑龙江、吉林、辽宁三省的水-能源-粮食协同安全的关键短板及水-能源-粮食协同安全风险时空分布特征。

（3）未来情景下水-能源-粮食协同安全预估：设置气候变化、人口增长、能源转型等情景，结合国家宏观政策和区域相关规划，评估不同情景下东北三省的水-能源-粮食协同安全适配性，分析研究区水-能源-粮食协同安全的主要风险源及风险响应灵敏度。

1.3.3　东北粮食主产区水-能源-粮食协调发展优化格局及保障技术

考虑东北粮食主产区社会、经济、资源、环境等子系统内部、彼此之间以及外部环境之间的关系，综合考虑自身禀赋、外部环境、国家定位以及利益相关方的诉求，确定东北粮食主产区水-粮食-能源的综合优化格局和均衡发展模式，构建水-能源-粮食的竞争协调、风险管控和水资源高效利用技术体系，提出东北粮食主产区水-粮食-能源协同安全的政策建议和保障方案。

（1）水-能源-粮食综合优化格局研究：基于东北粮食主产区水-能源-粮食纽带关系机理，考虑社会、经济、资源、环境等子系统，解析区域水、能源、粮食和其他资源及产品的投入产出关系，分析区域水、土地等资源的供给侧约束和能源、粮食等产品的需求侧目标，提出东北粮食主产区水-能源-粮食综合优化格局。

（2）水-能源-粮食均衡发展模式研究：基于东北粮食主产区自身禀赋、外部环境以及国家定位，结合利益相关方的诉求，分析气候变化、人口增长、国家宏观调控等情景下水、能源、粮食的供需协同变化，提出满足资源约束、适应外部环境变化、符合国家定位的东北粮食主产区水-能源-粮食均衡发展模式。

（3）水-能源-粮食协同安全保障技术研究：针对东北粮食主产区节水增粮、工业基地振兴、水生态文明建设等社会经济发展和资源环境保护要求，阐释东北粮食主产区水-能源-粮食协同发展的水资源竞争协调路径，完善供用水双侧管理的水资源高效利用技术，提出源头、过程、末端全程管控的措施和政策建议。

1.3.4　关键科学问题

本研究的关键科学问题是东北粮食主产区气候变化、粮食增产、能源转型及水资源合理配置等自然和社会背景下的水-能源-粮食互馈机理及协同变化，关键技术是面向粮食安全的水资源竞争协调-高效利用-全程管控的水-能源-粮食协同安全保障技术。

具体来说，基于东北粮食主产区水-能源-粮食的互馈机理和变化，突出区域水资源开发利用、国民经济发展、生态环境保护与粮食主定位的关联性，提出变化情景下能源、粮食、生态及国民经济其他部门的水资源需求竞争协调技术，建立基于供需双侧管理的水资源高效利用技术，构建从源头到末端的水-能源-粮食协同安全风险管控技术，综合形成面向粮食安全的水资源竞争协调-高效利用-全程管控的水-能源-粮食协同保障技术体系。

1.4 研究方案

研究主要从"点、面、片"等不同尺度上，以大庆市、松嫩平原、东北三省等为研究对象，采用作物模型、水文模型、系统动力学模型等手段，开展东北粮食主产区水-能源-粮食纽带关系解析及协同安全保障研究。

通过资料收集获取基础信息，构建水资源数量、质量和利用效率，粮食种植结构、灌溉制度、贸易和消费，以及化石能源、生物质能的开发、转化、利用等全过程多要素基础数据库。采用 Cropwat 模型法对大庆市水足迹进行核算，采用系统分析方法构建基于水足迹的大庆市水资源配置系统动力学模型，采用情景分析法预测大庆市在不同调控措施下水资源供需平衡状态，为大庆市水资源优化配置提出建议。其核心是在"点"尺度上完成基于水足迹的系统动力学模拟，解析东北粮食主产区水-能源-粮食互馈机理。

利用作物生长模型分析典型研究区主要粮食作物（水稻、玉米）的耗水规律，定量分析粮食与能源的需耗水规律及其影响、水分胁迫对粮食产量的影响。综合考虑水-能源-粮食的系统属性和过程，构建水-能源-粮食纽带关系（WEF Nexus）的特征数据集，从短缺性（总量短缺和非均衡程度）、波动性（多年波动性和极值波动性）和脆弱性（经济损失度和社会损失度）三个方面构建水-能源-粮食纽带关系安全评价体系。采用模糊风险分析法，分析现状及未来水-能源-粮食系统风险水平。其核心是在"面"尺度上完成不同情景水-能源-粮食协同安全风险评价，阐释东北粮食主产区水-能源-粮食协同安全适配性及主要风险源。

通过综合分析，基于气候变化以及水利、能源、粮食等建设发展规划，评价现状和未来不同资源环境及社会经济条件下水-能源-粮食的协同安全保障程度及面临的挑战。采用分布式农业水文模型、投入产出分析、多区域一般均衡模拟等方法，分析气候变化、人口增长、国家宏观调控等不同情景下研究区水、能源、粮食的供需协同变化，揭示水-能源-粮食综合安全的关键保障区域和风险管控环节，提出适应东北粮食主产区粮食、能源可持续发展的供水、用水、节水保障技术以及相应政策建议。其核心是在"片"尺度上完成水-能源-粮食发展格局优化，提出面向东北粮食主产区能源、粮食、生态协同安全的水资源竞争协调路径。

本研究主要按照基础分析、机理解析、风险评估、综合研究的技术路线开展研究，如图1.1所示。

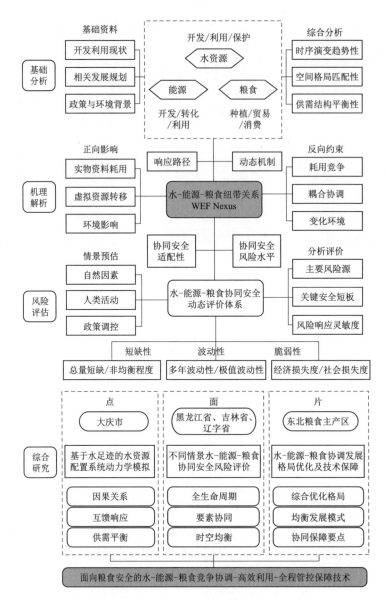

图 1.1 技术路线

第 2 章 东北粮食主产区水-能源-粮食时空耦合格局解析

2.1 研究区概况

2.1.1 研究区范围

本研究中的东北粮食主产区包括黑龙江、吉林、辽宁三省以及内蒙古的赤峰市、通辽市、兴安盟和呼伦贝尔市等四个盟市。研究区涵盖 4 个省（自治区），40 个地市（盟），总面积为 125.2 万 km²。研究区范围与我国水资源一级区中的松花江区和辽河区范围基本一致。其中，东北三省是研究重点。如图 2.1 所示。松嫩平原和三江平原是我国东北粮食主要产区，如图 2.2 所示。在研究区域设置上，综合选取点（大庆市）、面（黑龙江省、吉林省、辽宁省）、片（东北三省、松嫩平原）等作为研究对象，以展示全区及重点区域等不同空间尺度下"水-能源-粮食"纽带关系特点。

图 2.1 研究区范围

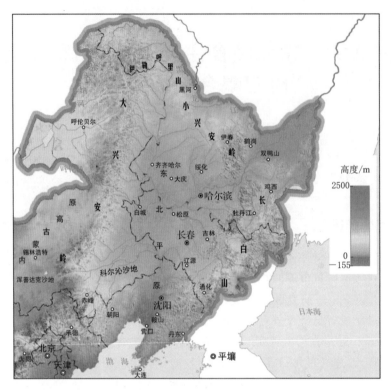

图 2.2   研究区地形

2.1.2   气候及土壤本底条件

2.1.2.1   气候特点

东北地区自南向北跨中温带与寒温带，属温带气候，四季分明，夏季湿热多雨，冬季寒冷干燥，降水空间分布自东南向西北递减，年降水量自 1100mm 以上降至 300mm 以下，从湿润区、半湿润区过渡到半干旱区，农业从农林区、农耕区、半农半牧区过渡到纯牧区。降水量最多的地区是长白山东南部，主要受夏季风迎风坡的地形影响；降水最少的地区是西部荒漠化区域和西北部草原区。东北地区多年平均年降水量分布如图 2.3 所示。

从气温来看，东北地区多年平均气温由南向北逐渐下降，南部辽东半岛年平均气温超过 8℃，北部部分地区年平均气温低于 −4℃。从日照时数来看，东北地区多年平均日照时数东南低、西部高，东南部分地区年日照时数低于 2400h，西辽河流域部分地区年日照时数超过 3000h，如图 2.4 和图 2.5 所示。

2.1.2.2   土壤质地及耕地质量

2012 年年底，农业农村部组织完成了全国耕地地力调查与质量评价工作（农业农村部，2017），以全国 18.26 亿亩耕地（第二次全国水资源调查评价前国土数据）为基数，以耕地土壤图、土地利用现状图、行政区划图叠加形成的图斑为评价单元，从立地条件、耕层理化性状、土壤管理、障碍因素和土壤剖面性状等方面综合评价耕地地力，在此基

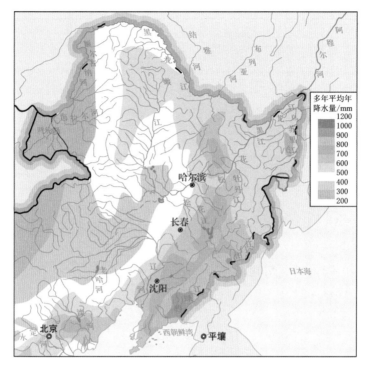

图 2.3　多年平均年降水量等值线

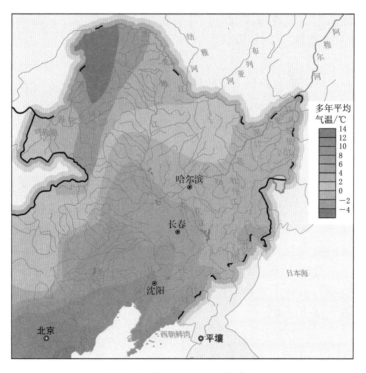

图 2.4　多年平均气温等值线

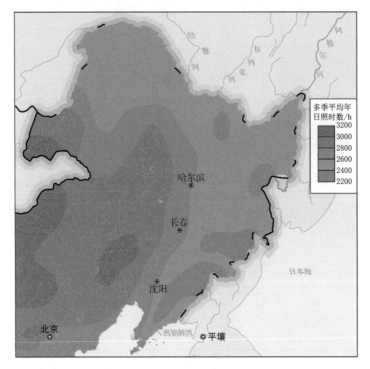

图 2.5　多年平均年日照时数等值线

础上，对全国耕地质量等级进行了划分。其中东北区包括黑龙江、吉林、辽宁（除朝阳外）三省及内蒙古东北部大兴安岭区，总耕地面积为 3.34 亿亩，占全国耕地总面积的 18.3%。

　　结果显示，东北区评价为一至三等的耕地面积为 1.44 亿亩，占全国一至三等耕地面积的 28.9%，主要分布在松嫩三江平原农业区，以黑土、草甸土为主，土壤中没有明显的障碍因素，应按照用养结合方式开展农业生产，确保耕地质量稳中有升。评价为四等的耕地面积为 0.81 亿亩，主要分布在松嫩三江平原农业区和辽宁平原丘陵农林区，以白浆土、黑钙土、栗钙土、棕壤为主，土壤质地黏重，易受旱涝影响。评价为五至六等的耕地面积为 0.87 亿亩，主要分布在松辽平原的轻度沙化与盐碱地区以及大小兴安岭的丘陵区，以暗棕壤、白浆土、黑钙土、黑土、棕壤为主，主要障碍因素包括低温冷害、水土流失、土壤板结等。评价为七至八等的耕地面积为 0.22 亿亩，主要分布在大小兴安岭、长白山地区，以及内蒙古东北高原、松辽平原严重沙化与盐碱化地区，以暗棕壤、栗钙土、褐土、风沙土、盐碱土为主，主要障碍因素包括水土流失、土壤沙化、盐碱化及土壤养分贫瘠等。这部分耕地土壤保肥保水能力差、排水不畅，易受到干旱和洪涝灾害的影响。东北区没有九至十等地。

　　从全国来看，一至三等的耕地主要分布在东北区、黄淮海区、长江中下游区、西南区等分区。总体来说，东北区耕地禀赋相对较好，也是我国玉米、水稻等作物的优势区域。

2.1.3 社会经济状况

收集整理东北三省（黑龙江、吉林、辽宁）历年的国内生产总值（GDP）和人口数据，如图2.6所示。

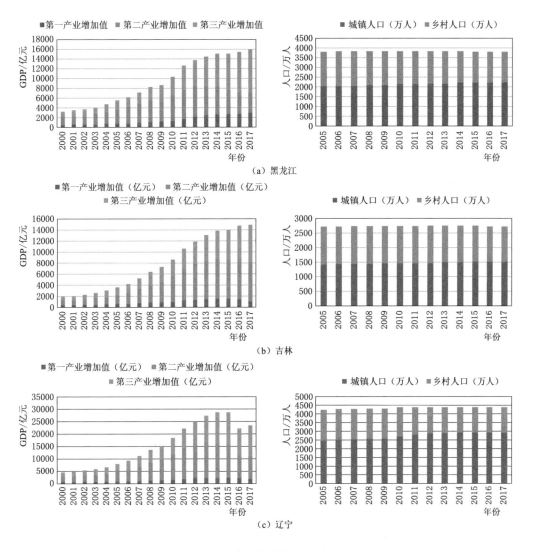

图 2.6 东北三省历年 GDP 和人口

从人口来看，黑龙江和辽宁自 2013 年以来、吉林自 2015 年以来年末常住人口已呈现逐年下降趋势，人口流出形势严峻，长期来看可能对区域经济社会可持续发展产生显著影响。

从 GDP 来看，截至 2017 年东北三省 GDP 增速明显放缓。黑龙江省第二产业增加值显著下降，第一、第三产业增加值上升；2017 年第一、第二、第三产业增加值分别占区域 GDP 的 18.7％、25.5％和 55.8％。吉林省近年来第一产业增加值呈下降趋势，第二产业增加值基本稳定，第三产业增加值上升；2017 年第一、第二、第三产业增加值分别占区域 GDP 的 7.3%、46.8% 和 45.9%。辽宁省情况较为特殊，由于 GDP 挤水分等因素，自 2016 年起 GDP 大幅下滑，在挤水分之前的 2014 年和 2015 年，GDP 几乎没有增长，经济形势较为严峻；2017 年第一、第二、第三产业增加值分别占区域 GDP 的 8.1%、39.3% 和 52.6%。

综合来看，东北地区经济社会面临发展瓶颈。在东北老工业基地振兴乏力的情况下，发展第三产业已成为区域经济社会发展的主要动力。同时，在国家粮食主产区的定位下，黑龙江省第一产业增加值在 GDP 中占比上升，而大幅增加粮食生产给区域水资源、土地、环境等带来的压力也显著增加。

2.2　水-能源-粮食时空演变解析

2.2.1　水资源及其开发利用的时空分布及演变趋势

2.2.1.1　水资源演变

松辽流域 1956—2015 年多年平均年降水量为 510mm，产水模数为 159mm，人均水资源量为 1636m^3，总体低于全国平均水平，但是相对于北方的黄河区、海河区等，水资源禀赋较好。根据第二次全国水资源调查评价成果，东北三省多年平均年降水量及水资源量情况见表 2.1。

表 2.1　　　　　　　　东北三省多年平均年降水量及水资源量情况

分区	面积	年降水量		地表水资源量		地下水资源量	不重复量	水资源总量
	km^2	mm	亿 m^3	mm	亿 m^3	亿 m^3	亿 m^3	亿 m^3
全国	9469339	643	60853.9	282	26706.2	8066.8	1013.4	27719.7
辽宁	145506	678	986.67	208	302.5	124.6	39.3	341.8
吉林	187400	611	1144.5	184	344.2	122.7	54.9	399.0
黑龙江	454817	533	2426.27	151	686.1	286.9	124.2	810.3

东北三省各地市水资源状况差异较大，大庆、白城等地市多年平均年降水量不足 400mm，丹东、本溪、白山、通化等地市多年平均年降水量超过 800mm。各地市年降水量、地表水资源量、地下水资源量、水资源总量等情况如图 2.7～图 2.10 所示。

与 1956—2000 年相比，2001—2015 年东北三省水资源量总体上呈现出减少的趋势。其中辽宁省年均降水量减少 3.3%，地表径流量减少 13.2%；吉林省年降水量减少 0.9%，地表径流量减少 1.4%；黑龙江省年降水量减少 0.8%，地表径流量减少 −6.5%，见表 2.2。东北三省各地市水资源变化状况各异，部分地区水资源量变化超过 40%，如图 2.11～图 2.14 所示。

表 2.2　　　　　　　　　　　东北三省多年平均年降水量及水资源量变化

分区	年降水量			天然年径流			地下水资源量	不重复量	水资源总量
	mm	亿 m^3	变化%	mm	亿 m^3	变化%	亿 m^3	亿 m^3	亿 m^3
全国	635.3	60287.0	−1.0	272.6	25868.5	−3.3	7940.9	1054.5	26923.0
辽宁	655.7	954.0	−3.3	180.4	262.5	−13.2	106.0	36.0	298.5
吉林	605.4	1134.5	−0.9	181.0	339.2	−1.4	115.6	56.3	395.5
黑龙江	529.4	2407.6	−0.8	141.0	641.3	−6.5	280.5	133.8	775.1

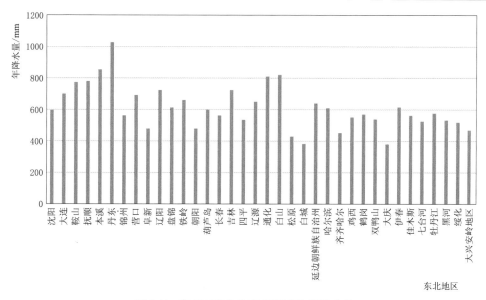

图 2.7　东北三省各地市多年平均年降水量

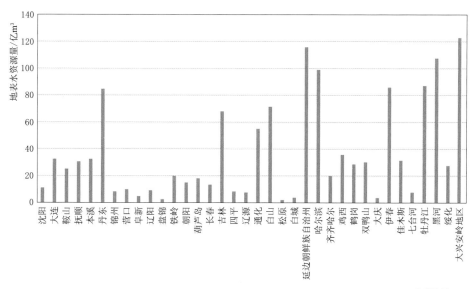

图 2.8　东北三省各地市多年平均地表水资源量

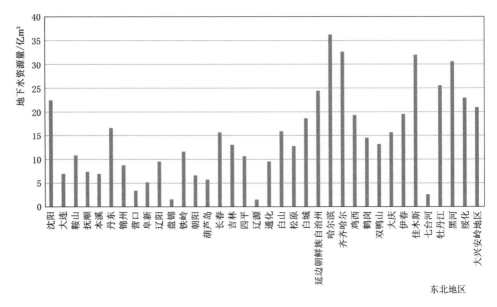

图 2.9　东北三省各地市多年平均地下水资源量

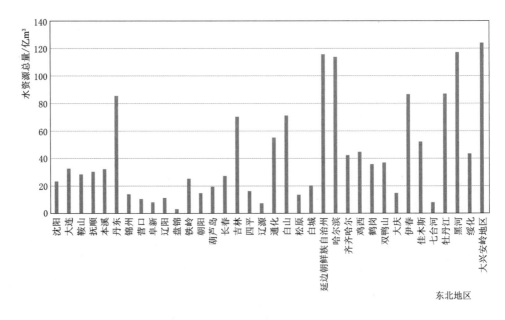

图 2.10　东北三省各地市多年平均水资源总量

2.2.1.2　水资源开发利用情况

2017 年，辽宁、吉林、黑龙江三省的供用水总量分别为 131.1 亿 m^3、126.6 亿 m^3、353.1 亿 m^3。供水以地表水为主，用水以农业为主。如图 2.15～图 2.17 所示。全区水资源开发利用率为 35.0%，地表水为 22.4%，地下水为 46.4%。

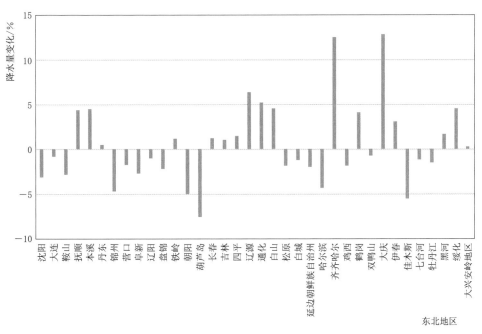

图 2.11 东北三省各地市降水量变化

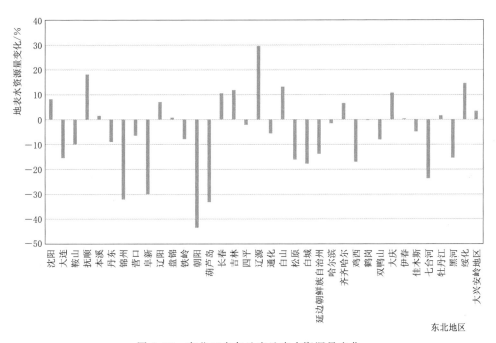

图 2.12 东北三省各地市地表水资源量变化

2.2.1.3 废污水排放

东北三省（黑龙江、吉林、辽宁）2004—2016 年废水排放总量情况如图 2.18 所示。2004—2015 年，废水排放总量总体呈增加趋势，黑龙江省、吉林省、辽宁省年增长率分别约为 2.5%、3.83%、2.77%。黑龙江省 2012 年之后废水排放量逐步下降，而吉林省

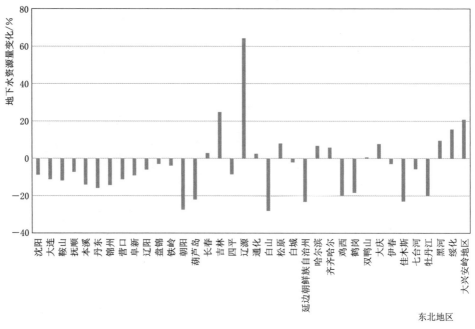

图 2.13　东北三省各地市地下水资源量变化

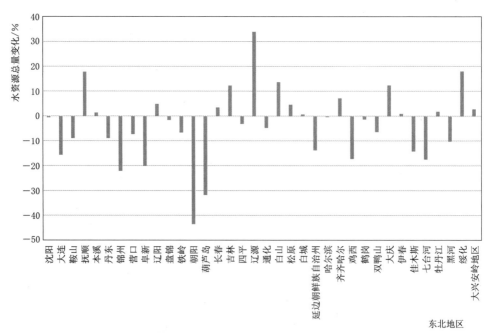

图 2.14　东北三省各地市水资源总量变化

和辽宁省 2016 年下降明显。

　　东北三省 2004—2017 年废水中化学需氧量排放量情况如图 2.19 所示，废水中氨氮排放量情况如图 2.20 所示。可以看出，东北三省污染物排放量波动较大，特别是 2011—2015 年以及 2017 年相对较高，高低值相差达到 3 倍以上。

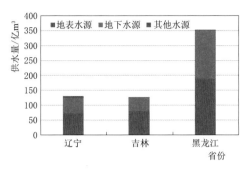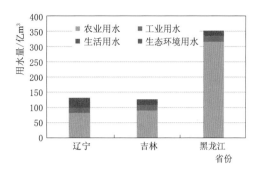

图 2.15 东北三省 2017 年供水及用水情况

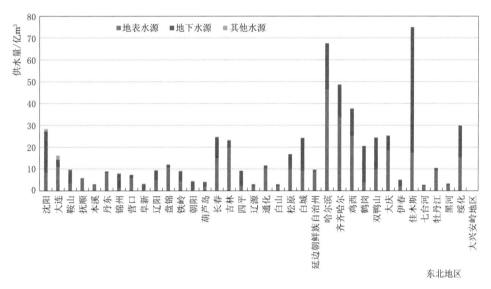

图 2.16 东北三省各地市 2017 年供水结构

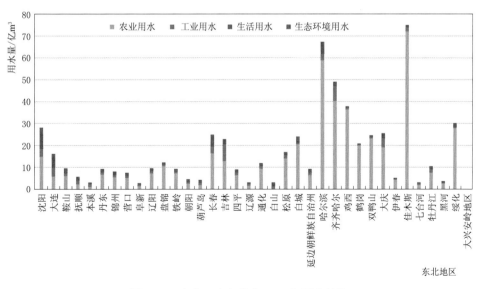

图 2.17 东北三省各地市 2017 年用水结构

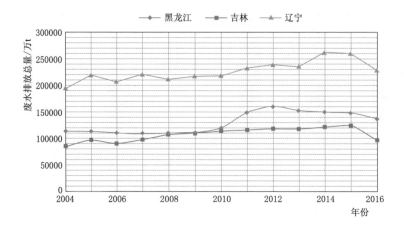

图 2.18 东北三省废水排放总量

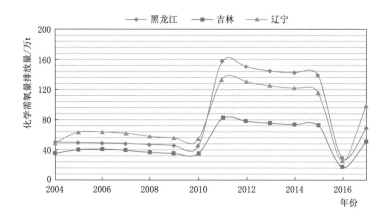

图 2.19 东北三省化学需氧量排放量

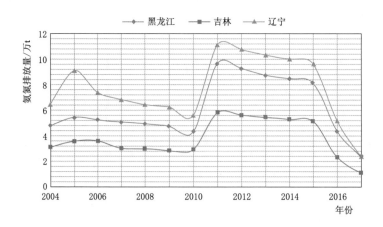

图 2.20 东北三省氨氮排放量

2.2.2　能源生产、转化和消费变化

2.2.2.1　主要能源产品生产量

（1）煤炭生产情况。2015 年，辽宁、吉林、黑龙江原煤生产量分别为 4752.3 万 t、2634.4 万 t、6551.1 万 t，合计达到 1.4 亿 t。全国煤炭生产总量为 37.5 亿 t，东北三省合计占比为 3.7%。

（2）原油生产情况。东北三省 2004—2017 年原油生产量情况如图 2.21 所示。黑龙江省原油生产量最多，但是 2015 年以来下降明显。东北三省原油产量占全国的比例由 2000 年的 43.3% 下降到 2015 年的 25.5%，随着西北及沿海省份石油产量的提升，其下降趋势明显。

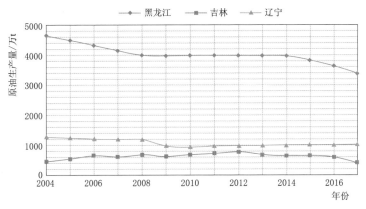

图 2.21　东北三省原油生产量

（3）天然气生产情况。东北三省 2004—2017 年天然气生产量情况如图 2.22 所示。黑龙江省天然气生产量最多且逐步上升。从东北三省来看，天然气产量占全国的比例由 2000 年的 14.6% 下降到不足 5%。

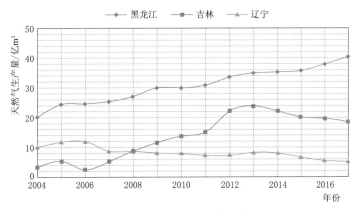

图 2.22　东北三省天然气生产量

（4）水力发电情况。东北三省 2004—2017 年水力发电量情况如图 2.23 所示。各省水力发电量受来水影响波动变化，2013 年和 2010 年水力发电量较大，其他年份相对较小。相较黑龙江省和辽宁省，吉林省水力发电量最大。

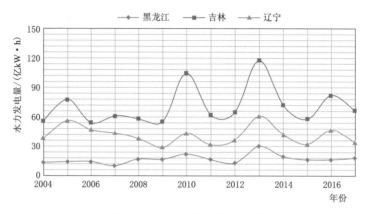

图 2.23　东北三省水力发电量

（5）火力发电情况。东北三省 2004—2017 年火力发电量情况如图 2.24 所示。各省火力发电量逐步增加，其中辽宁省火力发电量最多。

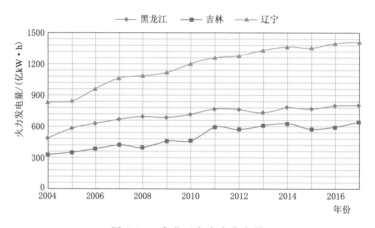

图 2.24　东北三省火力发电量

2.2.2.2　主要能源产品消费量

（1）煤炭消费情况。东北三省 2004—2017 年煤炭消费情况如图 2.25 所示。2011 年之前各省煤炭消费量缓慢增加，之后呈减少态势，但黑龙江省 2015 年以来有所增加。辽宁省煤炭消费量高于黑龙江省和吉林省。

（2）原油消费情况。东北三省 2004—2017 年原油消费情况如图 2.26 所示。辽宁省原油消费量最多，2012 年之前持续上升，2013—2015 年显著降低，2016 年以后有明显回升。黑龙江省和吉林省原油消费量总体较为平稳。

（3）天然气消费情况。东北三省 2004—2017 年天然气消费情况如图 2.27 所示。黑龙江和吉林省天然气消费量缓慢增加，而辽宁省天然气消费量在 2010—2014 年快速升高到之前的 4 倍水平，之后明显减少。

（4）电力消费情况。东北三省 2004—2017 年电力消费情况如图 2.28 所示。黑龙江省和吉林省电力消费量缓慢增加，而辽宁省电力消费量最高且增加较快。

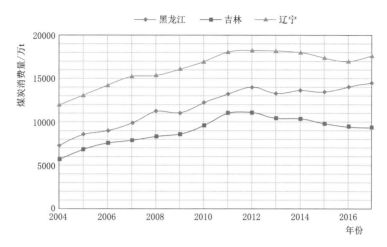

图 2.25 东北三省煤炭消费量

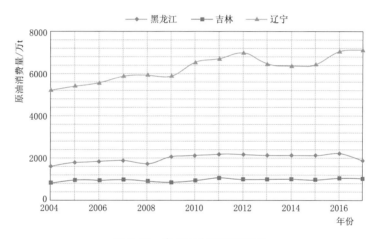

图 2.26 东北三省原油消费量

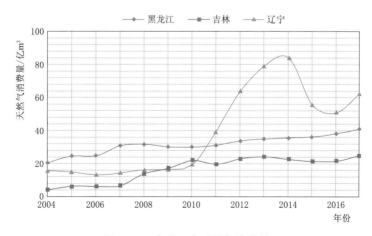

图 2.27 东北三省天然气消费量

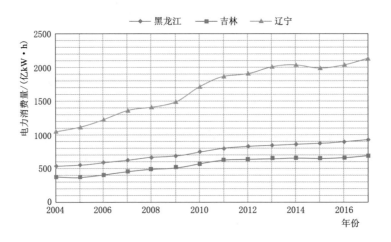

图 2.28　东北三省电力消费量

2.2.2.3　能源结构变化

辽宁省一次能源生产总量中，原煤占比下降，原油、天然气及其他占比上升。2017年，辽宁省一次能源生产量中，原煤占 52.5%，原油占 34.1%，天然气占 1.6%，其他11.8%，如图 2.29 所示。在能源消费方面，2017年，辽宁省能源消费总量中，原煤占59.1%，原油占 31.7%，天然气占 4.1%，其他占 2.6%，如图 2.30 所示。

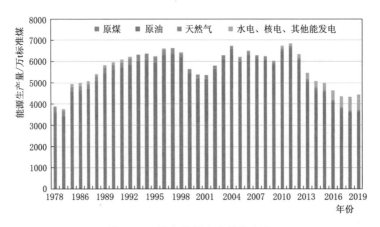

图 2.29　辽宁能源生产结构变化

吉林省一次能源生产总量中，原煤占比下降，原油、天然气、风电等的占比上升。2017年，吉林省一次能源生产量中，原煤占 38.9%，原油占 23.3%，天然气占 9.7%，一次电力占 18.9%，如图 2.31 所示。在能源消费方面，2017年，吉林省能源消费总量中，原煤占 65.8%，原油占 18.8%，天然气占 4.1%，一次电力占 6.0%，如图 2.32所示。

黑龙江省一次能源生产总量中，原煤占比下降，原油、天然气、风电等的占比上升。2017年，黑龙江省一次能源生产量中，原煤占 41.0%，原油占 47.1%，天然气占 5.2%，

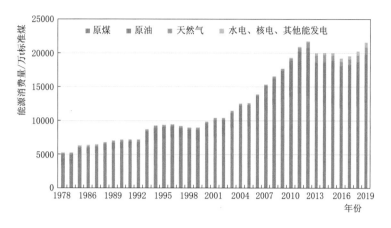

图 2.30 辽宁能源消费结构变化

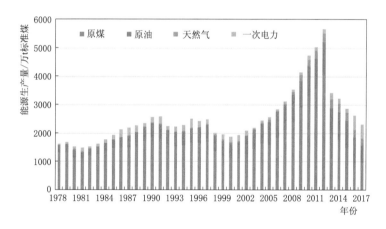

图 2.31 吉林能源生产结构变化

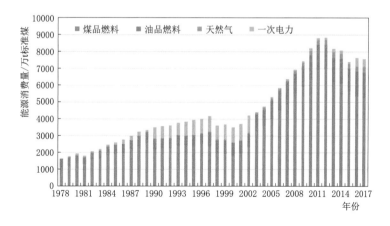

图 2.32 吉林能源消费结构变化

水电占 0.7%，风电占 3.3%，如图 2.33 所示。在能源消费方面，2017 年，黑龙江省能源消费总量中，原煤占 69.3%，原油占 19.4%，天然气占 4.3%，水电占 0.6%，风电占 2.7%，电力调出占 0.6%，其他占 4.2%，如图 2.34 所示。

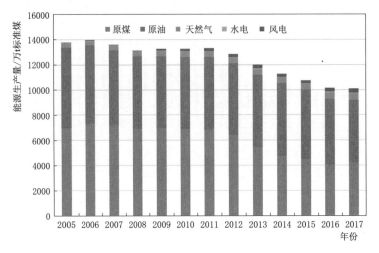

图 2.33　黑龙江能源生产结构变化

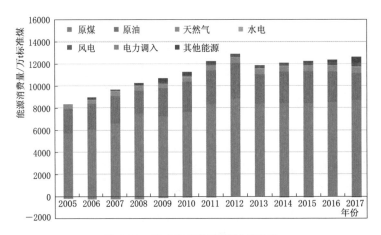

图 2.34　黑龙江能源消费结构变化

需要说明的是，2013 年、2014 年相关数据根据第三次经济普查结果进行了调整，以前年度未进行调整，因此对于 2012—2013 年数据突变情况不能下结论。

2.2.2.4　能源输入输出情况

根据能源统计年鉴相关数据，分析 2015 年能源平衡情况，结果如图 2.35～图 2.37 所示。综合考虑国内其他省份的调入调出量和进出口量，辽宁省、吉林省、黑龙江省能源总体为净输入，2015 年分别净输入 15910 万 tce、4981 万 tce、1251 万 tce，占本地能源可消费量的 77.5%、62.0%、10.3%。

对比主要能源产品生产和消费情况可知，东北三省的原煤消费量均大于生产量，处于净输入状态。黑龙江省原油产量远大于消费量，处于净输出状态，吉林省基本收支平

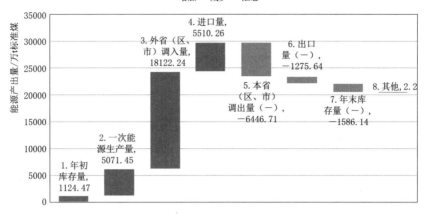

图 2.35 辽宁省 2015 年能源平衡

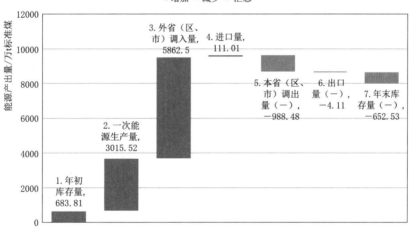

图 2.36 吉林省 2015 年能源平衡

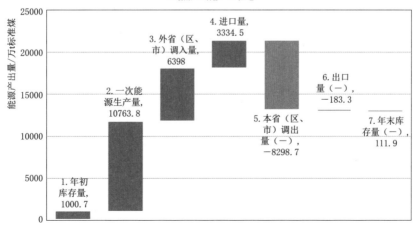

图 2.37 黑龙江省 2015 年能源平衡

衡，而辽宁省原油消费量远大于产量，处于净输入状态。黑龙江省、吉林省的天然气收支基本平衡，而辽宁省天然气处于净输入状态。

在东北三省中，辽宁省的能源年消费量最高，年消费量占总消费量的 50% 左右；黑龙江省、吉林省能源年消费量分别占东北三省的 30% 和 20%。黑龙江省的能源年产量最高，年产量占总产量的 50%～60%；辽宁省的能源年产量占 25%～27%，吉林省的能源年产量最少，占总产量的 10%～22%。

2.2.3　粮食生产和消费情况

2.2.3.1　耕地面积

2000—2017 年，东北三省的耕地面积从 1454.48 万 hm^2 增加到 2316.58 万 hm^2，从全国耕地面积的 13.4% 增加到全国的 19.6%。

东北三省的水稻耕地面积从 535.4 万 hm^2 增加到 1131.99 万 hm^2，其中黑龙江省的水稻耕地面积占东北三省水稻耕地面积的 75%；玉米耕地面积从 542.11 万 hm^2 增加到 1271.88 万 hm^2，占全国玉米耕地面积的 30%。在全国 31 个省（自治区、直辖市）中（香港、澳门和台湾不做统计）黑龙江省和吉林省的玉米耕地面积分别占前两名；大豆耕地面积占全国的 43.7%，多年以来耕地面积变化不大；由于东北气候不适合小麦的生长，所以东北地区小麦的耕地面积较少，只有 10 万 hm^2 左右，仅占全国小麦耕地面积的 0.4%，如图 2.38 和图 2.39 所示。

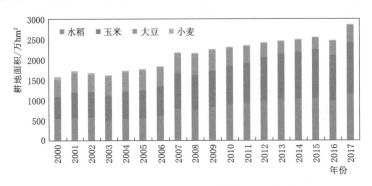

图 2.38　东北三省 4 种粮食作物耕地面积变化情况

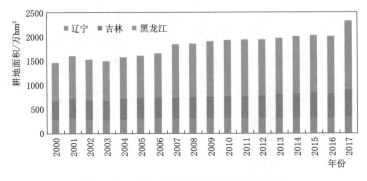

图 2.39　东北三省的耕地面积变化情况

2.2.3.2　粮食产量状况

2000—2017 年东北三省的粮食年产量从全国粮食产量的 11.5% 增加到 21.0%，达到了 1.3 亿 t。其中水稻年产量从 1982.5 万 t 增加到 3925.8 万 t，产量比例从全国的 9.5% 增加到 18.5%；玉米从 2331.9 万 t 增加到 8743.3 万 t，产量比例从全国的 22.0% 增加到 33.7%；大豆年产量有所减少，主要是因为受到国际上大豆价格的影响；小麦种植较少，年产量只有不到 50 万 t。2017 年，黑龙江、吉林、辽宁的 4 种粮食年产量分别为 7249 万 t、4002 万 t、2232 万 t。如图 2.40 和图 2.41 所示。

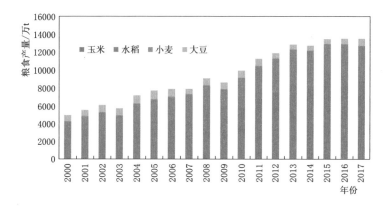

图 2.40　东北三省 4 种粮食作物年产量变化情况

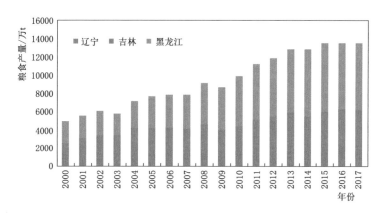

图 2.41　东北三省历年粮食产量

2.2.3.3　粮食消费和盈余情况

东北三省每年消费的粮食数量从 2000 年的 4361 万 t 增加到 2017 年的 8264 万 t。3 个省份粮食消费数量差距不大，2017 年各省年粮食消费量为 2000 万～3000 万 t，如图 2.42 所示。东北地区粮食作物主要消费途径包括口粮消费、工业消费、饲料粮消费以及种子粮消费，主要包括玉米、水稻、小麦、大豆 4 种。与粮食产量相比，东北三省年粮食盈余量在 5000 万～6000 万 t 水平。

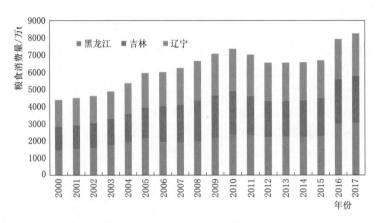

图 2.42　东北三省历年粮食消费量

黑龙江省粮食消费呈增加趋势，2015—2016 年增加幅度较大，主要受工业消费用粮增加的影响，粮食总消费量达到 3000 万 t 水平。工业用粮占粮食总消费量的42.0%，饲料粮占 37.8%，口粮消费占 17.6%，种子粮消费占 2.6%。玉米占粮食总消费量的 68.1%，是工业消费和饲料粮消费的主要品种，其次是稻谷和大豆，如图2.43 和图 2.44 所示。与粮食产量相比，现状黑龙江粮食年盈余达 4000 万～5000 万 t，其中，稻谷盈余约 2300 万 t，玉米盈余 1600 万～2500 万 t，大豆盈余约 300 万 t，小麦亏缺不到 100 万 t。

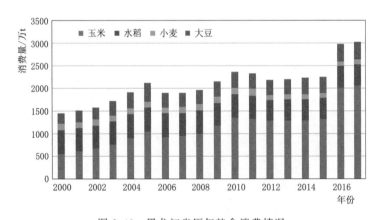

图 2.43　黑龙江省历年粮食消费情况

吉林省粮食消费呈波动增加趋势，粮食总消费量达到 2500 万～3000 万 t 水平。工业用粮占粮食总消费量的 56.5%，饲料粮占 28.1%，口粮消费占 14.8%，种子粮消费占0.6%。玉米占粮食总消费量的 78.6%，是工业消费和饲料粮消费的主要品种，其次是稻谷和大豆，如图 2.45 和图 2.46 所示。与粮食产量相比，现状吉林粮食年盈余 1200 万～1500 万 t，其中，玉米盈余 1000 万～1400 万 t，稻谷盈余约 300 万 t，小麦、大豆分别亏缺不到 100 万 t。

辽宁省粮食消费呈波动增加趋势，粮食总消费量约为 2500 万 t 水平。饲料粮消费占

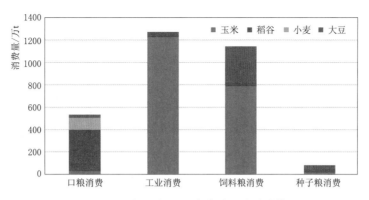

图 2.44 黑龙江省 2017 年各类粮食消费情况

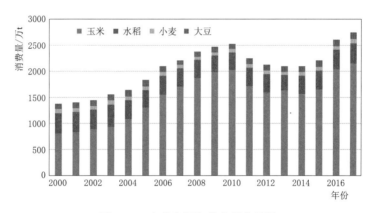

图 2.45 吉林省历年粮食消费情况

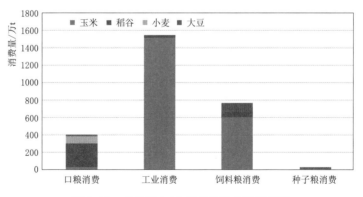

图 2.46 吉林省 2017 年各类粮食消费情况

粮食总消费量的 57.8%，工业用粮占 23.7%，口粮消费占 18.1%，种子粮消费占 0.5%。玉米占粮食总消费量的 64.8%，是工业消费和饲料粮消费的主要品种，其次是稻谷和大豆，如图 2.47 和图 2.48 所示。与粮食产量相比，现状辽宁粮食年亏缺 100 万～500 万 t，其中，玉米、稻谷略有盈余，大豆、小麦存在亏缺。

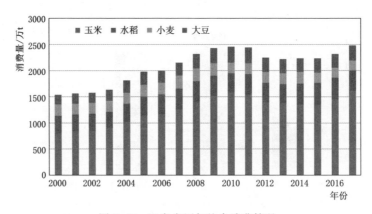

图 2.47　辽宁省历年粮食消费情况

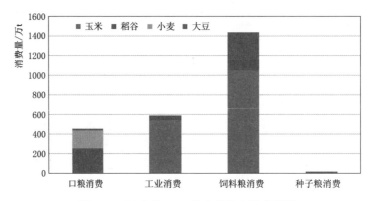

图 2.48　辽宁省 2017 年各类粮食消费情况

2.2.4　水−能源−粮食协同特点

从整体分布格局来说，我国的水资源、能源与粮食分布整体呈逆向的特点，能源资源、粮食生产分布集中的地区，往往水资源较为匮乏，水资源供需矛盾较为突出。东北地区是我国重要的商品粮基地，也是重要的能源基地，自身水资源承载力有限，区域社会经济发展既面临水资源开发利用量、用水效率、水功能区限制纳污等"量−质−效"红线指标的约束，也应遵循当前生态文明建设和生态环境保护的要求，实现"水−能源−粮食"协同发展。主要体现在以下几方面。

（1）水与能源的逆向分布矛盾。我国的水资源与能源整体呈逆向的特点，能源分布集中的地区，往往水资源较为匮乏，水资源供需矛盾较为突出，如图 2.49 所示。对于东北地区来说，大庆、辽河、吉林等油田和煤炭资源富集区域的当地水资源量并不丰富，石油开采和煤炭开发等对区域地下水含水层结构和水质产生了显著影响，且石油炼化、煤化工等能源相关行业需水量大，给区域水资源、水环境形成较大压力。

（2）水资源开发利用的用能情况。水资源的开发利用供、用、耗、排过程伴随着对能源的消费。根据各省统计年鉴，分析 2015 年水的生产和供应业的能源消费情况，见表 2.3。可以看到，辽宁省该行业的用能较多，吉林省次之，黑龙江省最少。但是在供用水

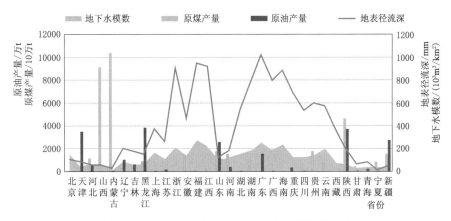

图 2.49 各省煤炭和石油产量与水资源情况对比

量方面，辽宁省和吉林省较为接近，且远小于黑龙江省。这可能跟区域地表地下供水结构以及蓄水、引水、提水、调水等不同供水方式有关。另外，供水工程的修建也需要材料和能源的投入。

表 2.3 东北三省水的生产和供应业的能源消费

省份	煤炭消费量 /万 t	汽油消费量 /万 t	柴油消费量 /万 t	燃料油消费量 /万 t	电力消费量 /亿 kWh
辽宁	3.17	0.55	0.25	0.01	13.87
吉林	2.54	0.13	0.05	—	11.05
黑龙江	0.95	0.08	0.03	—	2.09

（3）能源生产和转化利用过程的用水情况。在煤炭、石油等生产和消费结构中占较大比例的相关行业，其在取用水以及工业废污水排放中也处于前列，能源生产、转化和利用等产业对区域水资源和水环境的影响巨大，如图 2.50 所示。

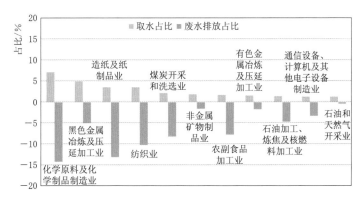

图 2.50 各工业行业取用水和排水占比

对于东北地区来说，根据第二次经济普查数据，与能源开发利用紧密相关的规模以上煤炭开采和洗选工业企业，规模以上石油和天然气开采业工业企业，规模以上石油加工、炼焦和核燃料加工业企业，规模以上电力、热力的生产和供应业工业企业等四大行业，辽宁、吉林、黑龙江三省取用水量占本省规模以上工业企业用水量的比例分别达到31.4%、55.0%和81.5%，如图2.51所示。

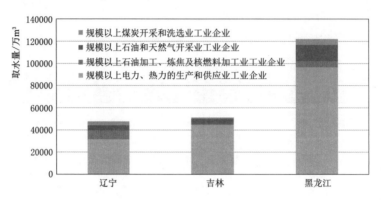

图 2.51　东北三省能源相关行业取用水情况

（4）能源生产对水循环系统的影响。石油开采需要建造采油井、注水井等设施，并通过开采过程中的采油、取水、注水等行为，对区域下垫面及地下水系统造成改变，进而影响水循环过程。

煤炭开采过程中伴随的矿井排水，对区域地下水系统造成扰动，且可能对周边水体造成污染。根据国家发展改革委、国家能源局《矿井水利用发展规划》，2010年全国煤炭行业矿井涌水总量达到 61 亿 m^3，虽然只占全国地下水资源量的 0.7%，但是在局部地区，矿井涌水量高达地下水利用量的 77.6%，影响了地下水循环的良性循环；另外，矿井水利用率尚不足 60%，全年矿井水利用量 36 亿 m^3，矿井水利用量和利用率最大的均为华北地区，见表2.4。

表 2.4　　　　　　　　　　矿井涌水及利用情况

地区	吨煤涌水量 /(m^3/t)	煤炭产量 /亿 t	矿井涌水总量 /亿 m^3	矿井水利用率 /%	矿井水利用量 /亿 m^3
华北	0.9	14.9	13.4	82	11.0
西北	2.3	2.0	4.5	70	3.2
东北	1.6	3.5	5.5	73	4.0
西南	5.2	2.8	14.3	51	7.3
华东	5.2	3.7	18.9	41	7.8
中南	0.8	5.7	4.3	61	2.6
合计	1.8	32.4	61.0	59	36.0

（5）灌溉面积快速发展，水对粮食发展带来硬约束。东北地区平原区地下水开采量超过 200 亿 m^3，占比超过全区地下水补给量的 60%，部分地区地下水开采量已经超过补给量，出现了明显的超采趋势。2017 年，辽宁、吉林、黑龙江三省的农田灌溉用水中地下水占比分别为 42.8%、36.8%、47.4%。松嫩平原和辽河平原浅层地下水超采最为严

重，地下水位降落漏斗总面积达到 480km²，漏斗中心地下水位降低 30～60m。为了区域水资源和生态环境安全，应适当退减灌溉面积，降低灌溉定额，在水资源承载力的约束下综合考虑粮食、能源行业的布局和发展。

（6）气候变化对区域"水-能源-粮食"发展带来挑战。作物生长情况与区域水热情况关系紧密，因此气候变化引起降水、气温等的变化将直接影响粮食生产情况。粮食产量在全国排名前列的长春、四平、松原、哈尔滨等地市均位于东北地区，多数区域气温呈升高趋势（特别是冬季气温），部分区域降水量呈下降趋势，对作物耗水及生长造成不同程度的影响。在未来气候变化的影响下，区域农业发展可能面临连丰连枯、极端暴雨等多方面的气候风险，造成区域可供水量的减少以及灌溉需水量的增加。再加上能源相关高耗水行业的进一步扩张以及人类活动过度取用地表水和地下水的累积影响，导致区域水资源供需矛盾加剧。

2.3　水-能源-粮食与气候、土地、经济匹配性分析

2.3.1　分析要素选取

东北粮食主产区在能源和粮食方面占有重要地位，经济发展也达到了一定的水平，这均与区域水资源、气候、土地等禀赋要素紧密相关。因此，本研究通过分析东北粮食主产区水资源、能源、粮食等要素以及土地、气候、经济等禀赋之间的匹配性，为分析区域水-能源-粮食协同安全中的主要矛盾及关键短板提供基础。

综合考虑数据的可获取性和代表性，确定各类要素，见表 2.5。

表 2.5　　　　　　　水、能源、粮食与土地、气候、经济要素选取

类　　别	要　　素	类　　别	要　　素
土地	面积	水资源	用水总量
	播种面积		废水排放总量
经济社会	人口	能源	原油
	GDP		煤炭
气候	降水	粮食	稻谷
	≥10℃积温		玉米

2.3.2　匹配指标计算

采用不平衡指数分析东北粮食主产区水资源、能源、粮食以及土地、气候、经济等要素的匹配性，公式如下：

$$I = \sqrt{\sum_{i=1}^{n} \sqrt{2}\,(a_i - b_i)^2 / 2n} \qquad (2.1)$$

式中：a_i 为要素 a 在全国的占比；b_i 为要素 b 在全国的占比；n 为区域个数。

不平衡指数越大，表示两要素的不匹配性越显著。

采用匹配距离分析典型山地相关要素的匹配性及优劣势特点，公式如下：

$$d_i = \sqrt{2}(a_i - b_i)/2 \tag{2.2}$$

其中，当 d_i 为正值时，表示要素 a 的禀赋优于要素 b，d_i 为负值时反之。从数学含义来说，d_i 的绝对值是点（a_i，b_i）到直线 $b=a$ 的垂直距离；要素占比越接近，匹配距离绝对值越小，认为要素之间越均衡。当 d_i 为正值时，表示要素 a 的禀赋相对优于要素 b，d_i 为负值时反之。

各区域下全部要素的匹配距离绝对值之和为区域综合匹配指数；各类要素的匹配距离绝对值之和为要素综合匹配指数。

2.3.3　匹配性结果综合分析

根据选取的要素和指标，分析黑龙江、吉林、辽宁三省的水、能源、粮食、气候、土地、经济等要素之间的匹配距离，结果见表 2.6～表 2.8。黑龙江省能源（特别是石油）和粮食（稻谷和玉米）要素与其他要素的匹配距离多为正值，显示其重要地位和水-能源-粮食关系的典型性。对于黑龙江和吉林，降水、积温、水资源等农业生产要素与稻谷、玉米等的匹配距离多为负值且绝对值较大，显示区域农业生产对气候资源的利用较为充分，同时也可能为水资源带来压力。

东北三省水-能源-粮食与气候-土地-经济不平衡指数分析结果见表 2.9。东北三省区域综合匹配指数及要素综合匹配指数分析结果见表 2.10。

表 2.6　　　　　　　　　　　黑龙江省各要素匹配距离分析

要素	面积	播种面积	人口	GDP	降水	积温	用水总量	废水排放总量	原油	煤炭	稻谷	玉米
面积	0.000	−0.018	0.014	0.019	0.006	0.010	−0.007	0.020	−0.093	0.022	−0.041	−0.078
播种面积	—	0.000	0.033	0.037	0.024	0.028	0.011	0.038	−0.074	0.040	−0.022	−0.059
人口	—	—	0.000	0.005	−0.009	−0.004	−0.022	0.005	−0.107	0.007	−0.055	−0.092
GDP	—	—	—	0.000	−0.013	−0.009	−0.026	0.000	−0.112	0.002	−0.060	−0.097
降水	—	—	—	—	0.000	0.004	−0.013	0.014	−0.098	0.016	−0.047	−0.083
积温	—	—	—	—	—	0.000	−0.017	0.010	−0.103	0.012	−0.051	−0.088
用水总量	—	—	—	—	—	—	0.000	0.027	−0.085	0.029	−0.034	−0.070
废水排放总量	—	—	—	—	—	—	—	0.000	−0.112	0.002	−0.060	−0.097
原油	—	—	—	—	—	—	—	—	0.000	0.114	0.052	0.015
煤炭	—	—	—	—	—	—	—	—	—	0.000	−0.062	−0.099
稻谷	—	—	—	—	—	—	—	—	—	—	0.000	−0.037
玉米	—	—	—	—	—	—	—	—	—	—	—	0.000

表 2.7 吉林省各要素匹配距离分析

要素	面积	播种面积	人口	GDP	降水	积温	用水总量	废水排放总量	原油	煤炭	稻谷	玉米
面积	0.000	−0.010	0.000	0.000	0.001	0.003	−0.001	0.002	−0.008	0.009	−0.007	−0.074
播种面积	—	0.000	0.010	0.010	0.011	0.013	0.009	0.012	0.002	0.019	0.003	−0.064
人口	—	—	0.000	0.000	0.001	0.003	−0.001	0.002	−0.008	0.009	−0.007	−0.074
GDP	—	—	—	0.000	0.000	0.003	−0.002	0.002	−0.008	0.009	−0.008	−0.075
降水	—	—	—	—	0.000	0.003	−0.002	0.001	−0.009	0.008	−0.008	−0.075
积温	—	—	—	—	—	0.000	−0.005	−0.002	−0.011	0.006	−0.011	−0.078
用水总量	—	—	—	—	—	—	0.000	0.003	−0.006	0.011	−0.006	−0.073
废水排放总量	—	—	—	—	—	—	—	0.000	−0.010	0.007	−0.009	−0.076
原油	—	—	—	—	—	—	—	—	0.000	0.017	0.001	−0.066
煤炭	—	—	—	—	—	—	—	—	—	0.000	−0.016	−0.083
稻谷	—	—	—	—	—	—	—	—	—	—	0.000	−0.067
玉米	—	—	—	—	—	—	—	—	—	—	—	0.000

表 2.8 辽宁省各要素匹配距离分析

要素	面积	播种面积	人口	GDP	降水	积温	用水总量	废水排放总量	原油	煤炭	稻谷	玉米
面积	0.000	−0.007	−0.012	−0.017	−0.001	0.002	−0.005	−0.014	−0.023	0.002	−0.005	−0.033
播种面积	—	0.000	−0.005	−0.010	0.006	0.009	0.002	−0.007	−0.016	0.009	0.002	−0.026
人口	—	—	0.000	−0.005	0.011	0.014	0.006	−0.002	−0.012	0.014	0.007	−0.022
GDP	—	—	—	0.000	0.017	0.019	0.012	0.003	−0.006	0.019	0.012	−0.016
降水	—	—	—	—	0.000	0.003	−0.005	−0.014	−0.023	0.003	−0.004	−0.033
积温	—	—	—	—	—	0.000	−0.007	−0.016	−0.025	0.000	−0.007	−0.035
用水总量	—	—	—	—	—	—	0.000	−0.009	−0.018	0.007	0.000	−0.028
废水排放总量	—	—	—	—	—	—	—	0.000	−0.009	0.016	0.009	−0.019
原油	—	—	—	—	—	—	—	—	0.000	0.025	0.018	−0.010
煤炭	—	—	—	—	—	—	—	—	—	0.000	−0.007	−0.035
稻谷	—	—	—	—	—	—	—	—	—	—	0.000	−0.028
玉米	—	—	—	—	—	—	—	—	—	—	—	0.000

表 2.9 东北三省水-能源-粮食与气候-土地-经济不平衡指数分析结果

要素	面积	播种面积	人口	GDP	降水	积温	用水总量	废水排放总量	原油	煤炭	稻谷	玉米
面积	0.000	0.011	0.009	0.013	0.003	0.005	0.004	0.012	0.046	0.011	0.020	0.055
播种面积	—	0.000	0.017	0.020	0.013	0.016	0.007	0.020	0.037	0.022	0.011	0.044

续表

要素	面积	播种面积	人口	GDP	降水	积温	用水总量	废水排放总量	原油	煤炭	稻谷	玉米
人口	—	—	0.000	0.004	0.007	0.007	0.011	0.003	0.052	0.009	0.027	0.058
GDP	—	—	—	0.000	0.010	0.010	0.014	0.002	0.054	0.010	0.030	0.060
降水	—	—	—	—	0.000	0.003	0.007	0.009	0.049	0.009	0.023	0.057
积温	—	—	—	—	—	0.000	0.009	0.009	0.052	0.006	0.025	0.059
用水总量	—	—	—	—	—	—	0.000	0.014	0.042	0.015	0.017	0.051
废水排放总量	—	—	—	—	—	—	—	0.000	0.055	0.009	0.030	0.061
原油	—	—	—	—	—	—	—	—	0.000	0.057	0.027	0.033
煤炭	—	—	—	—	—	—	—	—	—	0.000	0.031	0.065
稻谷	—	—	—	—	—	—	—	—	—	—	0.000	0.040
玉米	—	—	—	—	—	—	—	—	—	—	—	0.000

表 2.10　　　　　东北三省区域综合匹配指数及要素综合匹配指数分析结果

指　标		黑龙江	吉林	辽宁	要素综合匹配指数（合计）
土地	面积	0.46	0.16	0.17	1.72
	播种面积	0.55	0.23	0.14	
经济社会	人口	0.50	0.16	0.15	1.72
	GDP	0.54	0.17	0.19	
气候	降水	0.46	0.17	0.17	1.66
	积温	0.47	0.19	0.19	
水资源	用水总量	0.48	0.17	0.14	1.68
	废水排放总量	0.55	0.18	0.17	
能源	原油	1.36	0.21	0.26	2.88
	煤炭	0.57	0.28	0.19	
粮食	稻谷	0.74	0.20	0.14	3.78
	玉米	1.15	1.14	0.40	
区域综合匹配指数（合计）		7.84	3.26	2.33	13.43

可以看到，在区域综合匹配指数方面，黑龙江＞吉林＞辽宁，表明黑龙江的水-能源-粮食与气候-土地-经济的适配问题最为突出。在要素综合匹配指数方面，粮食＞能源＞水资源＞气候＞土地＞经济社会，结合前述的匹配距离计算结果进行分析，东北三省粮食和能源的发展定位对水资源、气候、土地等要素形成了较大压力；当水资源、气候、土地等条件发生恶化时，可能对能源、粮食造成显著的制约。

2.4　水-能源-粮食协同安全面临的主要问题

2.4.1　水资源可持续性

2.4.1.1　地下水超采问题

东北地区旱作农业大部分为雨养，正常年份灌溉量较少，干旱年份才需补充灌溉。但是近年来东北地区水稻种植面积迅速增加，每年都需要灌溉，且灌溉定额较高，逐年扩大的水稻种植面积带来灌溉用水需求量不断增加。特别是在枯水年，农田灌溉难以获得足够的地表水供给，往往需要超采地下水进行补充。

2017 年，辽宁、吉林、黑龙江三省以及内蒙古东四盟的农业用水量分别为 81.6 亿 m^3、89.8 亿 m^3、316.4 亿 m^3、56.1 亿 m^3，占总用水量之比分别为 62.2%、70.9%、89.6%、73.9%，农业用水量是区域用水总量的主要构成部分；水田灌溉用水在农田灌溉用水中占比较高，分别达到 78.2%、85.5%、97.9%、87.7%，占农业用水的绝大部分。农业用水量中地下水供水量分别为 37.1 亿 m^3、34.4 亿 m^3、149.8 亿 m^3、36.6 亿 m^3，占农业用水量之比分别为 45.5%、38.3%、47.3%、65.2%，远高于全国平均 17.9% 的水平；地下水供给农业的水量占区域地下水总供水量之比分别为 68.1%、70.9%、89.6%、76.9%，农业是区域地下水的主要供水对象。

2017 年，松花江区和辽河区供水总量为 686.9 亿 m^3，其中地下水供水量为 310.0 亿 m^3，占比 45.1%。其中，浅层地下水为 300.1 亿 m^3，超过全区地下水补给量的 60%，部分地区地下水开采量已经超过补给量；另外还有难以恢复的深层地下水供水量 9.9 亿 m^3。其中，松嫩平原和辽河平原浅层地下水超采最为严重，地下水位降落漏斗总面积达到 480km²，漏斗中心地下水位下降至 30~60m。如图 2.52 所示（水利部，2019）。

东北粮食主产区地下水的持续超采，导致地下水水位持续下降，进而出现大面积的地下水漏斗区和地面沉降区，灌区机井报废、出水量降低、提水费用增加，土壤盐渍化加剧、地下水矿化度增加等（耿直等，2009）。粮食主产区地下水超采严重危及地下水资源可持续利用和粮食稳定增产，对我国水安全、粮食安全和社会稳定构成严重威胁。

2.4.1.2　水环境污染问题

在河流水质方面，2017 年，松花江区和辽河区Ⅰ~Ⅲ类水质河长占比分别为 66.8% 和 63.7%，劣于全国 78.5% 的水平，见表 2.11。

表 2.11　　　　　　　　　2017 年松花江区和辽河区河流水质状况

分区	评价河长 /km	分类河长占评价河长百分比/%					
		Ⅰ类	Ⅱ类	Ⅲ类	Ⅳ类	Ⅴ类	劣Ⅴ类
全国	244502.3	7.8	49.6	21.1	9.5	3.7	8.3
松花江区	16780.4	0.4	15.5	50.9	21.0	3.6	8.6
辽河区	6067.2	1.2	34.2	28.3	13.8	11.2	11.3

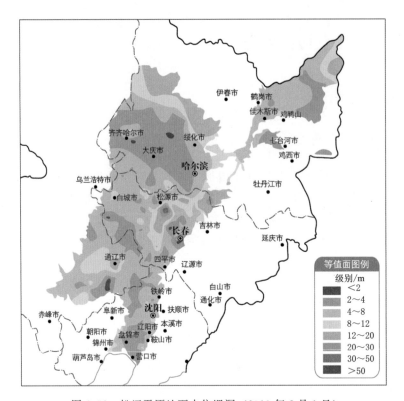

图 2.52 松辽平原地下水位埋深（2019 年 2 月 1 日）

在地下水水质方面，2017 年，松花江区和辽河区地下水水质良好以上的测站数量占比分别为 11.2%和 8.8%，劣于全国 24.4%的水平，见表 2.12。

表 2.12   2017 年松花江区和辽河区地下水水质状况

分　　区	测站数量比例/%		
	良好以上	较差	极差
全国	24.4	60.9	14.6
松花江区	11.2	81.4	7.4
辽河区	8.8	81.0	10.2

综上，松花江区和辽河区地表水和地下水水质均劣于全国平均水平。受农业面源污染、工矿企业排污等影响，研究区地表水和地下水水质可能存在长期的不利状况，对区域水资源可持续利用构成潜在威胁。

2.4.2 耕地可持续性

2.4.2.1 黑土地数量减少、质量下降

由于长期高强度利用，加之土壤侵蚀，东北黑土地有机质含量下降、理化性状与生态功能退化，严重影响东北地区农业持续发展。

《东北黑土地保护规划纲要（2017—2030 年）》中提到，近 60 年来，东北黑土耕作

层土壤有机质含量下降了 1/3，部分地区下降了 50%。辽河平原多数地区土壤有机质含量已降到 20g/kg 以下。

此外，由于东北黑土区坡耕地较多，水力侵蚀、风力侵蚀等较为严重。根据第一次全国水利普查成果，东北黑土区水土流失面积超过 27 万 km^2，形成侵蚀沟道 295663 条，侵蚀强度从微度、轻度、中度、强度到极强烈均有分布，如图 2.53 所示。

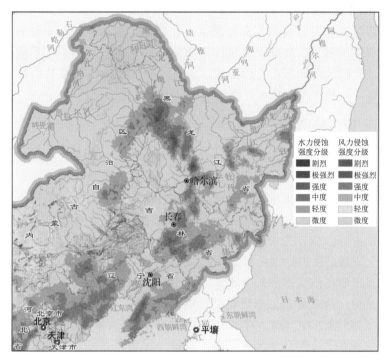

图 2.53　研究区水土流失强度

由于农业生产强度大，东北黑土区耕地的黑土层厚度已由开垦初期的 80～100cm 下降到 20～30cm，部分坡耕地已变成肥力较低的薄层黑土，有的甚至露出了底层的黄土，成为老百姓俗称的"破皮黄"黑土。加强黑土地保护和治理修复，已经成为东北地区实施"藏粮于地、藏粮于技"战略面临的迫切问题。

2.4.2.2　耕地侵占草原

20 世纪 50 年代大规模开垦以来，东北黑土区逐渐由林草自然生态系统演变为人工农田生态系统。特别是在东北地区西部和北部的半干旱地区，水资源本底条件较差，生态环境脆弱。

过度开垦导致林地、草原等自然生态系统退化，同时伴随着粗放的耕作技术和过高的牲畜超载率，容易导致区域植被退化和土地荒漠化，失去了原有的防风固沙、水源涵养等功能，造成可耕作土地减少以及周围土地环境的恶化，影响耕地的可持续性。

2.4.3　能源可持续性

（1）传统化石能源储量有限、开采难度加大。东北地区煤、油、气在全国能源格局中占有重要地位。大庆油田、辽河油田等我国开发较早的油田，石油资源储量日益减少，采油含水率增加、开采难度和成本加大等问题日益显现。随着我国西北和海上原油开采的发展，东北地区原油开采量基本维持在 5000 万 t 水平，占全国之比由 2000 年的 43.3% 下降为 2015 年的 25.5%。另外，随着东北地区煤、油、气开采范围的扩展和转移，相应开采造成的环境影响也随之扩大，环境成本可能增加。因此，区域能源开发面临产量减少、成本增加、难以持续等瓶颈问题。

（2）生物质能发展对粮食和水资源产生潜在影响。东北地区农业发展规模较大，为生物质能发展提供了基础。目前，区域生物质发电和液体燃料产业已形成一定规模，生物质成型燃料、生物天然气等产业已起步。但是生物质能发展可能较大幅度地增加粮食和水资源的消耗，对粮食安全和水资源供需造成潜在影响。

2.4.4 生态环境可持续性

（1）粮食增产的生态环境影响。在粮食种植方面，东北黑土区有机质含量过低、土层变薄导致土壤肥力下降、保水保肥能力减弱，农业增产需要的施肥量增加，打破了黑土原有稳定的微生态系统，土壤生物多样性、养分维持、碳储存、缓冲性、水净化与水分调节等生态功能退化。此外，过量施用化肥导致氮、磷、钾等随农业灌溉用水入渗地下或排入河道湖泊等水体，造成土壤板结、水质污染等生态环境损害，进一步恶化了区域水资源及黑土资源的可持续发展前景。

农田灌溉过度取用地表水和地下水，同时也受气候变化、下垫面改变等影响，造成部分河流水量减少，河道基本生态环境流量难以保障，以及部分地区地下水位超采，进一步减少了枯水期河道水量补给，对水生生态系统造成显著影响。

国家粮食战略对东北粮食主产区提出了粮食稳定增产的要求，对水资源的需求以及生态环境的影响可能进一步加大，如何平衡粮食增产与生态环境保护是区域可持续发展的重大问题。

（2）能源开发利用的生态环境影响。在能源生产方面，煤炭、石油等开采过程直接破坏了地下水含水层结构，改变了地下水的补给、径流、排泄方式，引起了土地塌陷和水土流失，影响了地表水入渗、产流过程以及地表水与地下水的交换条件，对区域的水循环和水环境产生了重大影响。松辽盆地是我国七大含油气盆地之一，也是重要地下水赋存区。

在能源消费方面，煤炭、石油等开发和利用产业链的不合理布局造成用水竞争加剧，使得缺水地区的水资源供需矛盾更加突出。在煤炭、石油等消费结构中占较大比例的相关行业，其在水消费以及工业废污水排放中也占有重要地位，相关产业链对区域水资源和水环境的影响巨大。

2.4.5 社会经济可持续性

东北黑土区是我国水稻、玉米、大豆的优势产区，但农业规模化水平低，基础地力不高，导致生产成本增加，农产品价格普遍高于国际市场，产业竞争力不强。此外，能源价格受国际国内形势影响较大。

能源安全和粮食安全事关重大,是国家战略的重要内涵,除了价格因素,同时也不能忽视政治因素。能源和粮食的生产既受本地资源禀赋条件的制约,也受外部政治经济形势的影响。因此,水-能源-粮食协同安全既要考虑资源环境可持续发展的要求,也要兼顾经济成本方面的考量,同时必须考虑国家需求和定位,跳出局部平衡的圈子,考虑整体最优。

2.4.6　内外部环境可持续性

综合来看,东北粮食主产区水-能源-粮食协同安全面临着内部和外部双重压力。实现水资源开发利用、能源产业发展、生态环境保护与粮食主定位的协调,需要水资源、能源、土地、生态环境、社会经济等多重措施的协同保障。

在内部关系方面,水、能源、粮食三者之间互为耗用,三者的缺口与盈余以及耗用影响对环境及其他产业的外部性较为敏感。

在外部环境方面,气候变化、下垫面变化、城镇化、新时代、进出口需求等外部环境影响下,区域粮食增产、能源稳产、水资源保障等存在较为复杂的不确定性风险。

第 3 章　水-能源-粮食互馈机理解析及系统动力学模拟

3.1　水-能源-粮食互馈机理分析

对水-能源-粮食三者之间的互馈关系研究主要基于全生命周期理论。生命周期评估（life cycle assessment，LCA）是一种对产品从原材料的开采、生产加工、包装、运输、消费以及回收和最终处理全过程对资源和环境影响进行分析与评价的方法。该方法源于美国在 20 世纪 60 年代末针对包装品的分析和评价。生命周期评价作为环境评估的决策方法，在能源系统、废弃物管理、工艺设计、环境政策制定等领域得到了广泛的应用。水-能源-粮食互馈关系如图 3.1 所示。系统中包括 3 个全生命周期过程，即水资源开发利用的全生命周期过程、能源开发利用的全生命周期过程和粮食的全生命周期过程。在水资源开发利用的全生命周期中需要消耗能源，在能源开发利用的全生命周期中需要消耗水资源，而在粮食的全生命周期中需要消耗水资源和能源，同时，粮食也可以转化为能源而被利用（图 3.2）。

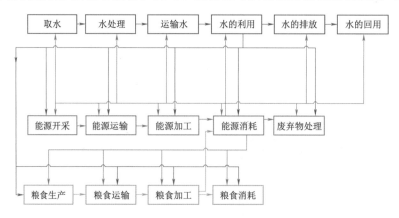

图 3.1　水-能源-粮食互馈关系图

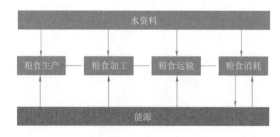

图 3.2　粮食全生命周期过程图

水资源全生命周期划分为 6 个环节（表 3.1），能源的全生命周期划分为 5 个环节（表 3.2），粮食的全生命周期划分为 4 个环节（表 3.3）。

表 3.1 水 资 源 全 生 命 周 期

环节 1	环节 2	环节 3	环节 4	环节 5	环节 6
取水	水处理	运输	利用	排放	回用

表 3.2 能 源 全 生 命 周 期

环节 1	环节 2	环节 3	环节 4	环节 5
开采	运输	加工	消耗	废弃物处理

表 3.3 粮 食 全 生 命 周 期

环节 1	环节 2	环节 3	环节 4
生产	加工	运输	消耗

3.1.1 水与能源的互馈关系

水资源与能源之间存在着复杂的相互作用关系。首先，水与能源之间存在相互依赖的关系。水资源供应链的各个环节均有能源的投入，水的提取、处理、运输、利用、排放和回用都需要消耗能源；能源的开发与利用也需要使用水资源，化石燃料（煤炭、石油、天然气）开采、运输和加工过程离不开水资源，基于化石燃料、核能或太阳能热电联产需要水来冷却，河流或水库中存在充足的水资源时，可进行水力发电，生物质能（燃料乙醇）的原料生产过程需要用水灌溉，而太阳能等可再生能源则需要水来冷却和清洁电池板或收集器，以提高发电效率。其次，水与能源存在相互制约的关系。能源的开发需要投入大量的水资源，水资源供应不足时，会降低能源产量，能源开发过程还会改变水循环状态，所排放的污水还会造成地表水和地下水污染；水资源长距离输送（南水北调）和新型水处理技术（海水淡化）应用均需要投入大量的能源，能源供应不足会限制水资源的开发与利用，导致水资源短缺。

3.1.1.1 能源全生命周期耗水

传统的一次能源主要包括石油、天然气和煤炭资源。二次能源主要为电力资源。设开采的能源质量为 C，能源从开采到加工为成品消费，共有 m 个环节，每个环节有 n 个子选项，第 i 个环节的第 j 个选项用水量为 w_{ij}，则能源在其整个生命周期过程中的用水量为

$$W = \sum_{i=1}^{m} \sum_{j=1}^{n} w_{ij} \tag{3.1}$$

（1）石油全生命周期耗水。石油的全生命周期可分为 4 个环节，见表 3.4、图 3.3。

表 3.4 石 油 全 生 命 周 期

环节 1	环节 2	环节 3	环节 4
石油开采	石油运输	石油炼制	石油消耗

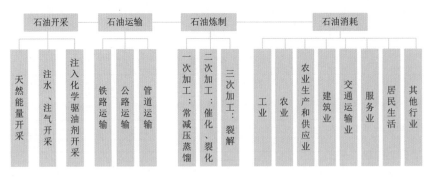

图 3.3　石油全生命周期

1）环节 1：开采。油田开采一般包括三大阶段：靠天然能量开采阶段，注水、注气开采阶段、注入化学驱油剂开采阶段。三个阶段的耗水情况不同。根据黑龙江省用水定额，天然能量开采阶段一般不需要利用水资源，注水开采需要消耗水 $8\sim10\mathrm{m}^3/\mathrm{t}$，注入化学驱油剂开采需要消耗水 $2.8\mathrm{m}^3/\mathrm{t}$。

2）环节 2：运输。原油运输一般有三种途径：铁路运输、公路运输和管道运输。运输过程中耗水较少，因而，在计算过程中忽略。

3）环节 3：炼制。炼化企业对原油的加工分为一次加工、二次加工和三次加工。一次加工主要将原油进行蒸馏，把原油蒸馏分为几个不同的沸点范围（分馏），将一次加工得到的馏分再加工成商品油叫二次加工，将二次加工得到的商品油制取基本有机化工原料的工艺叫三次加工。一次加工过程包括常压蒸馏或常减压蒸馏。二次加工过程包括催化、加氢裂化、延迟焦化、催化重整、烃基化、加氢精制等。三次加工过程包括裂解工艺制取乙烯、芳烃等化工原料。根据调查，2017 年大庆市某石化公司石油炼化过程的用水情况详见表 3.5。

表 3.5　　　　　　　　　　2017 年大庆市某石化公司石油炼化过程用水量　　　　　　　单位：m^3

装　　　置	新鲜水（工业水）	冷却水用水总量（循环水）	生产工艺用水（脱盐水、除氧水、软化水）
加氢裂化装置	3222	10992455	110969
催化裂化一套装置	52544	15606546	604471
催化裂化二套装置	59779	44216944	661231
常减压蒸馏装置	131585	30672956	527112
催化重整装置	16043	13587491	
乙烯装置（E1E2）	11446	201881447	2226800
乙烯装置（E3）	15013	330176793	1510097
高压聚乙烯一套装置	1224	9579987	86880
高压聚乙烯二套装置	818	26865867	191060
低压聚乙烯装置	17628	49040866	
聚丙烯装置	65341	15987960	75138

4）环节4：消耗。燃料型炼油厂生产的燃料油主要包括汽油、煤油和柴油。汽油主要用于交通运输业以及城镇居民生活。煤油和柴油主要用于交通运输业。可根据各行业的不同情况计算水资源消耗。

（2）天然气全生命周期耗水。和石油的全生命周期过程相同，天然气的全生命周期也包括开采、加工、运输和消耗4个环节。

1）环节1：开采。根据黑龙江省用水定额，天然气开采需要消耗水 $2.6m^3/t$。

2）环节2：加工。天然气加工环节包括天然气的净化和加工。天然气净化是指使天然气脱除杂质、水分、酸性气体等使其符合商品质量或管输要求而采取的措施。天然气加工是指从天然气中分离回收某些组分的过程，天然气加工后的主要燃料产品包括液化天然气、天然气凝液、液化石油气、压缩天然气等。

3）环节3：运输。天然气运输过程中耗水较少，因而，在计算过程中忽略。

4）环节4：消耗。天然气消耗主要用于生活、食品加工、交通运输等行业。根据各行业的情况可计算能耗过程的水资源消耗。

（3）煤炭全生命周期耗水。煤炭的全生命周期可分5个环节，如图3.4所示。

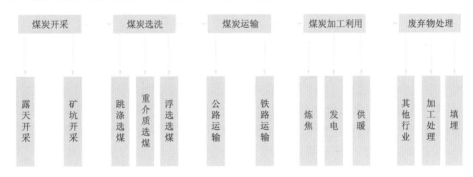

图 3.4　煤炭全生命周期过程

1）环节1：开采。煤炭的开采可分为矿井开采和露天开采两种方式。矿井采煤的主要用水环节包括水力采煤、水力提升、降尘洒水、机械化采煤、硬顶板注水软化用水、水沙充填和井下注浆用水、矸石山防灭火喷水和预注水、爆破钻孔用水。露天煤矿采煤主要用水环节包括采场工作面降尘洒水、汽车运输道路洒水、穿孔爆破钻机用水、排土场地复垦用水。根据黑龙江省用水定额，采用机、炮采煤炭的用水定额为 $0.9\sim1.3m^3/t$。采用水采煤炭的用水定额为 $3.4m^3/t$。

2）环节2：选洗。煤炭选洗加工主要用水环节包括破碎降尘用水、重选工艺用水、浮选工艺用水、真空泵循环冷却用水、压缩机循环冷却用水。根据黑龙江省用水定额，煤炭选洗用水定额为 $0.05\sim0.1m^3/t$。

3）环节3：运输。煤炭运输过程中耗水较少，因而，在计算过程中忽略。

4）环节4：加工利用。部分煤炭被用于炼焦，根据黑龙江省用水定额，生产沥青的用水定额为 $0.2m^3/t$，生产焦炭的用水定额为 $0.6m^3/t$，生产煤焦油的用水定额为 $27m^3/t$。部分煤炭被用于发电厂发电，发电过程的耗水量见前述部分。煤炭还会被用于工业生产和生活供暖等。可根据不同行业的不同情况计算水资源消耗量。

5）环节 5：废弃物处理。煤炭燃烧后会产生废渣，部分废渣可被回收处理转化为可用材料，部分将会被填埋处理。在废弃物处理过程中将会消耗水资源。

（4）电力全生命周期耗水。作为二次能源，电力是由一次能源加工转化而成的。电力水足迹等于生产单位电量所要消耗的水资源量。电力的全生命周期主要分为 3 个环节，即电力生产环节、电力输送环节和电力消耗环节。

1）环节 1：电力生产。生产电力的方式包括燃煤火电、燃气火电、核电、水力发电、太阳能发电、风力发电、生物质能发电等。

a）火力发电用水。火电厂耗水环节主要包括发电厂循环冷却系统补给用水、电厂除尘排灰排渣用水、锅炉补给水、辅助设备冷却水、脱硫系统用水、煤场用水、电厂生活及消防用水。冷却过程是火力发电的主要用水过程，包括直接冷却、循环冷却、混合冷却。根据黑龙江省用水定额，循环冷却供水系统单机容量小于 3000MW 用水定额为 $3.2m^3/MWh$，直流冷却供水系统单机容量小于 3000MW 用水定额为 $0.79m^3/MWh$，循环冷却供水系统单机容量 3000MW 以上用水定额为 $2.75m^3/MWh$，直流冷却供水系统单机容量 3000MW 以上用水定额为 $0.54m^3/MWh$，循环冷却供水系统单机容量大于 6000MW 用水定额为 $2.4m^3/MWh$，直流冷却供水系统单机容量大于 6000MW 用水定额为 $0.46m^3/MWh$。

b）核能发电用水。核能发电与火力发电的原理基本相同，其主要用水过程包括循泵轴封用水、核岛用水及常规岛用水。我国核电站主要分布于山东、广东、福建等沿海地区，取用海水作为冷却用水，淡水用量较少，约为 0.1L/kWh。

c）水力发电用水。水力发电的水资源消耗争议比较大，有学者认为水能发电主要是水流带动汽轮机，其间消耗量很少；而有的学者认为水电水足迹是产生单位能源所需要消耗的总的水库蒸发量，等于某一水库总的年蒸发量除以水库的年发电量。何洋等（2015）研究结果表明，中国水力发电平均蓝水足迹为 $6.75m^3/GJ$，不同水电站间差异巨大。

d）生物质能发电用水。生物质能是指生物质直接或者间接地利用生物质的光合作用，将太阳能以化学能形式贮存在生物质中的能量。生物质通常包括植物、微生物以及以植物、微生物为食物的动物及其生产的废弃物，具体分为水生植物、油料植物、木材、农业废弃物、森林废弃物、城市和工业有机废弃物、动物粪便等。现阶段对生物质能的利用方式，主要是通过热化学、物理以及生物等方法，制造出清洁燃料和化工原料一部分替代石油等化石燃料。生物质能发电的耗水分为两部分：一部分是作物生长的需水量；另一部分是生物质能发电过程也需要水来冷凝、稀释等作用，这部分用水远小于能源作物生长过程用水，为 1.8～2.5L/kWh。

e）太阳能发电。太阳能发电可以分为太阳能光发电和太阳能热发电，其中光伏发电是光发电的主要生产方式，它是借助半导体电子器件，将太阳光辐射能有效地吸收，通过并使之转变成电能的直接发电方式，光伏发电只需要水资源清洗电池组件表面，为 0.019L/kWh。太阳能光热发电是指利用大规模阵列抛物或碟形镜面收集太阳热能，收集的太阳热能通过换热装置，将液体水加热变成气态水，与传统火力发电的汽轮发电机相同，进行发电，目前太阳能光热发电利用较少。与太阳能光伏发电相比，光热发电过程中需要水资源冷却，其水足迹为 2.8～3.3L/kWh。

f）风力发电耗水。风力发电的作用原理较为简单，主要是利用风力来带动风车叶片旋转，同时借助增速机将风车叶片旋转的速度提升，最后利用发电设备将机械动能转换为电能，完成风力发电过程。在风力发电整个运转过程中不需要消耗水资源。

2）环节 2：电力输送。电力通过高压电线远距离传输电能的过程，在电力输送过程中不消耗水资源。

3）环节 3：电力消耗。电力被用于生产生活中各个部门的过程，耗水量可根据具体的电力消耗过程计算。

3.1.1.2 水资源开发利用全生命周期耗能

（1）水资源开发利用全生命周期耗能计算方法。水资源全生命周期共包括 6 各环节：取水、水处理、运输水、水的利用、水的排放、水的回用。

1）环节 1：取水。取水的水资源来源包括地表水、地下水、雨水、污水回用、海水淡化等。每种水源的能耗计算方式不同。

地表水取水方式主要分为蓄水、引水、提水、跨流域调水等方式，蓄水工程主要指天然降雨产生的径流汇集并抬高水位的集水工程。

蓄水工程的能耗主要是输水过程消耗的能量，其能耗计算公式如下：

$$e = \frac{mgh}{3.6 \times 10^6} \tag{3.2}$$

$$h = iL \tag{3.3}$$

$$i = 10.294 n^2 Q^2 / d^{5.333} \tag{3.4}$$

式中：e 为输水耗能值，kWh；m 为输水质量，kg；g 为重力加速度；h 为沿程水头损失，m；i 为单位管长水头损失，m/m；L 为计算管段的长度，m；n 为粗糙率；Q 为管段流量，m^3/s；d 为管道内径，m。

蓄水工程取水至农业灌溉区的平均输水距离为 2～5km，从蓄水工程取水运输到城市自来水厂平均距离为 15～50km。

引水工程是在河中及河岸修建闸坝自流引水，引水工程一般借重力作用，能量消耗可忽略。

提水工程主要是将电能转化为提升水体的能量，将水资源从低处提升到高处，计算公式为

$$e = \frac{mgh}{3.6 \times 10^6 \times \varepsilon} \times \alpha \tag{3.5}$$

式中：h 为提升高度；ε 为提水泵站效率；α 为水资源利用效率系数，表示水资源的有效利用程度。

跨流域调水是通过修建跨越两个或两个以上流域的引水调水工程，将丰水地区的水资源与紧缺地区的水资源相互调节，以达到地区间调剂水量盈亏。根据相关文献，跨流域调水工程单位距离单位输水能耗平均值为 $0.0045kWh/(m^3 \cdot km)$。

地下水开采的能量消耗主要是泵站提水耗能，其大小取决于地下水埋深、提水量、使用的泵类型和效率。地下水主要用于灌溉农田、居民饮用和工业。

其中居民饮用和工业利用需要考虑提水管线的水头损失 η，一般损失是提水能耗的 10%，计算公式如下：

$$e = \frac{mgh}{3.6 \times 10^6 \times \varepsilon \times (1 - \eta)} \tag{3.6}$$

式中：h 为地下水埋深；ε 为泵站效率，柴油泵一般取 15%，机电泵一般为 40%；η 为沿途损失，假定为 5%。

提取地下水用于农业灌溉，需要考虑水泵扬程 H，计算公式为

$$H = 0.906h + 21.75 \tag{3.7}$$

$$e = \frac{mgH}{3.6 \times 10^6 \times \varepsilon} \tag{3.8}$$

2）环节 2：水处理。在从地表或地下取水后，未经水厂处理的水资源不能达到居民饮用水或部分工业生产的要求，需要在水厂对水资源进行澄清、消毒、除臭、除杂等多项净化处理。达到城市供水水质标准的水由水厂供至居民供水管网。全国制水过程单位能耗平均值可根据城市供水统计年鉴获得，2016 年全国制水单位能耗平均值为 0.32kWh/m³。

3）环节 3：运输水。在对水资源进行净化处理后，需要通过输水管道将水资源输送到终端用水户。根据 2016 年城市供水统计年鉴，不同地区输配水单位能耗不同，全国输配水过程单位能耗平均值为 0.41kWh/m³。

4）环节 4：水的利用。用水系统是社会水循环的核心，按照终端用水户的性质，可以分为生活用水、工业用水、农业用水和生态用水系统。

5）环节 5：水的排放。排水系统通常由排水管道和污水处理厂组成，将废污水经排水管网收集在污水处理厂后，对其进行过滤除杂、生物处理等。

6）环节 6：水的回用。再生回用水是指污水经过处理后，达到一定的水质指标的水资源。城市污水再生利用主要是以城市污水处理厂二级处理出水为原水，对经过生物处理的废污水进行深度处理。

根据历年城镇排水统计年鉴，可得到全国各地区的再生水处理单位能耗平均值。2016 年全国各地区的再生水处理单位能耗平均值为 0.82kWh/m³。

（2）大庆市 2016 年水资源开发利用全生命周期耗能。大庆市 2016 年供水情况和用水情况见表 3.6 和表 3.7。

表 3.6　2016 年大庆市供水情况　　单位：亿 m³

地 表 水		地 下 水		其他	总供水量
蓄水	引水	浅层水	深层水	回用水	
2.1827	18.067	6.4344	0.4369	0.4000	27.5211

表 3.7　2016 年大庆市用水情况　　单位：亿 m³

农业	工业	生活	生态环境	总用水量
20.3719	4.0339	1.5597	1.5556	27.5211

1）环节 1 耗能。

地表水：蓄水工程，$e_1=2.1827\times10^8\times9.8\times0.00125\times50=1.3369\times10^8(\text{kWh})$。引水工程，$e_2=0\text{kWh}$。

地下水：提水工程，大庆市市区居民生活和工业用水均为深层水供水量，为 0.2537 亿 m^3，农业灌溉中深层用水量为 0.1831 亿 m^3，浅层用水量为 6.4344 亿 m^3，共计 6.6175 亿 m^3。居民生活和工业利用，$e_3=0.2537\times10^8\times9.8\times8.35/[3.6\times10^6\times0.15\times(1-0.05)]=4.0468\times10^3(\text{kWh})$。

灌溉用水，$e_4=6.6175\times10^8\times(0.906\times8.35+21.75)/(3.6\times10^6\times0.15)=3.5908\times10^4(\text{kWh})$。

环节 1 总用能：$1.3373\times10^8\text{kWh}$。

2）环节 2 水处理环节耗能：大庆市市区供水量为 21827 万 m^3。水处理耗能 $e_5=2.1827\times10^8\times0.32=6.9846\times10^7(\text{kWh})$。

3）环节 3 运输水耗能：$e_6=0.77\times27.5211\times10^8=2.1191\times10^8(\text{kWh})$。

4）环节 4 水的利用环节耗能：由于缺少数据，暂时无法计算。

5）环节 5 水的排放环节耗能：根据大庆市水资源管理年报，2016 年大庆市生活污水集中处理率为 92%，重用率达到 60% 以上。大庆市污废水年排放总量为 10689.96 万 m^3。

6）环节 6 水的回用环节耗能：统计数据显示，大庆市 2016 年水的回用量约为 $4\times10^7\text{m}^3$。回用环节耗能 $e_7=4\times10^7\times0.82=3.28\times10^7(\text{kWh})$。

3.1.2 水与粮食互馈关系

水资源与粮食之间关联关系主要是粮食生产供应链中水资源消耗和农业水污染问题。粮食的生产、加工和消费过程均需要投入大量水资源，水资源充足与否直接影响粮食作物的品质和产量。当粮食消费模式或者种植结构发生改变时，可能会对水资源安全造成巨大压力。从历史上看，一个地区水资源的可用性决定了当地农业生产活动的特点。干旱和湿润地区的作物种类、作物生长周期和灌溉方法各不相同。目前，水资源和粮食关联关系面临着两个方面的挑战：不断增长的粮食需求对水资源供应提出了更高的要求，使得不同用水部门对水资源的竞争更加激烈，而且许多粮食产区农业用水均来自地下水，过度开采会造成地下水枯竭、地面塌陷等环境地质问题。此外，在现代农业生产过程中，化肥和农药的过量使用还会造成地表水和地下水污染问题，进一步加剧了水资源短缺。

在粮食的全生命周期中，需要消耗大量的水资源。粮食的全生命周期主要包括 4 个环节：生产、加工、运输、消耗。具体水资源消耗情况如下。

（1）环节 1：粮食生产。在粮食生产过程中，需要灌溉大量的水。根据黑龙江省用水定额，粮食作物的种植用水定额见表 3.8 和表 3.9。

（2）环节 2：粮食加工。根据黑龙江省用水定额，大米的干式加工用水量为 0.005m^3/t。面粉的干式加工用水量为 1.4m^3/t，湿式加工用水量为 2.0m^3/t，两种方法的用水复用率均为 60%。玉米面的干式加工用水量为 0.1m^3/t，挂面的用水量为 2.0m^3/t，快餐面的加工用水量为 2.5m^3/t。豆油浸出法加工用水量为 50m^3/t，水的复用率为 70%，机榨的用水量为 57.8m^3/t。玉米脐油的加工用水量为 17m^3/t。兑制的酱油的生产用水量

为 $3.2m^3/t$，复用率为 37.5%，酿制的酱油加工用水量为 $8m^3/t$。$5°$米醋的酿制用水量为 $6.5m^3/t$，$9°$米醋的酿制用水量为 $6.5m^3/t$。以大豆为原料的素制品加工用水量为 $30m^3/t$，每板用大豆 $6kg$ 的水豆腐生产用水量为 $0.22m^3/$板。

表 3.8　　　　　　　　　　黑龙江省旱地粮食作物种植用水定额

水文年	作物名称	灌溉形式	用水定额/(m^3/hm^2)				
			Ⅰ区		Ⅱ区	Ⅲ区	Ⅳ区
			Ⅰ₁	Ⅰ₂			
干旱年	春小麦	地面灌	1350～1850	1250～1700	1200～1600	1200～1600	1100～1400
		管输灌	950～1200	900～1100	850～1000	850～1000	800～900
		喷灌	700～1000	650～950	600～900	600～900	600～800
	玉米	地面灌	1900～2300	1800～2300	1500～2000	1500～2000	1400～1800
		管输灌	1400～1700	1300～2200	1100～1400	1100～1400	1000～1300
		喷灌	1000～1200	900～1200	750～1000	750～1000	700～900
	大豆	地面灌	1800～2400	1700～2300	1600～2200	1500～2100	1400～1900
		管输灌	1300～2000	1200～1900	1100～1800	1100～1600	1000～1500
		喷灌	900～1400	850～1350	800～1300	750～1200	700～1100
一般年	春小麦	地面灌	1100～1400	1000～1200	950～1100	950～1050	850～950
		管输灌	800～950	750～1000	700～900	700～900	650～850
		喷灌	700～850	650～800	600～750	600～750	550～700
	玉米	地面灌	1600～2100	1500～1800	1100～1300	1100～1300	1000～1200
		管输灌	1100～1500	1100～1300	770～900	770～900	700～840
		喷灌	800～1100	750～900	550～650	550～650	500～600
	大豆	地面灌	1600～2200	1200～1800	1100～1600	1100～1600	1000～1400
		管输灌	1100～1800	840～1400	770～1300	770～1300	700～1100
		喷灌	800～1300	600～1000	550～900	550～900	500～800
湿润年	春小麦	地面灌	800～1000	700～900	600～800	600～750	500～700
		管输灌	600～750	550～700	500～650	500～650	450～550
		喷灌	500～600	450～550	400～500	400～500	400～450
	玉米	地面灌	1300～1600	1200～1500	900～1100	800～1100	800～1100
		管输灌	900～1100	840～1100	630～770	560～770	560～770
		喷灌	650～800	600～750	450～550	400～550	400～550
	大豆	地面灌	1200～1400	1000～1300	900～1200	800～1100	800～1100
		管输灌	840～1000	700～900	630～840	560～770	560～770
		喷灌	600～700	500～650	450～600	400～550	400～550

表 3.9　　　　　　　　　　黑龙江省旱地粮食作物种植用水定额

项　　目		用水定额/（m³/hm²）				
		Ⅰ 区		Ⅱ 区	Ⅲ 区	Ⅳ 区
		Ⅰ₁	Ⅰ₂			
水稻 浅型灌溉	大	8000～9000	6500～7500	6000～7000	5900～6900	6700
	中小	7700～8700	6100～7100	5600～6600	5500～6500	6400
水稻 浅型节水灌溉	大	7200～8100	5900～6800	5400～6300	5300～6200	6000
	中小	6900～7800	5500～6400	5000～5900	5000～5900	5800

　　千页豆腐的加工用水量为 $0.03m^3/t$。淀粉的加工用水量为 $8\sim18m^3/t$。葡萄糖的加工用水量为 $14\sim29m^3/t$，复用率为 75%。无水淀粉的加工用水量为 $40m^3/t$，复用率为 41.2%。以薯干为原料的酒精加工水量为 $90m^3/t$，复用率为 65%。以玉米为原料的酒精加工水量为 $90m^3/t$，复用率为 65%。年产 10 万 t 以上工厂啤酒的加工用水量为 $12m^3/kL$，复用率为 70%。年产 10 万 t 以下工厂啤酒的加工用水量为 $15m^3/kL$，复用率为 70%。

　　（3）环节 3：粮食产品运输。运输过程中耗水量一般较小，因而忽略粮食运输用水量。

　　（4）环节 4：粮食消耗用水量。在粮食消耗过程中需要对粮食清洗和烹饪，在此过程中需要水的参与，同时，粮食作物作为生物质能转化为电能或热能的过程也需要消耗一部分水资源。

3.1.3　能源与粮食互馈关系

　　能源-粮食关联关系主要涉及粮食供应链中的能源使用以及生物质能生产问题。粮食生产过程中能源投入的形式分为直接和间接两种。直接能源投入形式是通过农用机械设备进行耕作、播种、灌溉和收割，这些农业活动十分依赖燃料和电力消耗。间接能源投入形式是使用能源密集型产品，比如化肥、农药以及农业机械设备，这些产品的生产过程也需要消耗大量能源。在粮食加工、运输、储存、处理（包装、销售）和烹饪过程中也需要能源。粮食系统对能源的依赖使得一些国家石油价格对粮食价格有着直接的影响。

　　在粮食的全生命周期中，除了需要消耗大量的水资源，还需要消耗大量的能源。

　　（1）环节 1：粮食的生产耗能。粮食生产过程中需要能源消耗主要在抽水灌溉和农机运作过程中。

　　（2）环节 2：粮食的加工耗能。粮食加工过程中可能消耗多种能源，如电力、煤炭、石油、天然气等。具体能源消耗情况因加工的方法和产品的种类不同而不同。

　　（3）环节 3：粮食的运输耗能。粮食的运输方式可分为铁路运输和公路运输。在运输过程中会消耗汽油、柴油、煤炭等。

　　（4）环节 4：粮食的消耗耗能。粮食在消耗过程中需要加热，因而需要消耗能量。

　　此外，能源与粮食关联关系另一个日益突出的表现是，生物质能在世界能源结构中所占的比例越来越大。面对未来气候变化和能源需求不断增长的巨大挑战，许多国家将生物质能作为发展可再生能源的重要选择。生物质能可以增加全球能源供应，减少温室气体排放。与此同时，也存在生物质能的原料生产与粮食生产争夺土地资源，以及与人类争夺粮食资源的问题。

3.1.4　外围关联关系

水-能源-粮食纽带关系问题通常处在一定的环境中，任何外部环境因素的变化都会通过水-能源-粮食纽带关系影响水、能源和粮食资源的生产和消费，从而使水-能源-粮食纽带关系更加复杂化。这些外部环境因素通常指的是社会子系统、经济子系统以及环境子系统对水-能源-粮食系统的影响。

气候变化、环境污染和自然灾害等因素（环境子系统）通过影响其供应链和生产过程（供给侧）影响水-能源-粮食核心关联关系。例如，干旱的极端天气会对农业生产和水力发电造成显著的负面影响，同时也使得农业活动需要消耗更多的水资源和能源；全球变暖使空气和冷却用水的温度升高，从而降低发电厂的发电效率；水资源污染不仅会使水资源可利用量不断减少，使用污水灌溉还会降低农作物的产量和质量，而污水处理也需要消耗大量的能源。

社会子系统和经济子系统一般通过影响人类对水、能源和粮食需求侧影响水-能源-粮食核心关联关系。例如，随着人口增长和城镇化的快速发展，人类社会对水、能源和粮食资源的需求也在不断提高。人类饮食习惯的改变会影响整个粮食供应链对水资源和能源的需求，而科学技术的进步会提高水资源和能源的利用效率，从而在一定程度上缓解水资源和能源的供需矛盾。但一些政策的制定会通过影响资源的生产活动而影响水-能源-粮食核心关联关系。例如，印度向农民提供的电力价格补贴使得地下水被过度开采和浪费，从而爆发了严重的水资源危机。再比如，生物质能的大力推广能够有效地增加能源供应，缓解气候变化，但也对全球粮食安全构成威胁。除此之外，地区基础设施建设、战争与动乱均会对资源供应端造成巨大影响，从而改变水-能源-粮食系统发展状态。

3.2　大庆市系统动力学模型及水-能源-粮食均衡发展模式

系统动力学（System Dynamic，SD），以反馈控制理论为理论基础，以计算机技术为技术手段，从系统内部微观结构入手，建立系统动力学数学模型，可用于研究处理复杂的社会、经济、生态等系统问题，并可在宏观、微观层次上对复杂的、动态的、非线性的、错层次的大规模系统进行综合研究，是水-能源-粮食纽带关系研究的重要工具。通过构建系统动力学模型，可以对水-能源-粮食纽带关系进行定量化描述。针对大庆市水-能源-粮食系统存在的主要问题以及相关发展规划设定多种情景，基于主要粮食作物单位产量预测设定模型相关参数，对未来不同方案下水-能源-粮食的保障程度及面临的挑战进行仿真预测，从而为大庆市社会经济可持续发展提出对策与建议。

3.2.1 模型原理

系统动力学将整个建模过程归纳为系统分析、系统结构分析、数学模型建立、模型实验与评估以及模型模拟与政策分析五个大步骤。第一步，系统分析分为任务调研、问题定义、划定界限，主要是调查收集有关系统的情况、明确所要解决的基本问题和主要问题，从而初步划分系统的界限。第二步，进行系统结构分析，包括反馈结构分析和变量的定义，主要是进行分析系统总体与局部的反馈机制，绘制系统因果关系图以明确回路之间的关系从而得出所需的变量以及变量之间的关系。第三步，在系统分析与系统结构分析的基础上，建立规范的数学模型，主要是建立系统动力学模型流图，建立状态变量方程、速率方程、辅助方程等方程，并给所有的初始值、常数、表函数赋值，并进行相关的参数估计。第四步，进行模型模拟与模型评估，这一步并不是独立存在的，它是贯穿于整个步骤中的，当模型不符合系统的原始目标时，需要进行系统模型的修正，从而保证系统的正确运行。第五步，进行模型结果的分析并给予一定的政策分析。具体的系统动力学建模步骤如图 3.5 所示。

本次研究采用 Vensim 6.4e（Ventana Simulation Eneiroment，即 Ventana 系统动力学模拟环境）软件，这个系统动力学软件是由美国 Ventana System Inc. 公司于 1988 年开发的，具有可视化、多视窗等特点，由 Ventana 软件建立系统动力学仿真模型，可以更直观地建立数学模型、了解模型变量之间的关系、查看模型结构、得出模型结果以及图表化结果，更方便操作与运用。

3.2.2 模型构建

3.2.2.1 模型边界

模型以大庆市的行政区边界为系统空间边界，时间边界为2005—2030 年，基准年为 2017 年，其中2005—2017 为历史统计数据年，2018—2030 年为模型仿真预测年，模型仿真时间间隔为 1 年。

3.2.2.2 数据来源

大庆市水-能源-粮食系统动力学仿真模型的基础数据和相关参数数据主要来源于《大庆统计年鉴》《黑龙江统计年鉴》《黑龙江省地方标准用水定额》《大庆市"十三五"水利发展规划》《大庆市水资源公

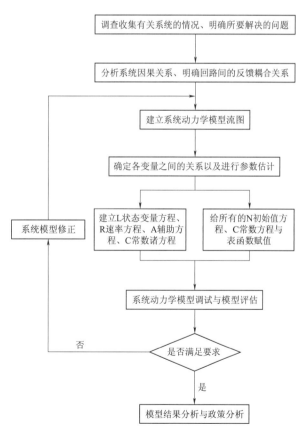

图 3.5 系统动力学建模步骤

报》《黑龙江省水资源公报》《大庆油田"十三五"规划》《大庆市农委现代农业发展"十三五"规划》《中国统计年鉴》等。

3.2.2.3　模型子系统划分

模型共分为 6 个子系统：水资源子系统、能源子系统、粮食子系统、社会子系统、经济子系统以及环境子系统。其中，水资源、能源和粮食三个子系统是模型主体，社会、经济和环境三个子系统为模型客体。

水资源子系统选择水资源供需平衡作为研究对象，供应端由地表水、地下水和其他水源组成，消费端则分为农业、工业、居民生活和生态需水四个部门。粮食子系统对水资源供需平衡的影响主要体现在粮食作物灌溉及加工需水，能源子系统对水资源供需平衡的影响主要体现在原油、天然气开采加工以及火力发电需水。

能源子系统选择煤炭、原油、天然气供需平衡作为研究对象，供应端由原油、天然气和新能源组成，消费端则分为第一产业、第二产业、第三产业和居民生活耗能四个部门。粮食子系统对能源供需平衡的影响主要体现在粮食生产耗能，水资源子系统对能源供需平衡的影响主要体现在水资源提取、处理、输送、排放以及回用耗能。

粮食子系统选择玉米、水稻、小麦、豆类作为研究对象，供应端由小麦、玉米、水稻、豆类组成，消费端则分为口粮消费、饲料用粮、工业用粮、粮食损耗和种子用粮消费五个部门。能源子系统对粮食供需平衡的影响主要体现在生物质能耗粮。

社会子系统选择总人口、城镇人口和农村人口为研究对象；经济子系统选择国内生产总值、第一产业产值、第二产业产值和第三产业产值为研究对象。人口数量的变化可以直接决定居民生活需水量以及能源和粮食的消费量，从而影响水资源、能源和粮食的供需平衡状态，国内生产总值是反映一个地区经济状况的指标，其大小基本上能反映一个国家和地区的经济发展水平和拥有财富的多少。在社会用水、能源和粮食消费水平变化不大的条件下，国内生产总值越高，经济越发达，水资源、能源和粮食的需求量则越大。

环境子系统选择水体污染物当量数以及二氧化碳排放量为研究对象。水-能源-粮食系统中居民生活、能源开采以及粮食生产活动会向水环境排放水体污染物，从而增加当地水体污染物当量数，煤炭、原油、天然气消耗以及电力输入均会增加当地二氧化碳排放量。

3.2.2.4　模型因果关系回路

通过因果关系图（图 3.6）中形成的闭合反馈回路可以清晰地反映出大庆市水-能源-粮食系统的框架结构。

系统的核心指标为水资源供需比、能源自给率以及粮食自给率，三者通过社会（人口总量）和经济（第一产业产值、工业增加值、建筑业产值、第三产业产值）子系统的指标相互连通，形成相互依存又相互制约的关系。以水资源供需比、能源自给率以及粮食自给率为起点，水-能源-粮食系统共形成了 79 条反馈回路。

3.2.3　模型有效性检验

任何模型在正式投入使用和对其运行结果进行分析之前，都必须检验模型的仿真结果与现实系统行为是否相符，以确保模型的有效性和真实性。运行检验、直观检验、历史检验以及参数灵敏度分析等方法都是系统动力学模型有效性检验常用的方法。下面将

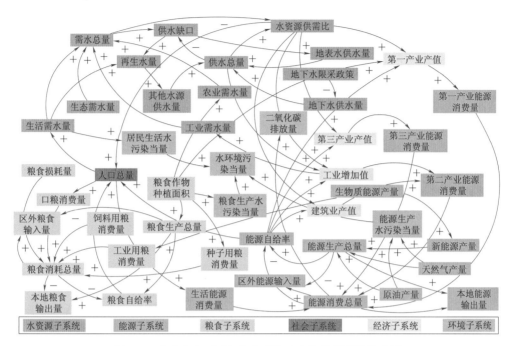

图 3.6　大庆市水-能源-粮食系统动力学模型因果关系图

对大庆市水-能源-粮食系统动力学仿真模型进行直观检验、运行检验、历史检验以及参数灵敏度分析。

（1）模型的直观和运行检验。直观检验主要是指建模者根据系统动力学的建模方法和所掌握的建模知识，通过对资料的进一步分析，直观地对模型的边界选择、变量定义、因果关系、流程图及系统方程式进行检验。运行检验主要是指对所建模型中方程式的正确性、量纲的一致性和系统参数的合理性进行检验。

通过对大庆市水-能源-粮食系统动力学仿真模型的系统内部因果关系、系统边界、结构方程式和结构流程图的检验，所建模型中各变量之间的因果关系合理且量纲统一，系统方程式能够准确地表述变量之间的关系，系统流程图可以准确反映出水资源、能源和粮食供给与消费的动态行为。

（2）模型历史检验。历史检验是选择某一历史时刻为初始时间，开始仿真，将仿真结果与已有的历史数据进行误差、切合度等检验，即将历史数据输入模型，将运行后的结果与同时段历史实际发生的真实数据进行对比，检验两组数据的相似程度，对模型模拟的可靠性和准确性做出判断。

在运用系统动力学模型进行仿真模拟后，本次研究选择 6 个代表性变量（城镇化率、水稻种植面积、天然气产量、人口总量、第三产业产值以及供水总量），将其 2005—2017年历史数据和模拟值进行比较，以判断模型运行结果在一定的误差允许条件下能否准确地反映变量的特征，结果如图 3.7 所示。通过比较可以发现模拟值与实际值基本吻合，误差均保持在 ±10%，满足模型的精度要求，因此模型具有较高的可靠性，能够较好地定量模拟真实的情况。

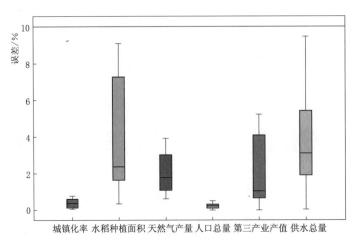

图 3.7　系统动力学模型历史检验结果

（3）模型参数灵敏度分析。灵敏度分析是通过调节系统参数来评估参数的变化对于模型输出结果所产生的影响，以识别出对模型动态行为影响较大的参数，在情景设置时将其作为调控因子，从而为保障大庆市水-能源-粮食协同安全提供科学依据。同时，一个稳定性较好的模型对于大多数参数的变化应该是不灵敏的，因此，灵敏度分析还可用于判断模型的稳定性，从而检验模型的有效性。

本次研究采用局部灵敏度分析方法，针对水-能源-粮食系统的主要参数，将 2005—2017 年各参数变化＋10％和－10％，计算系统核心变量（水资源供需比、能源自给率、粮食自给率）的局部灵敏度，并取不同变化范围下多年局部灵敏度的平均值，考查参数变化对系统核心变量的影响。分析结果如图 3.8～图 3.10 所示。

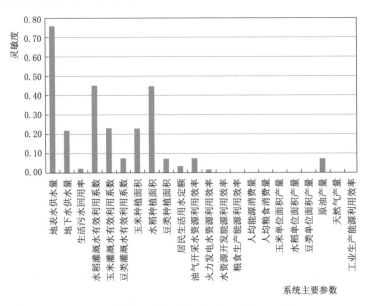

图 3.8　水资源供需比局部灵敏度分析结果

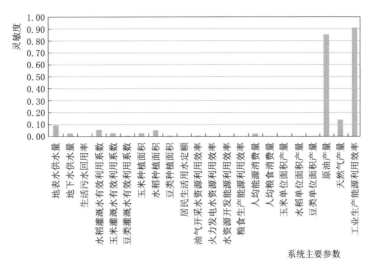

图 3.9 能源自给率局部灵敏度分析结果

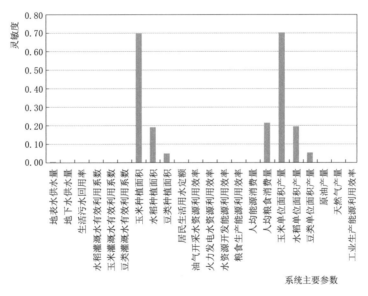

图 3.10 粮食自给率局部灵敏度分析结果

可以看出，水资源供需比对地表水供水量、地下水供水量、水稻灌溉水有效利用系数、玉米灌溉水有效利用系数、玉米种植面积及水稻种植面积变化较为敏感（$S_g > 0.1$）；能源自给率对原油产量、天然气产量及工业生产能源利用效率变化较为敏感（$S_g > 0.1$）；粮食自给率对玉米种植面积、水稻种植面积、人均粮食消费量、玉米单位面积产量及水稻单位面积产量变化较为敏感（$S_g > 0.1$）。因此，可以通过调节这些敏感参数的取值完成大庆市水-能源-粮食系统未来发展情景的设置。系统核心指标对大多数参数的变化并不灵敏，说明模型设计较为合理，模型具有良好的稳定性，能够用于大庆市水-能源-粮食系统的仿真模拟研究。

3.2.4　水–能源–粮食系统现状延续仿真预测

系统动力学模型不仅可以真实地再现系统过去的历史行为，而且可以预测系统未来的发展趋势，从而使决策者能够及时发现系统运行将要产生的问题，并制订相应的解决方案。本次研究在构建水–能源–粮食系统动力学模型的基础上，根据"十四五"发展规划及历史发展规律对模型中的变量和参数进行设定，并对现状延续情况下大庆市水–能源–粮食系统进行模拟预测，从而得出 2018—2030 年水、能源、粮食资源供需平衡状态以及社会、经济、环境发展趋势。

（1）水资源子系统。由水资源子系统现状延续动态仿真结果可知（图 3.11），2018—2030 年，大庆市水资源供给量和需求量均呈现持续上升的趋势，其中，供给量由 25.32 亿 m^3 增加为 26.46 亿 m^3，年均增长量为 0.095 亿 m^3；需求量则由 32.07 亿 m^3 增加为 34.63 亿 m^3，年均增长量为 0.21 亿 m^3；需求量增长速度大于供给量，因此，水资源供需比也随之逐渐降低，由 78.96％下降为 76.40％，供水缺口由 6.74 亿 m^3 增加为 8.17 亿 m^3。

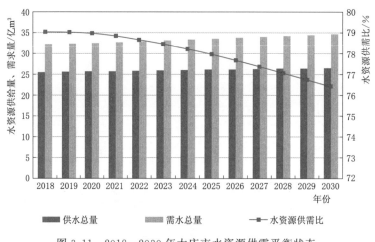

图 3.11　2018—2030 年大庆市水资源供需平衡状态

（2）能源子系统。从能源子系统现状延续动态仿真结果来看（图 3.12），2018—2030 年，大庆市能源产量呈现逐年下降趋势，由 5368.50 万 tce 减少为 4726.35 万 tce，年均减少量为 53.51 万 tce；能源消费总量则不断增加，由 3613.70 万 tce 增加至 4145.76 万 tce，年均增长量为 44.34 万 tce；能源产量始终大于能源消费量，能源自给率不断减少，由 148.56％下降为 114.00％。

从不同种类能源供需平衡状态来看（表 3.10），2018—2030 年，随着大庆市原油产量不断降低，而原油消费量不断上升，原油的产消差（生产量与消费量的差值）和自给率也随之逐渐降低，原油对外输出量由 1942.75 万 t 减少为 1122.39 万 t，自给率由 238.97％下降为 174.54％。大庆市天然气需求量增长速度低于天然气产量增长速度，天然气产消差和自给率在逐渐增大，天然气对外输出量由 12.66 亿 m^3 增加为 26.75 亿 m^3，自给率由 143.49％增加为 176.77％。大庆市不生产煤炭资源，煤炭自给率为 0％，随着

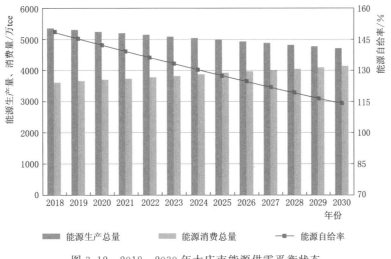

图 3.12 2018—2030 年大庆市能源供需平衡状态

社会经济的发展，煤炭需求量逐渐增大，煤炭区外输入量由 1532.48 万 t 增加为 1890.75 万 t。大庆市本地电力产量不足，需要从区外输入部分电力，随着大庆市新能源发电量不断增加，本地电力产量增长速度大于电力需求量增长速度，电力区外输入量逐渐变小，由 76.79 亿 kWh 减少为 22.86 亿 kWh，电力自给率由 66.02% 上升为 91.32%。

表 3.10 2018—2030 年大庆市不同种类能源供需平衡状态

年份	原 油		天然气		煤 炭		电 力	
	产消差 /万 t	自给率 /%	产消差 /亿 m³	自给率 /%	产消差 /万 t	自给率 /%	产消差 /亿 kWh	自给率 /%
2018	1942.75	238.97	12.66	143.49	−1532.48	0.00	−76.79	66.02
2019	1875.07	233.34	13.87	146.91	−1562.66	0.00	−71.91	68.56
2020	1807.22	227.74	15.07	150.20	−1593.03	0.00	−67.10	71.01
2021	1739.21	222.19	16.26	153.36	−1623.52	0.00	−62.38	73.39
2022	1671.08	216.69	17.45	156.39	−1654.07	0.00	−57.71	75.68
2023	1602.84	211.23	18.63	159.31	−1684.60	0.00	−53.12	77.90
2024	1534.49	205.83	19.81	162.11	−1715.05	0.00	−48.59	80.03
2025	1466.04	200.48	20.98	164.81	−1745.32	0.00	−44.14	82.10
2026	1397.49	195.18	22.14	167.40	−1775.32	0.00	−39.75	84.08
2027	1328.86	189.94	23.30	169.88	−1804.97	0.00	−35.42	86.00
2028	1260.13	184.75	24.46	172.27	−1834.16	0.00	−31.16	87.84
2029	1191.31	179.62	25.61	174.56	−1862.79	0.00	−26.98	89.61
2030	1122.39	174.54	26.75	176.77	−1890.75	0.00	−22.86	91.32

（3）粮食子系统。从粮食子系统现状延续动态仿真结果来看（图 3.13），2018—2030 年，大庆市粮食产量在缓慢上升，由 408.75 万 t 增加为 433.61 万 t，年增长速度为 2.07

万 t；粮食消费总量由 173.54 万 t 增加为 189.05 万 t，年增长速度为 1.29 万 t；粮食产量始终大于粮食消费量，粮食自给率在不断降低，由 235.54％减少为 229.36％。

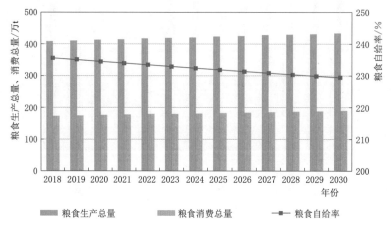

图 3.13　2018—2030 年大庆市粮食供需平衡状态

从不同种类粮食供需平衡状态来看（表 3.11），2018—2030 年，玉米产消差（生产量与消费量的差值）及自给率主要随着玉米消费量的波动而发生变化，呈现不断降低的趋势，玉米对外输出量（产消差）由 202.82 万 t 下降为 189.82 万 t，自给率由 288.41％下降为 256.70％。水稻产消差和自给率随着种植面积的增加而不断增加，水稻对外输出量由 42.55 万 t 增加为 57.54 万 t，自给率由 217.29％上升为 259.78％。小麦产消差绝对值在逐渐增大，区外输入量由 10.51 万 t 增加为 11.21 万 t，但其自给率随着小麦产量的变化呈现不断减少的趋势，由 11.13％下降为 5.86％。随着豆类种植面积的不断增加，豆类产量大于消费量，其产消差变为正值，豆类对外输出量由 0.36 万 t 增加为 8.41 万 t，自给率也随之升高，由 102.00％增加为 142.07％。

表 3.11　　　　　　　2018—2030 年大庆市不同种类粮食供需平衡状态

年份	玉　米		水　稻		小　麦		豆　类	
	产消差/万 t	自给率/％	产消差/万 t	自给率/％	产消差/万 t	自给率/％	产消差/万 t	自给率/％
2018	202.82	288.41	42.55	217.29	−10.51	11.13	0.36	102.00
2019	201.68	285.33	43.85	221.13	−10.56	10.70	1.02	105.70
2020	200.56	282.35	45.14	224.91	−10.61	10.27	1.69	109.32
2021	199.45	279.46	46.42	228.62	−10.66	9.83	2.36	112.88
2022	198.35	276.66	47.69	232.28	−10.71	9.39	3.03	116.37
2023	197.26	273.94	48.94	235.87	−10.77	8.95	3.70	119.79
2024	196.18	271.29	50.19	239.42	−10.83	8.51	4.37	123.15
2025	195.11	268.71	51.43	242.92	−10.89	8.07	5.05	126.45
2026	194.04	266.19	52.66	246.37	−10.95	7.63	5.72	129.69

年份	玉 米		水 稻		小 麦		豆 类	
	产消差/万 t	自给率/%	产消差/万 t	自给率/%	产消差/万 t	自给率/%	产消差/万 t	自给率/%
2027	192.98	263.74	53.89	249.78	−11.02	7.19	6.39	132.87
2028	191.92	261.34	55.11	253.15	−11.08	6.75	7.06	135.99
2029	190.87	259.00	56.33	256.48	−11.15	6.30	7.74	139.06
2030	189.82	256.70	57.54	259.78	−11.21	5.86	8.41	142.07

（4）社会、经济、环境发展趋势。从地区生产总值可以看出（图 3.14），2018—2030 年，大庆市地区生产总值不断增加，由 2869.08 亿元增加至 4482.91 亿元，年均增长量为 134.48 亿元。从产业结构来看，第三产业产值增长最快，由 1088.37 亿元增加至 2278.53 亿元，年均增长量为 99.18 亿元，2026 年之后，第三产业产值超过第二产业产值，成为大庆市主导产业；第二产业产值由 1576.57 亿元增加至 1834.38 亿元，年均增长量为 21.48 亿元；第一产业产值由 204.14 亿元增加至 370.00 亿元，年均增长量为 13.82 亿元。

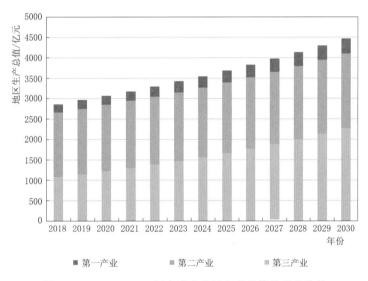

图 3.14   2018—2030 年大庆市地区生产总值的变化趋势

从人均 GDP 来看（图 3.15），2018—2030 年，大庆市人均 GDP 呈现不断增加的趋势，由 104797.55 元增加为 158674.75 元，年均增长量为 4489.77 元。随着大庆市社会经济发展，人民生活水平在不断提高。

从环境影响指标可以看出（图 3.16），2018—2030 年，随着大庆市能源消费量不断增加，二氧化碳排放量呈现增长趋势，由 8605.42 万 t 增加至 9144.95 万 t，年均增长量为 44.96 万 t。而水体污染物当量数呈现先减少后增加的趋势，其最小值出现在 2022 年，水体污染物当量数为 843.45×10^4。其中，粮食生产水体污染物当量数不断增加，由 241.36×10^4 增加为 264.90×10^4，一方面，是因为粮食种植面积在不断增加，另一方面，

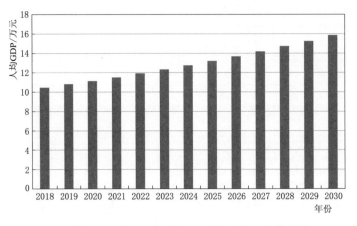

图 3.15　2018—2030 年大庆市人均 GDP 的变化趋势

水稻田单位面积化肥污染物流失量大于其他旱田作物，水稻种植面积所占比例不断提高更是加剧了粮食生产对水环境的污染；居民生活水体污染物当量数却在不断减少，由 607.47×10^4 下降为 590.74×10^4，这是由于城镇生活污水集中处理能力不断提高所致；大庆市工业废水排放达标率在 2010 年已经达到 100%，因此能源生产水体污染物当量数在预测期间始终为 0。

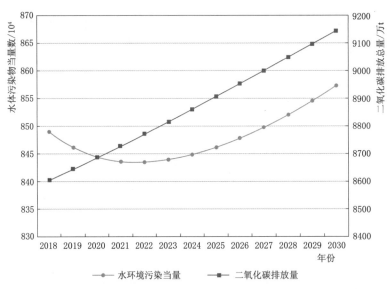

图 3.16　2018—2030 年大庆市环境影响指标的变化趋势

3.2.5　水–能源–粮食系统不同发展情景设计

本次研究结合水–能源–粮食系统存在的主要问题以及相关发展规划，在对现状延续发展方案进行预测的基础上，通过调节模型敏感参数的取值，又设计了生物质能发展方案、能源和粮食生产结构调整方案、水资源和粮食开源发展方案以及水资源、能源、粮食节流发展方案（表 3.12），各方案的具体调控策略如下。

3.2 大庆市系统动力学模型及水-能源-粮食均衡发展模式

表 3.12　　　　　　　　　大庆市水-能源-粮食系统不同发展情景设计

类别	情景名称	情　景　假　设
常规发展方案	现状延续发展方案（方案 1）	模型中的变量和参数根据 2005—2017 年大庆市历史发展规律进行设定
水资源核心发展方案	水资源开源发展方案（方案 2）	2018—2030 年，在现状延续发展方案的基础上，将大庆市地表水供水量以及生活污水回用率增加 10%，地下水则继续维持限采状态
能源核心发展方案	生物质能发展方案（方案 3）	大庆市 30 万 t 燃料乙醇项目在 2020 年建成投产，2020—2030 年，燃料乙醇年产量保持 30 万 t 不变
粮食核心发展方案	粮食单产提升发展方案（方案 4）	2018—2030 年，在现状延续发展方案的基础上，将大庆市玉米、水稻、小麦和豆类单位面积产量提高 10%，由于农业机械化水平的提升，粮食生产单位面积能源消费量提高 10%
多系统综合发展方案	能源和粮食生产结构调整方案（方案 5）	2030 年，将大庆市玉米、水稻、小麦、豆类的种植面积分别设置为418616.71hm²、118870.58hm²、348.48hm² 及 141364.23hm²，原油和天然气产量分别设置为 2672.15 万 t 及 67.11 亿 m³，2018—2030 年玉米、水稻、小麦、豆类种植面积以及原油、天然气产量采用插值法获取
	水资源、能源、粮食节流发展方案（方案 6）	2018—2030 年，在现状延续发展方案的基础上，将大庆市粮食作物灌溉水有效利用系数、油气开采及火力发电水资源利用效率提高 10%，将水资源开发、粮食生产以及工业生产过程的能源利用效率提高 10%，同时，将居民生活用水定额、人均能源消费量、人均粮食消费量减少 10%

（1）常规发展方案：现状延续发展方案（方案 1）。模型中各子系统的变量和参数根据历史发展规律进行设定，保持当前的发展趋势，预测 2030 年水、能源、粮食供需平衡状态以及社会、经济、环境发展趋势。该方案能够反映水-能源-粮食系统在当前经济模式不发生重大改变情况下的发展趋势，其结果是其他发展方案进行对比分析的基础。

（2）以水资源安全为核心的发展方案：水资源开源发展方案（方案 2）。《地下水管控指标确定技术要求（试行）》明确指出，地下水超采地区不允许新增地下水取用水量，为进一步减少大庆市地下水超采区面积，水资源开源发展方案中地下水将继续维持现状延续发展方案中的严格限采状态，结合大庆市"十四五"水利发展规划，加强地表水与再生水开发利用率，预测 2030 年水、能源、粮食供需平衡状态以及社会、经济、环境发展趋势。该方案主要侧重于对水资源的供给侧进行调整。

（3）以能源安全为核心的发展方案：生物质能发展方案（方案 3）。根据《大庆市可再生能源综合应用示范区规划》，设定未来大庆市燃料乙醇生产规模，并假设其全部被当地利用以替代相应的化石能源，预测 2030 年水、能源、粮食供需平衡状态以及社会、经济、环境发展趋势。该方案旨在对生物质能发展规划进行模拟分析。

（4）以粮食安全为核心的发展方案：粮食单产提升发展方案（方案 4）。《大庆市现代农业发展总体规划》中指出，种植业要优化粮食品种结构，推广先进栽培模式，推进农业机械化建设，提高粮食单产和品质，增强竞争能力和效益。因此，粮食单产提升发展方案通过设定推广优势品种，提高玉米、水稻、小麦和豆类的单位面积产量，预测 2030年水、能源、粮食供需平衡状态以及社会、经济、环境发展趋势。该方案主要侧重于对粮食的供给侧进行调整。

（5）以多系统安全为核心的发展方案。

1) 能源和粮食生产结构调整方案（方案 5）。根据《大庆油田可持续发展纲要》、种植业"十四五"发展规划，调整大庆市能源和粮食的生产结构，预测 2030 年水、能源、粮食供需平衡状态以及社会、经济、环境发展趋势。该方案侧重于对能源和粮食的供给侧进行调整。

2) 水资源、能源、粮食节流发展方案（方案 6）。增强居民节水节能节粮意识，调整水-能源-粮食系统需求侧敏感参数的取值，提高水、能源、粮食资源利用效率，预测2030 年水、能源、粮食供需平衡状态以及社会、经济、环境发展趋势。该方案主要侧重于对水-能源-粮食系统需求侧进行调整。

3.2.6　不同发展情景对比分析及评价

在 Vensim 软件中设定水-能源-粮食资源调控策略参数的取值，以实现不同发展情景下水-能源-粮食系统仿真预测。为了全面比较不同方案的仿真结果，本研究分别从水、能源、粮食供需平衡状态以及社会、经济、环境发展趋势两个方面进行分析，从而直观地显示不同调控措施对水-能源-粮食系统未来发展的影响。

3.2.6.1　不同方案对比分析

（1）水资源子系统。水资源供需比是水资源子系统的核心指标，通过比较不同方案下的水资源供需比，可以了解调控措施对水资源供需平衡状态的影响。由图 3.17 可以看出，方案 5 的水资源供需比呈现先增加后减少的趋势，而其他 5 种方案水资源供需比均呈现不断降低的趋势。整体来看，各方案下水资源供需比的大小顺序为：方案 6＞方案 2＞方案 5＞方案 4＝方案 1＞方案 3。与方案 1（现状延续发展方案）相比，方案 2 的水资源供需比始终高于方案 1，这是因为方案 2 通过将地表水供水量以及生活污水回用率增加10%，进一步满足了不同部门的用水需求，极大地缓解了水资源短缺的问题；方案 3 的水资源供需比在 2020 年之后均低于方案 1，这是由于方案 2 在 2020 年设定大庆市开始生产燃料乙醇，增加了当地水资源需求量；方案 4 通过推广优势品种，推进农业机械化水平，

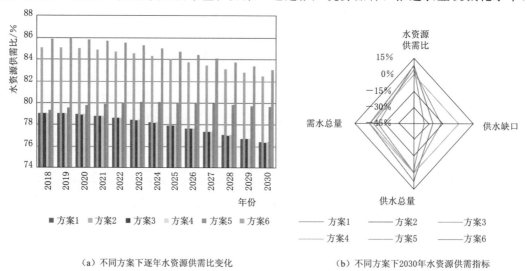

(a) 不同方案下逐年水资源供需比变化　　　　(b) 不同方案下2030年水资源供需指标

图 3.17　不同方案下大庆市水资源供需平衡状态

在提高粮食产量的同时，没有增加水资源需求量，从而使其水资源供需比与方案1相同；方案5则在方案1的基础上，调整了能源和粮食生产结构，虽然原油和天然气开采需水量相比方案1有所提升，但其通过适量增加旱田粮食作物的比例，减少水稻种植面积，有效地降低了粮食作物灌溉需水量，从而使其水资源供需比相比方案1有所提高；方案6则是通过提高粮食和能源生产过程水资源利用效率，增强居民节水意识，降低了能源和粮食生产需水量以及居民生活需水量，有效地减小了供水缺口，从而提高了水资源供需比。

（2）能源子系统。能源自给率是能源子系统的核心指标，通过比较不同方案下的能源自给率，可以了解调控措施对能源供需平衡状态的影响。由图3.18可以看出，所有方案能源自给率均呈现不断下降趋势，整体来看，各方案下能源自给率的大小顺序为：方案6>方案5>方案3>方案1>方案4>方案2。与方案1（现状延续发展方案）相比，方案2中地表水以及再生水供水量的增加使得用于水资源开发的能源消费量不断提高，另外水资源供需比的提高有效地促进了当地社会经济的发展，使其能源消费量持续增加，从而使其能源自给率相比方案1有所下降；方案3的能源自给率在2020年之后有所提升，这是由于方案2在2020年设定大庆市开始生产燃料乙醇，增加了当地能源产量；方案4中农业机械化水平的提高使得粮食生产能源消费量有所增加，从而导致其能源供需比相比与方案1有所降低；方案5通过增加大庆市原油和天然气产量，从而使其能源自给率相比方案1有所提升；方案6则是通过提高水资源开发、粮食生产以及工业生产过程能源利用效率，增强居民节能意识，显著地降低了当地能源消费总量，从而极大提升了能源自给率。

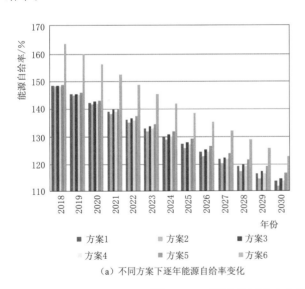

（a）不同方案下逐年能源自给率变化

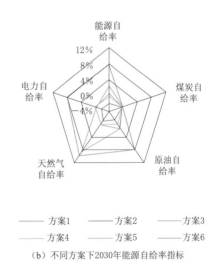

（b）不同方案下2030年能源自给率指标

图 3.18 不同方案下大庆市能源供需平衡状态

（3）粮食子系统。粮食自给率是粮食子系统的核心指标，通过比较不同方案下的粮食自给率，可以了解调控措施对粮食供需平衡状态的影响，由图3.19可以看出，所有方案粮食自给率均呈现不断下降趋势。整体来看，各方案下粮食自给率的大小顺序为：方案4>方案6>方案5>方案1>方案2>方案3。与方案1（现状延续发展方案）相比，方案 2 中增加了供水量，提高了供水保证率，有效地促进了经济发展，人口也随之增加，口粮消费量随之上升，从而使粮食自给率略微降低；方案 3 粮食自给率在 2020 年之后大幅降低，这是由于方案 3 在 2020 年设定大庆市开始生产燃料乙醇，消耗了大量玉米；方案 4 中各类粮食作物单位面积产量的提升有效地增加了粮食产量，从而极大地提升了粮食自给率；方案 5 通过调整大庆市粮食种植结构，增加了粮食产量，从而使其粮食自给率相比方案 1 有所提升；方案 6 则是通过增强居民节粮意识，降低了口粮消费总量，使粮食自给率相比方案 1 有所升高。

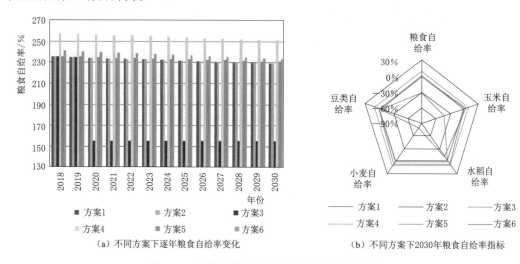

（a）不同方案下逐年粮食自给率变化　　　　　（b）不同方案下2030年粮食自给率指标

图 3.19　不同方案下大庆市粮食供需平衡状态

（4）社会、经济、环境发展趋势。人均 GDP 是衡量区域经济发展状况的重要指标，由图 3.20 可以看出，所有方案下人均 GDP 均呈现不断上升趋势。整体来看，各方案下人均 GDP 的大小顺序为：方案 6＞方案 2＞方案 5＞方案 4＞方案 1＞方案 3，说明能源和粮食生产结构调整方案、水资源开源发展方案、粮食单产提升发展方案以及水资源、能源、粮食节流发展方案均是提高人均 GDP 的有效途径；二氧化碳排放量和水体污染物当量数是衡量人类活动对环境影响的重要指标，对于二氧化碳排放量来说，所有方案二氧化碳排放量均呈现不断上升趋势，方案 2＞方案 5＞方案 4＞方案 1＞方案 3＞方案 6，说明生物质能发展方案和水资源、能源、粮食节流发展方案是减少二氧化碳排放的有效途径；对于水体污染物当量数来说，所有方案水体污染物当量数均呈现先下降后上升的趋势，方案 2＞方案 4＝方案 1＞方案 3＞方案 5＞方案 6，说明生物质能发展方案、能源和粮食生产结构调整方案以及水资源、能源、粮食节流发展方案是减少水环境污染的有效途径。

3.2.6.2　不同方案综合评价

通过对比 2030 年不同方案预测结果可知（表 3.13），水资源开源发展方案（方案 2）的水资源供给有所增加，使得人均 GDP 提高 6054.36 元，但用于水资源开发的能源消费量增加 0.40 万 tce；生物质能发展方案（方案 3）是在现状延续发展方案的基础上增加 30 万 t 燃料乙醇产量，二氧化碳排放量减少 58.95 万 t，但其代价是消耗 90 万 t 玉米和 150 万 m^3 水；粮食单产提升发展方案（方案 4）通过推广优势品种，提高农业机械化水平，

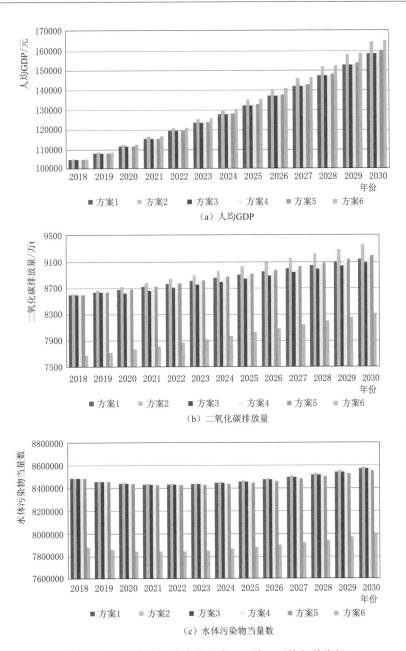

图 3.20 不同方案下大庆市社会、经济、环境相关指标

增加了 10% 的粮食产量，使得人均 GDP 提高 392.89 元，但其代价是用于粮食生产的能源消费量增加 1.78 万 tce，二氧化碳排放量增加 3.77 万 t；能源和粮食生产结构调整方案（方案 5）通过增加油气资源产量，使得能源生产总量增加 136.04 万 tce，粮食种植结构调整也缓解了农业发展对水资源的压力，水资源需求量减少 1.41 亿 m³，粮食生产总量增加 3.22 万 t；水资源、能源、粮食节流发展方案（方案 6）通过增强居民节水节能节粮意识，提高水、能源、粮食资源利用效率，使得水资源需求量减少 2.86 亿 m³，能源消费

量减少302.22万tce，粮食消费量减少3.69万t，同时，人均GDP增加6826.97元，二氧化碳排放量减少825.27万t，水体污染物当量数减少57.45×10^4。由此可见，方案5和方案6在增加人均GDP的基础上，不仅提高了水资源供需比、能源自给率以及粮食自给率，还减少了水体污染物当量数，有利于促进大庆市水-能源-粮食协同安全。

表3.13　　　　　　　　不同方案对大庆市水-能源-粮食系统指标的影响

指　　标	方案1	方案2	方案3	方案4	方案5	方案6
水资源供需比	0.00%	7.93%	−0.04%	0.00%	4.26%	8.71%
能源自给率	0.00%	−1.81%	0.59%	−0.04%	2.40%	7.86%
粮食自给率	0.00%	−0.05%	−32.25%	9.50%	0.76%	1.99%
人均GDP	0.00%	3.82%	−0.02%	0.25%	0.97%	4.30%
二氧化碳排放量	0.00%	2.34%	−0.64%	0.04%	0.59%	−9.02%
水体污染物当量数	0.00%	0.18%	0.00%	0.00%	−0.19%	−6.70%
供水缺口	0.00%	−25.66%	0.18%	0.00%	−17.29%	−34.13%
原油输出量	0.00%	−2.26%	1.73%	−0.11%	3.35%	9.85%
天然气输出量	0.00%	−1.60%	0.01%	0.00%	20.18%	11.41%
煤炭输入量	0.00%	2.13%	−0.01%	0.00%	0.54%	−5.91%
电力输入量	0.00%	20.65%	−0.01%	0.00%	5.16%	−85.02%
玉米输出量	0.00%	0.00%	−47.41%	16.05%	7.44%	0.10%
水稻输出量	0.00%	−0.12%	0.00%	16.16%	−17.46%	4.59%
豆类输出量	0.00%	−0.06%	0.00%	−0.61%	−3.98%	2.07%
小麦输入量	0.00%	0.17%	0.00%	31.54%	4.42%	−6.11%

3.2.7　大庆市水-能源-粮食协同安全对策与建议

基于水-能源-粮食系统动力学模型仿真模拟研究，结合大庆市实际情况，提出以下对策与建议：

（1）加强跨部门沟通与合作，提高资源协同管理水平。水资源、能源和粮食管理部门相对独立，且分工具有明显的差异性，部门之间缺乏高效集中的沟通与合作，导致水-能源-粮食资源在使用、调配及留存等管理方案存在着相互之间的矛盾。因此，应破除不同资源管理部门之间的屏障，促进跨部门合作，建立协调决策机制，提高资源协同管理水平，这是保障水-能源-粮食协同安全的基础条件。

（2）提高资源利用效率，发掘资源节约潜力。提高资源利用效率有利于不同资源子系统之间的协调发展。例如，粮食的生产离不开水资源的大量投入，而水资源的供应需要消耗电能，若提高农田灌溉水有效利用系数，不仅可以节约大量的水资源，而且可以间接节省用于开发水资源的电能。由此可见，一种资源利用效率的提高可以间接提升相关资源的利用效率，从而促进水-能源-粮食协同安全。随着社会经济的不断发展和人民生活水平的稳步提高，各种资源消费量持续增长，导致资源供应压力逐渐加大，而提高资源利用效率，建设资源节约型社会是缓解资源供需矛盾的根本途径。

（3）结合地区资源特征，调整优化产业结构。大庆市是典型的资源型城市，要依靠勘探开发、科技进步、降本增效等手段，稳定油气能源生产，结合地区资源优势，推进产业结构调整，大力发展风能、光伏和生物质能等新能源产业，对高耗能、高耗水产业进行技术升级，控制能源消费过快增长；大庆市作为国家现代农业示范区，应积极推进农业供给侧结构性改革，进一步优化粮食种植结构，推广先进栽培模式，提高粮食单产和品质，加快农业节水灌溉基础设施建设，提高农业用水效益；另外，还应结合产业特点和区域资源特征，因地制宜，合理布局相关产业，发挥资源优势，提高经济效益。

（4）加大水利工程建设投资，提高客水和非常规水资源开发利用程度。从资源供需平衡角度来看，水资源供需矛盾突出是制约大庆市水-能源-粮食协同安全的主要因素。大庆市地处松嫩平原闭流区，区内无天然河流，十年九旱，本地地表水资源相对匮乏，地下水超采区仍然需要进一步治理，城市生活污水回用率较低，因此，应加大水利工程建设投资，提高客水和非常规水资源开发利用程度，合理开采地下水资源，同时，加强水利基础设施建设，提高水资源开发过程中能源利用效率，促进水资源-能源关系协调。

（5）严格控制燃料乙醇的生产规模，推进农业剩余物综合利用。以玉米为原料生产的燃料乙醇是理想的生物质能之一，和其他生物质能相比，技术成熟，效益最高。与普通汽油相比，燃料乙醇燃烧完全、无铅、无悬浮颗粒产生，能显著降低汽车尾气中的有害物质的排放，减少环境污染。但玉米的大量消耗会造成国际市场粮价的大幅攀升，进而引起畜禽产品和其他相关农产品价格的波动上扬，同时，在耕地面积有限的情况下，扩大玉米种植面积必然减少其他农作物的种植面积。根据水-能源-粮食系统动力学模型中生物质能发展方案仿真预测结果显示，2030 年，相比于现状延续发展方案，生物质能发展方案虽然增加了 30 万 t 燃料乙醇产量，二氧化碳排放量减少了 58.95 万 t，但其代价是消耗了 90 万 t 玉米，粮食自给率由 229.36％下降为 155.39％。由此可见，燃料乙醇的生产对大庆市粮食安全影响较大，应严格控制其生产规模，此外，应充分利用秸秆、畜禽粪便等农业剩余物，大力发展农村沼气和秸秆压块燃料化，推进生物质能发电利用。

（6）注重生态文明建设，加强水污染防治。能源及粮食生产过程往往伴随着污染物的产生与排放，这些污染物进入地表水体，形成区域性的面源污染，部分渗入地下，对水环境构成严重威胁。生活污水排放量逐年增加，环保问题也变得日益严峻。应加强环境基础设施建设，实施工业企业污水排放改造，集中治理工业集聚区水污染；加快城镇污水处理设施建设与改造，全面加强配套管网建设；控制农业面源污染，提高化肥和农药利用率，地下水易受污染的地区要优先种植需肥需药量低、环境效益突出的农作物；提高工业用水重复利用率，进一步加强采油废水管理，确保其深度处理后回用；完善再生水利用设施，重点推进城市生活污水处理后用于热电厂循环冷却和生态景观补水；保障饮用水水源安全，深化流域水污染防治，整治城市黑臭水体，保护湿地生态系统。

3.3 黑龙江省系统动力学模型及水-能源-粮食均衡发展模式

黑龙江省不仅是中国粮食产量的第一大省，同时拥有丰富的煤炭、电力、石油、天然气等能源和相对丰富的水资源。但如果不能对资源进行综合、有效的管理，会造成严重的资源浪费，引发一系列的社会、经济、环境等问题。因此，把水、能源、粮食作为一个系统，厘清三者之间的耦合关系，对于制定合理的资源配置方案至关重要。系统动力学仿真模型已经在国内多个学科领域有了广泛的应用，其定性与定量相结合的特点，非常适合对具有高阶次、非线性、时变性特点的 WEF Nexus 系统的结构和功能进行双重模拟，是未来水-能源-粮食关联关系研究的重要工具。因此，选取黑龙江省为研究对象，构建了黑龙江省系统动力学仿真模型，以期对 WEF 各子系统之间的关系进行定量的描述。

3.3.1　模型构建

基于对黑龙江省水资源、能源和粮食现状及其内部互馈关系的分析，使用 Vensim DSS 6.4E 软件构建了黑龙江省 WEF 系统动力学模型，并对其进行有效性检验，确保模型能够用于实际模拟与政策分析，为定量研究黑龙江省水资源、能源与粮食之间的复杂关系做准备工作。

3.3.1.1　系统边界的确定

由于黑龙江省 WEF 系统动力学模型涉及社会、经济、环境等多方面的因素，其内部的相互关系比较复杂，因此，开展对 WEF 系统的研究，明确地定义研究的边界十分重要。本研究从资源安全性出发，设置模型由水资源子系统、能源子系统和粮食子系统三个部分组成，如图 3.21 所示。同时，将人口、GDP 等经济社会要素作为情景变量进行考虑。

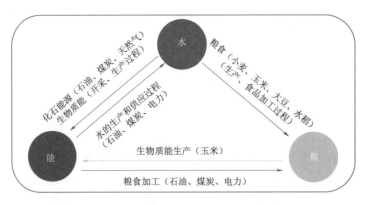

图 3.21　模型子系统组成及主要互馈关系

各个子系统之间，主要考虑的关系包括化石能源（石油、煤炭、天然气）在开采和加工过程中，以及生物质能（主要是燃料乙醇）在生产过程中对水资源的消费；粮食（小麦、玉米、大豆、水稻）在生产过程中，以及食品加工过程中对水资源的消费；生物质能生产过程中对粮食（玉米）的消费；水的生产和供应过程对能源（石油、煤炭、电力）的消费；粮食加工过程对能源（石油、煤炭、电力）的消费。

本研究的空间边界为黑龙江省的行政边界；时间边界为 2010—2035 年，其中 2010—2017 年为模型验证期，2017—2035 年为模型预测期，2017 年为现状水平年和预测基准年，2020 年、2025 年、2030 年和 2035 年为规划水平年，模型的时间步长为 1 年。

黑龙江省 WEF 系统是一个复杂的耦合系统，涉及的影响因素较多，由于研究资料与研究时间的限制，详尽地考虑每一个因素对 WEF 系统的影响，难度较高，且会使模型的参数设置及方程冗余，削弱了研究的指向性。因此，本研究在保证能够还原系统真实特点的基础上，尽量简化模型结构，删除研究不需要的或者对建模影响微弱的无关因素，保留与模型有较大关联性的或结构需要的因素，既保证对现实系统的客观反映，又能保持模型的简洁性。同时，对模型进行必要的假设。在本研究中，模型的主要假设如下：

（1）为直观表现研究时段内水资源、能源和粮食的累积盈余以及亏损情况，各资源供需差额（即水平变量"水资源供需差额""能源供需差额""粮食供需差额"）为自 2010 年起的逐年累积量。为区分，以各资源供需平衡比表现资源瞬时变化水平，即当年水资源、能源和粮食的供需平衡预测结果。

（2）对于水资源子系统，仅考虑水资源的供需（结果），不考虑调入调出（过程）；对于能源子系统，因为无法明确确定未来黑龙江省的能源调出或调入情况，能源净调出量不作为模型变量考虑，仅模拟黑龙江省在自给自足（省内生产，省内消费）情况下的能源供需差额变动情况，并根据该结果提出能源生产、消费与调出的建议；对于粮食子系统，与能源子系统的思路类似，在得到粮食生产和粮食消费量的模拟值之后，再将粮食供需差额与往期平均水平对比，探求预测年份黑龙江省是否能按照原计划调出粮食。

（3）水稻与其他粮食的灌溉水利用系数分开考虑。

（4）工业粮食消费主要考虑白酒生产、啤酒生产和玉米燃料乙醇的生产。

（5）工业用水定额、单位种子用粮、居民在外就餐粮食占比、饲料转化率和粮食损耗率视为定值。

（6）对于整个 WEF 系统，生产（供给）端分种类统计，消费（需求）端只计统计量，不进行类型划分，例如，能源生产考虑各种化石能源和非化石能源的生产情况，能源消费只计终端消费，不考虑能源的中间转化过程。

（7）黑龙江省在预测年份期间无重大洪涝灾害或其他对社会经济有重大影响的突发状况。

在此基础上，利用 Vensim DSS 6.4E 软件对黑龙江省 WEF 系统进行因果关系的分析、存量流量图的建立、参数与变量方程的确定和运行检验，完成仿真预测。

3.3.1.2 子系统因果关系分析

（1）水资源子系统。水资源子系统由全年实际供水量和全年总需水量两部分构成，其中全年实际供水量分为地表水供水量、地下水供水量和其他水源供水量三部分，全年总需水量分为农业需水量、工业需水量、第三产业用水量、居民生活需水量和城市生态环境需水量五部分。

农业需水量包括粮食灌溉需水量和林牧渔畜需水量，其中，粮食灌溉需水量通过合并各粮食作物的灌溉需水量，起到了衔接水资源子系统和粮食子系统的作用，该部分只包含水稻、小麦、玉米和大豆这四种主要粮食的灌溉需水量，其他农作物的需水量与林牧渔畜需水量合并至"林牧渔畜及其他需水量"中；工业用水量部分通过影子变量衔接粮食子系统和能源子系统；第三产业需水量和居民生活用水量受社会经济水平影响；城镇生态环境需水量由城市绿化情况和道路面积共同决定。

水资源子系统的因果关系如图 3.22 所示。

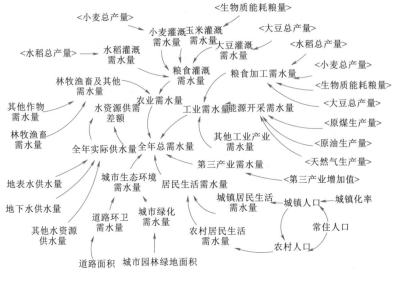

图 3.22　水资源子系统因果关系图

（2）能源子系统。能源子系统由能源生产量和能源消费量两部分构成。

为了研究生物质能在能源子系统和粮食子系统之间的流通，将生物质能生产量作为能源生产量中独立的一部分存在。结合黑龙江省的实际需求与规划目标，本研究主要考虑玉米与能源之间的转换。生物质能中玉米的作用主要体现在燃料乙醇、生物柴油和玉米秸秆这三个方面，目前已经投入实际生产中的主要是玉米燃料乙醇，所以该部分单独计算。其余能源生产量为原煤生产量、原油生产量、天然气生产量、其他能源生产量（排除玉米燃料乙醇部分）。

能源消费量分为农林牧渔能源消费量、第二产业能源消费量、第三产业能源消费量、生活能源消费量和能源损失量五部分，只计算终端消费量，不区分能源消费类别。在第二产业能源消费量中，独立考虑水的生产和供应耗能以及粮食加工耗能；能源损失量包括能源加工转换损失量和能源运输损失量，分别代表能源在加工转换过程中的损失量和在输送、分配、储存过程中发生的由客观原因造成的损失量。

能源子系统的因果关系图如图 3.23 所示。

（3）粮食子系统。粮食子系统由粮食生产量和粮食消费量两部分构成，主要考虑水稻、小麦、玉米和大豆这四种黑龙江省主要粮食作物的生产和口粮消费、饲料粮食消费、工业粮食消费以及种子粮食消费。其中，口粮消费量包括家庭粮食消费量和在外就餐粮食消费量两部分；饲料粮食消费量是指为生产肉、奶、蛋等各种畜禽产品和水产品而消耗的粮食量，包括牲畜耗粮、家禽耗粮和渔业耗粮三部分，根据饲料转化率计算；工业粮食消费量仅考虑酒类的生产耗粮和燃料乙醇生产耗粮；种子粮食消费量由粮食种植面积和单位种子用粮决定；粮食损耗率定义为粮食在贮存、运输过程中的损耗和农用牲畜饲料等其他消费在粮食消费量中所占的比例。

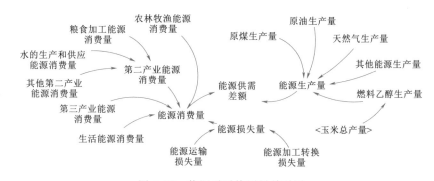

图 3.23 能源子系统因果关系图

粮食子系统的因果关系图如图 3.24 所示。

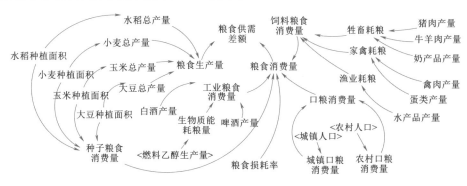

图 3.24 粮食子系统因果关系图

3.3.1.3 系统流图的建立

通过对子系统因果回路关系图中的变量类型进行划分，收集相关的历史数据，加入必要的辅助变量来量化真实系统的逻辑关系，将水资源子系统、能源子系统和粮食子系统相互促进、相互制约的关系可视化，得到黑龙江省 WEF 系统动力学模型的系统流图，如图 3.25 所示。

3.3.1.4 模型参数的确定

模型参数的设定与变量方程的输入，是系统动力学建模中重要的一部分。

本研究涉及的参数主要有状态变量的初始值、常量和辅助变量对应的表函数。其中，水资源供需差额、能源供需差额和粮食供需差额的初始值设置为 0，在此基准上计算研究时段内水资源、能源和粮食的累积盈余或亏损情况。常量的取值主要参考统计年鉴的数据资料、各规划的目标值和调研信息。表函数的数据来源与常值相似，不同的是需在此基础上做进一步的数学处理与估计，并经过多次运行检验来修正不合理的取值，使模型能够更好地反映真实系统的行为。

（1）人口相关参数。2017 年，黑龙江省的常住人口数量为 3788.7 万人，城镇化率为 59.4%，当年人口自然增长率为 −0.41%。黑龙江省自 1953 年以来的常住人口数量和城镇化率分别如图 3.26 和图 3.27 所示。

黑龙江省在经历了 1954—1980 年的快速增长期和 1980—2000 年的稳定增长期之后，

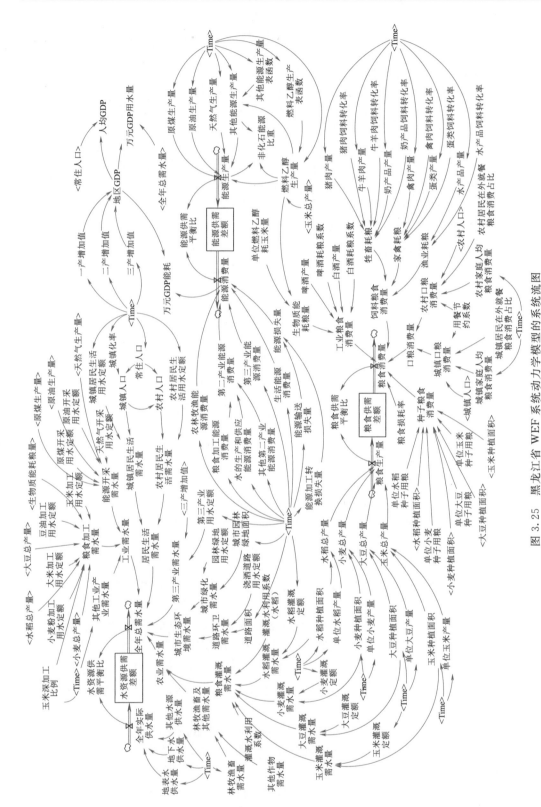

图 3.25　黑龙江省 WEF 系统动力学模型的系统流图

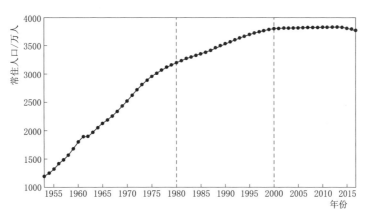

图 3.26　黑龙江省历年常住人口数量

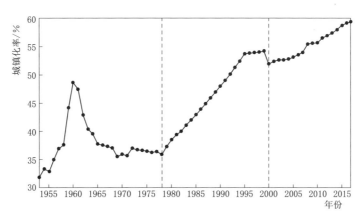

图 3.27　黑龙江省历年城镇化率

常住人口数量基本稳定，甚至在 2014 年之后出现了持续多年的人口负增长。这是由于黑龙江省在 1983 年以后，迁出人口开始大于迁入人口，并持续保持人口净迁出状态，人口流失加快。近年来黑龙江省的人口老龄化趋势愈加显现，在 2017 年，人口老龄化率甚至达到了 12.03%。尽管在《黑龙江省国民经济和社会发展"十三五"规划纲要》中表示要坚持计划生育基本国策、实施"一对夫妇可生育两个孩子"政策，并在 2016 年的《黑龙江省人口与计划生育条例》中提出边境地区家庭可生育第三胎，为保持全省的人口稳定提供了保障，但实际上黑龙江省的人口负增长趋势短时间无法逆转。均衡考虑，在本研究中，各规划水平年的常住人口与 2017 年保持一致。

同样，黑龙江省的城镇化率也经历了 3 个阶段，分别为 1954—1978 年的不稳定波动期、1978—2000 年的快速增长期和 2000—2020 年的稳定增长期。参照《黑龙江省国民经济和社会发展"十三五"规划纲要》对新型城镇化有序推进的要求，预测年份的城镇化率将保持 2000—2017 年的增速稳定增加。

通过对黑龙江省 2000—2017 年的城镇化率进行线性拟合，得公式如下：

$$y = 0.472x - 892.969$$

$$R^2 = 0.974 \tag{3.9}$$

式中：y 为城镇化率；x 为年份。

由此得到基准年及规划水平年的人口相关参数，见表 3.14。

表 3.14　　　　　　　黑龙江省系统动力学模型人口相关参数设置

年份	2017	2020	2025	2030	2035
常住人口/万人	3788.7	3788.7	3788.7	3788.7	3788.7
城镇化率/%	59.40	60.47	62.83	65.19	67.55

（2）经济相关参数。2017 年，黑龙江省地区生产总值为 15902.7 亿元，其中第一产业增加值为 2965.30 亿元，第二产业增加值为 4060.60 亿元，第三产业增加值为 8876.80 亿元。黑龙江省自 1953 年以来的地区生产总值及各产业增加值如图 3.28 所示。

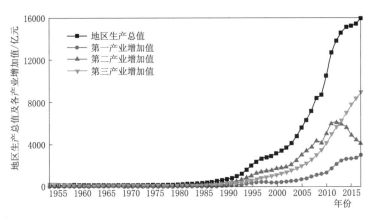

图 3.28　黑龙江省历年地区生产总值及各产业增加值

可以得出，黑龙江省的地区生产总值及各产业增加值在 1990 年左右的发展是十分缓慢的，经历了 20 余年的稳定增长，产业结构发生了一定的调整，自 2010 年以来，第一产业增加值缓慢增加，第二产业增加值呈现出了先增加后减少的趋势，第三产业增加值的逐年增长幅度较大。使用回归模型可能无法准确地对未来的经济参数进行估测，因此，本研究依据《黑龙江省国民经济和社会发展“十三五”规划纲要》对经济总体目标、农业现代化、工业结构优化和服务业发展的要求，本研究设定预测年的地区生产总值年均增长率为 6%，第一产业增加值年均增长率为 5%，第二产业增加值年均增长率为 2%，并以此推算第三产业的年均增长率。基准年及规划水平年的经济相关参数设置见表 3.15。

表 3.15　　　　　　　黑龙江省系统动力学模型经济相关参数设置

年　份	2017	2020	2025	2030	2035
第一产业增加值/亿元	2965.30	3432.71	4381.10	5591.52	7136.35
第二产业增加值/亿元	4060.60	4309.14	4757.64	5252.82	5799.54
第三产业增加值/亿元	8876.80	11198.52	16207.75	23074.98	32455.81

（3）水资源相关参数。水资源相关参数包括供水参数和用水参数两部分。

在供水参数方面，根据《黑龙江省国民经济和社会发展"十三五"规划纲要》，到2020年，地表水资源开发利用率达到34%，新增供水能力20亿 m³，结合对地下水超采区的约束，本研究假设地表水供水量在预测年内逐年小幅度增加，地下水供水量基本保持不变。由于部分年份的其他水源供水量数据缺失，根据2014—2017年的数据变动情况对预测年采取分段估计处理。

在用水参数方面，《黑龙江省国民经济和社会发展"十三五"规划纲要》提出了农田灌溉用水有效利用系数的目标值为0.6，但在实地调研中了解到黑龙江省的灌溉水利用系数为0.62，已经预先达到了规划的目标，故在本研究中设定灌溉水利用系数为常数。对比《黑龙江省地方标准用水定额》（DB23/T 727—2010）和《黑龙江省地方标准用水定额》（DB23/T 727—2017），粮食灌溉用水定额并未发生变化，故粮食灌溉定额也按照常数处理。通过 SPSS 24.0 的相关分析，城市园林绿地面积、居民生活用水定额、林牧渔畜需水量、其他工业产业需水量和与时间之间被证实并不存在显著的相关关系，故按常数值处理；道路面积与年份之间的相关性显著，可利用线性拟合的方法估算。

综上，基准年及规划水平年的水资源相关参数设置见表3.16。

表 3.16　　黑龙江省系统动力学模型水资源相关参数设置

参　　数	2017 年	2020 年	2025 年	2030 年	2035 年	依　据	假　设
地表水供水量/亿 m³	188.95	205	210	215	220	《黑龙江省国民经济和社会发展"十三五"规划纲要》	线性增长，以 2020 年为界增速改变
地下水供水量/亿 m³	163.10	165	165	165	165		2020 年后不变
其他水源供水量/亿 m³	1.00	1.25	1.25	1.5	1.5		阶梯增长
城市园林绿地面积/10³ hm²	69.71	69.71	69.71	69.71	69.71	相关分析	不变
道路面积/10³ hm²	52.66	59.36	68.01	76.65	85.29		线性增长
其他工业产业需水量/亿 m³	14.88	14.88	14.88	14.88	14.88		不变
林牧渔畜需水量/亿 m³	8.12	8.12	8.12	8.12	8.12		不变
水稻灌溉定额/(m³/hm²)	4693	4693	4693	4693	4693	《黑龙江省地方标准用水定额》（DB23/T 727—2010）、《黑龙江省地方标准用水定额》（DB23/T 727—2017）	不变
玉米灌溉定额/(m³/hm²)	943	943	943	943	943		不变
小麦灌溉定额/(m³/hm²)	909	909	909	909	909		不变
大豆灌溉定额/(m³/hm²)	945	945	945	945	945		不变
城镇居民用水定额/[L/(人·d)]	105	105	105	105	105		不变
农村居民用水定额/[L/(人·d)]	67	67	67	67	67		不变
灌溉水利用系数	0.62	0.62	0.62	0.62	0.62	《黑龙江省国民经济和社会发展"十三五"规划纲要》、《水资源公报》（2010—2017）	不变

（4）能源相关参数。能源相关参数包括能源生产参数与能源消费参数两部分。

在能源生产参数方面，主要参考《黑龙江省能源发展"十三五"规划》的能源发展主要目标。该目标明确提出了 2020 年各种类能源的生产量及 2015—2020 年能源生产量年均增速，本研究结合"十三五"规划的发展目标与黑龙江省各种类能源储量、勘探开发水平、能源开采需求，设定各规划水平年的能源生产参数。

在能源消费参数方面，农林牧渔能源消费量和能源加工转换损失量与时间之间存在较为显著的相关关系，可由趋势线法估算。其余消费量与时间的相关关系并不显著（其中生活能源消费量与时间、人口和城镇化率的相关性都较差），因此综合考虑《黑龙江省国民经济和社会发展"十三五"规划纲要》和《黑龙江省能源发展"十三五"规划》对产业发展和能源消费结构的要求，重点发展粮食深加工、精细化工和水利基础建设，在该假设下增加粮食加工、其他第二产业与和水的生产和供应对应的能源消费量，其他产业能源消费量、生活能源消费量和能源输送损失量按照逻辑关系取值。

综上，基准年及规划水平年的水资源相关参数设置见表 3.17。

表 3.17　　　　　　　　黑龙江省系统动力学模型能源相关参数设置

参　　数	2017 年	2020 年	2025 年	2030 年	2035 年	依据	假设
原煤生产量/万 tce	4256.04	5021.10	5251.15	5491.75	5743.36	《黑龙江省能源发展"十三五"规划》	分段变速增长或减少
原油生产量/万 tce	4886.18	4142.94	3122.25	2715.91	2362.46		
天然气生产量/万 tce	539.18	607.15	843.63	997.14	1178.58		
其他能源生产量/万 tce	691.51	1105.00	1878.82	2467.21	2832.51		
农林牧渔能源消费量/万 tce	785.27	926.22	1204.08	1481.93	1759.79	趋势线估算	线性增长
粮食加工能源消费量/万 tce	324.61	229.24	276.93	324.61	348.45	《黑龙江省国民经济和社会发展"十三五"规划纲要》《黑龙江省能源发展"十三五"规划》	分段变速增长或减少
水的生产和供应能源消费量/万 tce	10.52	19.30	28.07	30.26	32.46		
其他第二产业能源消费量/万 tce	5121.36	5503.83	5695.62	5983.29	6270.97		
第三产业能源消费量/万 tce	3243.61	3425.13	3742.79	4060.45	4287.45		
生活能源消费量/万 tce	2106.52	2160.52	2214.51	2241.15	2255.01		
能源输送损失量/万 tce	178.30	144.04	126.90	109.77	75.51		
能源加工转换损失量/万 tce	1158.76	1113.86	1068.95	1024.05	1001.59	趋势线估算	线性减少

（5）粮食相关参数。粮食相关参数包括粮食生产参数与粮食消费参数两部分。

粮食生产涉及的参数为粮食种植面积和单位面积粮食产量。《全国种植业结构调整规划（2016—2020 年）》对全国的种植业结构调整提出了指导意见，其中粮食结构调整的主要规划为：重点发展口粮部分的水稻和小麦生产，优化玉米结构，并根据实地情况发展食用大豆。黑龙江省地处三江平原、松嫩平原等水稻优势产区，未来的主要任务是稳定水稻种植面积。尽管《黑龙江省国民经济和社会发展"十三五"规划纲要》提出，支持有条件的地区扩大水稻种植面积，但结合实地调研中与黑龙江省水文局、粮食局的座谈与《黑龙江省水利改革"十三五"规划》中的农村水利发展目标，到 2020 年，全省水稻面积应稳定在 400 万 hm² 左右。考虑到农民种地收益和全省粮食总产量的稳定，预测年份的水稻种植面积保持在 400 万 hm²，主要目标逐渐由稳定种植面积转移到提高优质水稻的比例上面。玉米是种植业调整的重点，农业农村部在《关于"镰刀弯"地区玉米结构调整的指导意见》中明确提出，到 2020 年"镰刀弯"地区玉米种植面积调减 333.33 万hm² 以上，黑龙江北部第四、第五积温带地处"镰刀弯"地区，应相应减少玉米种植面积，并按照《全国种植业结构调整规划（2016—2020 年）》的规划意见，根据居民饮食与饲料粮需求，调减籽粒玉米种植面积，扩大青贮玉米种植面积，适当推广鲜食玉米种植。青贮玉米较籽粒玉米产量较高，所以总体上，玉米单产也会稍微提高。根据居民饮食习惯的改变与目前的市场供需情况，《全国种植业结构调整规划（2016—2020 年）》提出，东北地区应扩大优质食用大豆品种的种植面积，同时，稳定油用大豆品种的种植面积，并兼顾大豆品质与种植效益；小麦种植方面应稳定冬小麦，恢复春小麦，结合市场需求推进优质小麦的种植。因此，在预测年，黑龙江省的大豆种植面积和大豆单产均有提高，小麦种植面积和小麦单产稳中有升。

粮食消费部分涉及饲料粮食消费量和口粮消费量有关的参数。饲料粮食消费量主要受畜产品和水产品的产量影响，经过 SPSS 24.0 相关分析，畜产品和水产品的产量与时间的相关性显著，故该部分参数由回归模型得出，并根据《黑龙江省畜牧业发展规划（2003—2020 年）》《黑龙江省渔业产业发展规划（2019—2021 年）》《全国渔业发展"十三五"规划》和相关研究预测成果做出适当调整。口粮消费量由人均粮食消费量、常住人口和居民在外就餐粮食消费占比共同决定，其中，城镇居民在外就餐粮食消费占比和农村居民在外就餐粮食消费占比分别取 12% 和 4%。2017 年，黑龙江省的城镇家庭人均粮食消费量为 132.60kg/（pp·a），高于全国平均水平，农村家庭人均粮食消费量为152.90kg/（pp·a），低于全国平均水平。随着社会经济的进步和人们生活水平的改善，居民的饮食结构会发生一定改变，口粮需求也会相应下降。由于口粮预测的计算方法不一且计算结果的波动范围较大，本研究假设黑龙江省的城镇家庭人均消费量在 2035 年达到 2017 年的全国平均水平，与此同时，农村家庭人均粮食消费量按照 2010—2017 年的趋势逐渐降低。

综上，基准年及规划水平年的粮食相关参数设置见表 3.18。

表 3.18   **黑龙江省系统动力学模型粮食相关参数设置**

参 数	2017 年	2020 年	2025 年	2030 年	2035 年	依 据	假 设
水稻种植面积/10³hm²	3949	4000	4000	4000	4000	《全国种植业结构调整规划（2016—2020 年）》《黑龙江省水利改革"十三五"规划》《关于"镰刀弯"地区玉米结构调整的指导意见》	2020 年后不变
小麦种植面积/10³hm²	102	109	117	125	132		线性增长
玉米种植面积/10³hm²	5863	5116	4866	4741	4679		分段变速减少
大豆种植面积/10³hm²	3735	4109	4483	4707	4931		分段变速增长
单位水稻产量/（万 t/10³hm²）	0.71	0.72	0.73	0.74	0.75	《全国种植业结构调整规划（2016—2020 年）》	分段变速增长
单位小麦产量/（万 t/10³hm²）	0.37	0.38	0.38	0.39	0.39		
单位玉米产量/（万 t/10³hm²）	0.63	0.65	0.67	0.70	0.72		
单位大豆产量/（万 t/10³hm²）	0.18	0.19	0.20	0.21	0.22		

参　数	2017 年	2020 年	2025 年	2030 年	2035 年	依　据	假　设
猪肉产量/万 t	159.31	174.93	200.97	222.66	231.70	相关分析、《黑龙江省畜牧业发展规划（2003—2020 年）》《黑龙江省渔业产业发展规划（2019—2021 年）》《全国渔业发展"十三五"规划》	分段变速增长
牛羊肉产量/万 t	56.80	60.79	68.77	82.07	93.16		
奶产品产量/万 t	468.41	618.80	744.13	796.35	807.23		
禽肉产量/万 t	42.80	39.24	58.69	65.03	71.36		
蛋类产量/万 t	113.81	141.99	159.78	174.02	195.38		
水产品产量/万 t	58.73	71.55	81.26	85.40	97.67		
城镇家庭人均粮食消费量/[kg/(人·a)]	133	127	121	115	110	统计年鉴（全国、黑龙江省）	2035 年减少至2017 年全国平均水平
农村家庭人均粮食消费量/[kg/(人·a)]	153	147	137	126	116		分段变速减少

3.3.1.5　主要变量方程

由于黑龙江省 WEF 系统动力学模型涉及 131 个变量之间的函数关系，且存在并列关系的变量方程（如水稻总产量与玉米总产量的方程），所以经反复核对后，选择主要的系统动力学方程列出，见表 3.19。

表 3.19　　　　　　　黑龙江省 WEF 系统动力学模型主要方程

子系统	方　　程
水资源子系统（W）	水资源供需差额＝INTEG（全年实际供水量－全年总需水量，0）
	全年实际供水量＝地表水供水量＋地下水供水量＋其他水源供水量
	全年总需水量＝农业需水量＋工业需水量＋第三产业需水量＋居民生活需水量＋城市生态环境需水量
	水稻灌溉需水量＝水稻种植面积×水稻灌溉定额
	城镇居民生活用水量＝城镇人口×城镇居民生活用水定额×365/1000
	水资源供需平衡比＝全年实际供水量/全年总需水量
能源子系统（E）	能源供需差额＝INTEG（能源生产量－能源消费量，0）
	能源生产量＝原煤生产量＋原油生产量＋天然气生产量＋燃料乙醇生产量＋其他能源生产量
	能源消费量＝农林牧渔能源消费量＋第二产业能源消费量＋第三产业能源消费量＋生活能源消费量＋能源损失量
	燃料乙醇生产量＝IF THEN ELSE（Time＜＝2020，燃料乙醇生产表函数，玉米总产量×0.8×0.324）
	其他能源生产量＝IF THEN ELSE（Time＜＝2020，其他能源生产量表函数，其他能源生产量表函数－燃料乙醇生产量）
	非化石能源比重＝（燃料乙醇生产量＋其他能源生产量）/能源生产量
	能源供需平衡比＝能源生产量/能源消费量

子系统	方程
粮食子系统（F）	粮食供需差额＝INTEG（粮食生产量－粮食消费量－，0）
	粮食生产量＝水稻总产量＋小麦总产量＋玉米总产量＋大豆总产量
	粮食消费量＝（口粮消费量＋工业粮食消费量＋饲料粮食消费量＋种子粮食消费量）/（1－粮食损耗率）
	水稻总产量＝水稻种植面积×单位水稻产量
	城市口粮消费量＝用餐节约系数×城镇人口×城镇家庭人均粮食消费量×10^{-3}/（1－用餐节约系数×城镇居民在外就餐粮食消费占比/0.8）

3.3.2 率定和验证

3.3.2.1 结构一致性检验

经 Vensim DSS 6.4E 软件检验，黑龙江省 WEF 系统动力学模型通过了模型结构检查与变量量纲检查，模型结构和单位设置均合理，可以进行模拟仿真。

3.3.2.2 历史检验

本研究选取 2010—2017 年研究区域内居民生活需水量、能源消费量和粮食生产量的模拟值和实际值进行比较，以验证模型的可靠性和准确性。其中，为保持统计口径一致，对粮食生产量的实际值进行修正，只计算与模型对应的水稻、小麦、玉米和大豆的产量，不计谷子、高粱、薯类和除大豆以外豆类等非主要粮食的产量。检验结果见表 3.20。

表 3.20 模 型 历 史 检 验 结 果

年份	居民生活需水量			能源消费量			粮食生产量		
	模拟值/亿 m³	实际值/亿 m³	相对误差/%	模拟值/万 tce	实际值/万 tce	相对误差/%	模拟值/万 t	实际值/万 t	相对误差/%
2010	12.53	12.11	3.50	12842.31	11032.50	16.40	5327.97	5498.52	−3.10
2011	12.60	13.06	−3.50	11809.93	12118.50	−2.55	6105.84	6067.57	0.63
2012	12.63	12.97	−2.58	12832.58	12757.80	0.59	6528.90	6474.94	0.83
2013	12.68	13.02	−2.62	13146.58	13178.34	−0.24	7037.79	6938.37	1.43
2014	13.16	13.46	−2.23	11622.94	11954.90	−2.78	7454.42	7286.44	2.31
2015	12.76	13.09	−2.50	12657.89	12126.19	4.38	7716.35	7521.31	2.59
2016	12.46	12.60	−1.08	12669.39	12280.46	3.17	7268.30	7267.84	0.01
2017	12.08	12.41	−2.65	12928.95	12535.56	3.14	7249.96	7249.96	0.00

通过比较发现模拟值与实际值基本吻合，除了 2010 年能源消费量的相对误差稍高（不同电厂实际发电煤耗不同，本研究统一采用的电力标准煤折算系数为 4.04 标准 t/万 kWh，因此可能与实际值有偏差，但不影响能源供需差额趋势的研究），其余相对误差的绝对值均小于 5%，满足模型的精度要求，因此模型通过了历史检验，具有较高的可靠性。

3.3.2.3 结构稳定性检验

模型在实际应用之前需要进行结构稳定性检验，以证明其稳定性良好，不会随着时间步长或参数的改变产生较大的波动，影响最终的政策分析。具体操作为步长检验，通过设置不同的步长进行仿真，对比仿真结果，观察变化趋势是否一致。

本研究对模型分别设置不同的仿真步长，包括 DT=1、DT=0.5 和 DT=0.25，选取不同步长模拟环境下水资源供需差额、能源供需差额和粮食供需差额的模拟值进行对比，如图 3.29 所示。

可以看出，在不同时间步长的条件下，水资源供需差额、能源供需差额和粮食供需差额模拟值并没有因为时间步长的改变而产生较大的变动，并且变化趋势基本一致，说明模型的结构稳定性较好。

根据结构一致性检验、历史检验和结构稳定性检验结果，可以认为本研究所用模型

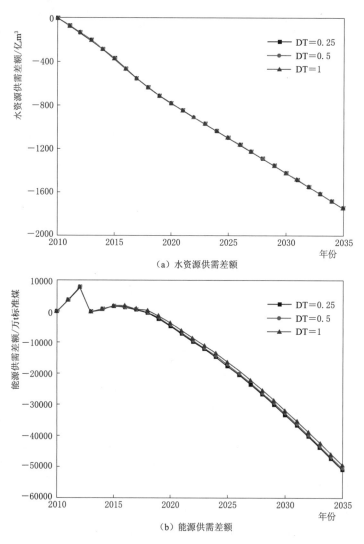

（a）水资源供需差额

（b）能源供需差额

图 3.29（一）　不同时间步长（DT）的运行结果对比

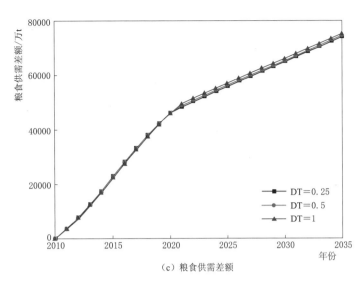

（c）粮食供需差额

图 3.29（二）　不同时间步长（DT）的运行结果对比

满足建模要求，能够用于实际模拟与政策分析。

3.3.3　情景设置和模拟

　　灵敏度分析是系统动力学仿真的一个重要部分。通过观察各参数对模型状态变量的影响程度，可以获取模型的灵敏度信息。该步骤的作用为：①在有效性检验的基础上进一步证明模型结构的稳定性，即不因大部分参数的变动而产生较大程度的变化；②提取模型中对系统影响较大的参数，作为情景设置的决策变量。本节将以灵敏度分析为出发点，分析常规发展模式下黑龙江省 WEF 系统动力学模型状态变量的变化情况，并由此设置不同的情景，探究未来可能的发展情况，试图寻找解决黑龙江省资源矛盾的决策方案。

3.3.3.1　灵敏度分析

　　在系统动力学模型中，灵敏度定义为某一参数（变量）的变化对其他变量或模型整体结构带来的变动程度。通常，结构稳定、强壮性良好的模型对大多数参数的变化往往是不灵敏的，同时，也有少量对模型整体影响较大的参数，它们可以作为情景设置和优化方案的数值基础。因此，对系统动力学模型进行灵敏度分析，既可以确保模型的稳定性和强壮性，也可以排除大部分对系统影响较小的不关键参数，识别出少量的关键参数，减少主观判断带来的参数取值的近似性。

　　为了直观地表示不同参数对状态变量的影响程度，以期获得模型的灵敏度信息，本研究对黑龙江省 WEF 系统动力学模型进行了参数灵敏度分析。其方法是通过改变参数的输入值，观察状态变量相对应的变化。灵敏度分析计算公式如下：

$$S = \frac{\Delta Q}{Q_0} \frac{X_0}{\Delta X} \tag{3.10}$$

式中：S 为状态变量 Q 对参数 x 的灵敏度；X_0 和 Q_0 分别为初始条件下参数和状态变量的值；ΔX 和 ΔQ 分别为参数改变量的绝对值和对应的状态变量改变量的绝对值。

当存在多个状态变量时，如果需要计算某一参数多年内的灵敏度，可以用如下公式：

$$S_x = \frac{1}{n} \cdot \frac{1}{t} \cdot \sum_{i=1}^{n} S_{ix} \cdot \sum_{j=1}^{t_e - t_b} S_{itx} \qquad (3.11)$$

式中：S_x 为参数 x 的平均灵敏度；n 为状态变量个数；t 为模型运行的时间阶数（SAVEPER）；t_b 为模型的初始时间；t_e 为模型的结束时间；S_{ix} 为参数 x 对状态变量 Q 的灵敏度；S_{itx} 为参数 x 在第 j 年对状态变量 Q 的灵敏度。

本研究检验了 3 个状态变量对 25 个参数的灵敏度。其中，3 个状态变量为水资源供需差额、能源供需差额和粮食供需差额；25 个参数为灌溉水利用系数（水稻）、灌溉水利用系数、城镇居民生活用水定额、农村居民生活用水定额、城镇化率、玉米深加工比例、第三产业用水定额、燃料乙醇生产量、其他能源生产量、粮食损耗率、猪肉产量、牛羊肉产量、奶产品产量、禽肉产量、蛋类产量、用餐节约系数、城镇居民在外就餐粮食消费占比、农村居民在外就餐粮食消费占比、单位水稻产量、单位小麦产量、单位玉米产量、单位大豆产量、地表水供水量、地下水供水量和其他水源供水量。具体操作为：在模型运行的时间范围内（2017—2035 年），将每个参数的值（或表函数）逐年增加 10%，运行模型，得到状态变量在某一年对某一参数的灵敏度，再计算参数在运行年份内对水资源供需差额、能源供需差额和粮食供需差额的平均灵敏度，并以此多为情景设置的依据。

分析结果见表 3.21 和图 3.30。其中，地表水供水量、灌溉水利用系数（水稻）、地下水供水量、灌溉水利用系数、单位玉米产量、单位水稻产量、燃料乙醇生产量、单位大豆产量、猪肉产量和用餐节约系数的灵敏度均大于 5%，可作为情景方案设计的决策变量。

表 3.21　　　　　　　　　　　参数灵敏度分析结果

序号	参数/状态变量	水资源供需差额	能源供需差额	粮食供需差额	灵敏度均值
1	灌溉水利用系数（水稻）	2.645	0.000	0.000	0.882
2	灌溉水利用系数	1.777	0.000	0.000	0.592
3	城镇居民生活用水定额	0.123	0.000	0.000	0.041
4	农村居民生活用水定额	0.047	0.000	0.000	0.016
5	城镇化率	0.056	9.425	0.016	0.026
6	玉米深加工比例	0.004	0.000	0.000	0.001
7	第三产业用水定额	0.085	0.000	0.000	0.028
8	燃料乙醇生产量	0.002	0.012	0.201	0.072
9	其他能源生产量	0.000	0.144	0.000	0.048
10	粮食损耗率	0.000	0.000	0.001	0.000
11	猪肉产量	0.000	0.000	0.171	0.057
12	牛羊肉产量	0.000	0.000	0.028	0.009
13	奶产品产量	0.000	0.000	0.078	0.026
14	禽肉产量	0.000	0.000	0.034	0.011

序号	参数/状态变量	水资源供需差额	能源供需差额	粮食供需差额	灵敏度均值
15	蛋类产量	0.000	0.000	0.093	0.031
16	用餐节约系数	0.000	0.000	0.161	0.054
17	城镇居民在外就餐粮食消费占比	0.000	0.000	0.013	0.004
18	农村居民在外就餐粮食消费占比	0.000	0.000	0.004	0.001
19	单位水稻产量	0.000	0.000	0.696	0.232
20	单位小麦产量	0.000	0.000	0.015	0.005
21	单位玉米产量	0.004	0.000	0.728	0.244
22	单位大豆产量	0.000	0.000	0.171	0.057
23	地表水供水量	2.681	0.000	0.000	0.894
24	地下水供水量	2.179	0.000	0.000	0.726
25	其他水源供水量	0.010	0.000	0.000	0.003

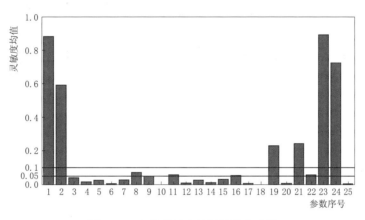

图 3.30 参数灵敏度分析结果直观图

分析可知，除了地表水供水量、灌溉水利用系数（水稻）、地下水供水量、灌溉水利用系数、单位玉米产量和单位水稻产量以外，其他参数的灵敏度均值不超过 10%，说明模型对大多数参数的变化是不明显的，模型的结构比较稳定，可以适用于对真实系统的模拟。而这 6 个灵敏度超过 10% 的参数，是对系统整体影响较大的关键参数，可以作为情景方案设计与决策调整的核心因素。

出于对模型整体性的考虑，本研究统一选取灵敏度大于 5% 的参数作为情景设置中的决策变量。除了以上 6 个灵敏度超过 10% 的参数以外，还有 4 个灵敏度介于 5%～10% 的参数作为辅助参数配合调整情景方案。选取的 10 个参数的灵敏度大小排序如下：地表水供水量＞灌溉水利用系数（水稻）＞地下水供水量＞灌溉水利用系数＞单位玉米产量＞单位水稻产量＞燃料乙醇生产量＞单位大豆产量＞猪肉产量＞用餐节约系数。本研究将以这 10 个参数为基础，设置不同的情景方案，来探究黑龙江省 WEF 系统动力学模型在不同模式下的发展情况。

3.3.3.2 黑龙江省水-能源-粮食系统情景设计

在灵敏度分析结果的基础上，选取 10 个灵敏度大于 5% 的参数以及子系统之间的联系变量作为情景设置中的决策变量，分别以水资源安全、能源安全、粮食安全和多系统安全为各发展方案的核心，设置高、中、低三种不同发展强度的情景模式，来探究黑龙江省 WEF 系统动力学模型在不同情景模式下的发展情况。除此之外，为了增强对照性，还添加了除常规发展方案和多系统安全方案以外所有发展方案的反向情景模式，共计 5 种发展方案、16 种情景模式。各情景模式之间的逻辑关系及序号如图 3.31 所示。

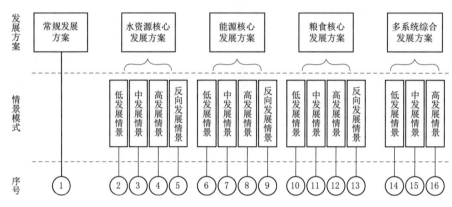

图 3.31　情景模式设置

（1）常规发展方案。常规发展方案的参数设置即按照前述的参数设置，不对系统加以任何干预的自然发展方案。该方案可作为其他发展方案的参考方案。

常规发展方案的参数设置见表 3.22。

表 3.22　　　　　　　　　　　常规发展方案的参数取值

决　策　变　量	2020 年	2025 年	2030 年	2035 年
地表水供水量/亿 m³	205.00	210.00	215.00	220.00
灌溉水利用系数（水稻）（无量纲）	0.84	0.84	0.84	0.84
地下水供水量/亿 m³	165.00	165.00	165.00	165.00
灌溉水利用系数（无量纲）	0.62	0.62	0.62	0.62
单位玉米产量/(万 t/10³ hm²)	0.65	0.67	0.70	0.72
单位水稻产量/(万 t/10³ hm²)	0.72	0.73	0.74	0.75
燃料乙醇生产量/万 tce	308.50	845.68	855.41	876.37
单位大豆产量/(万 t/10³ hm²)	0.19	0.20	0.21	0.22
猪肉产量/万 t	174.93	200.97	222.66	231.70
用餐节约系数（无量纲）	1.00	1.00	1.00	1.00
水的生产和供应能源消费量/万 tce	19.30	28.07	30.26	32.46
其他能源生产量/万 tce	1105.00	1033.14	1611.80	1956.14
能源损失量/万 tce	1257.90	1195.85	1133.82	1077.10

决策变量	2020年	2025年	2030年	2035年
粮食加工能源消费量/万 tce	229.24	276.93	324.61	348.45
粮食加工需水量/亿 m³	0.15	0.57	0.76	0.97
农林牧渔能源消费量/万 tce	926.22	1204.08	1481.93	1759.79
城镇化率（无量纲）	0.60	0.63	0.65	0.68
一产增加值/亿元	3432.71	4381.10	5591.52	7136.35

（2）以水资源安全为核心的发展方案（水资源核心发展方案）。通过对常规发展模式下运行结果的分析可知，黑龙江省的水资源供需差额较大，水资源安全形势严峻，且存在着灌溉需水量较大、地下水开发利用程度较高的问题。因此，水资源核心发展方案的侧重点在于提高农业用水效率和优化水资源供给结构。

该方案需要调整的决策变量有：地表水供水量、灌溉水利用系数（水稻）、地下水供水量、灌溉水利用系数及水的生产和供应能源消费量。《地下水管控指标确定技术要求（试行）》明确指出，对于地下水采补情况不同的地区应进行差异化要求，即地下水超采地区不允许新增地下水取用水量，地下水采补平衡地区可根据实际的水资源总体配置方案来酌情减少地下水取用水量。因此，水资源核心发展方案在常规发展方案的基础上小幅度提高地表水供水量，相对减少地下水供水量，以期实现采补平衡，提高水源储备能力。目前，黑龙江省的农田灌溉水有效利用系数已达到规划预期的 0.6，为了响应《黑龙江省节约用水条例》，应加大"两大平原"灌区建设与配套节水改造力度，推进节水农业，实现水资源高效利用，在不同种植区因地制宜确定灌溉模式，并通过提高输水防渗水平减少水资源在蓄积和运输途中的损耗，促进灌溉水利用系数的稳定提高。因此，该方案除了灌溉水利用系数提高以外，也相应增加了水的生产和供应能源消费量。结合模型的初始参数与黑龙江省的多年历史数据，设置水资源核心发展方案的参数，见表3.23。表格以外的参数保持常规发展方案的水平。

表 3.23　　　　　　　　水资源核心发展方案的决策变量调整情况

决策变量	情景模式	2020年	2025年	2030年	2035年
地表水供水量/亿 m³	低	207.05	212.10	217.15	222.20
	中	210.12	215.25	220.38	225.50
	高	215.25	220.50	225.75	231.00
	反	199.88	204.75	209.63	214.50
灌溉水利用系数（水稻）（无量纲）	低	0.85	0.87	0.88	0.90
	中	0.85	0.88	0.90	0.92
	高	0.86	0.90	0.94	0.98
	反	0.84	0.84	0.84	0.84
地下水供水量/亿 m³	低	163.35	163.35	163.35	163.35
	中	160.88	160.88	160.88	160.88

续表

决　策　变　量	情景模式	2020 年	2025 年	2030 年	2035 年
地下水供水量/亿 m³	高	156.75	156.75	156.75	156.75
	反	169.13	169.13	169.13	169.13
灌溉水利用系数（无量纲）	低	0.63	0.63	0.64	0.65
	中	0.63	0.64	0.65	0.66
	高	0.63	0.65	0.67	0.69
	反	0.62	0.62	0.62	0.62
水的生产和供应能源消费量/万 tce	低	20.27	29.47	31.77	34.08
	中	21.23	30.88	33.29	35.71
	高	22.20	32.28	34.80	37.33
	反	19.30	28.07	30.26	32.46

（3）以能源安全为核心的发展方案（能源核心发展方案）。常规发展方案下的黑龙江省能源安全形势不容乐观，能源供需不平衡、供需缺口不断扩大是主要问题。针对该问题，应从增加能源供给和减少能源消费两个方面着手。但近几年来黑龙江省化石能源的可使用量日趋减少，石油和煤炭后续供给紧张的局面逐渐凸显，煤炭短缺的问题将长期存在。另外，能源的结构性矛盾仍然突出，国家提出到 2020 年非化石能源的消费比重应达 15％以上，但 2017 年黑龙江省的非化石能源比重只有 7％左右，煤炭消费比重高达 69％，与预期目标之间的差距较大。通过常规发展模式下的运行结果可知，能源加工转换和输送损失量在能源总消费中的比重较高，在 2017 年达到 10.34％，高于 6.13％的全国同期水平。因此，缓解黑龙江省能源供需不平衡问题的突破口在于加强对非化石能源的开发利用程度和减少能源损失量。

能源核心发展方案需要调整的决策变量有：燃料乙醇生产量、其他能源生产量、能源损失量、粮食加工能源消费量和粮食加工需水量。在稳定煤炭生产能力的同时，逐步提高非化石能源在能源生产中所占的比例，加快挖掘非化石能源的潜力，以期构建安全高效的现代化能源生产体系和低碳型环保社会。按照黑龙江省在 2020 年非化石能源的消费比重达到 15％的规划目标，假设该方案下黑龙江省推进玉米燃料乙醇等项目的建设，积极开发新型清洁能源，通过多次模型调试确定能源核心发展方案下加大燃料乙醇生产量和其他能源生产量提升的幅度。燃料乙醇生产量的提高会带动粮食深加工业的发展，相应地，粮食加工能源消费量和粮食加工需水量也会上升。另外，以能源损失量占能源总消费的比重达到全国平均水平来对能源损失量进行调整。

综上，能源核心发展方案设置见表 3.24。表格以外的参数保持常规发展方案的水平。

表 3.24　　　　　能源核心发展方案的决策变量调整情况

决　策　变　量	情景模式	2020 年	2025 年	2030 年	2035 年
燃料乙醇生产量/万 tce	低	323.93	887.96	898.19	920.19
	中	364.03	997.90	1009.39	1034.11
	高	401.05	1099.38	1112.04	1139.28
	反	252.97	693.46	701.44	718.62

决 策 变 量	情景模式	2020 年	2025 年	2030 年	2035 年
其他能源生产量/万 tce	低	1138.15	1064.13	1660.15	2014.83
	中	1237.60	1157.12	1805.21	2190.88
	高	1326.00	1239.77	1934.15	2347.37
	反	972.40	909.16	1418.38	1721.41
能源损失量/万 tce	低	1169.85	1112.14	1054.45	1001.70
	中	981.16	932.76	884.38	840.14
	高	805.06	765.34	725.64	689.34
	反	1534.64	1458.94	1383.26	1314.06
粮食加工能源消费量/万 tce	低	231.53	279.70	327.86	351.93
	中	236.12	285.24	334.35	358.90
	高	240.70	290.78	340.84	365.87
	反	229.24	276.93	324.61	348.45
粮食加工需水量/亿 m³	低	0.16	0.60	0.79	1.01
	中	0.17	0.66	0.88	1.11
	高	0.19	0.71	0.95	1.21
	反	0.15	0.57	0.76	0.97

（4）以粮食安全为核心的发展方案（粮食核心发展方案）。由常规发展方案下的运行结果可以发现，黑龙江省的粮食安全是比较稳定的。但如果想要长久维持这种稳定的局面，亟须通过提高粮食生产效率来稳定粮食生产量的增加趋势。另外，居民对猪肉的消耗是粮食的饲料消费的主要驱动力，随着用餐观念的更新，居民饮食结构也逐渐有了改变，餐桌节约的观念也在逐步形成。

因此，粮食核心发展方案主要通过调整单位水稻产量、单位玉米产量、单位大豆产量、猪肉产量、用餐节约系数、农林牧渔能源消费量、粮食加工需水量、粮食加工能源消费量、第一产业增加值和城镇化率的值，来反映以粮食安全为诉求的环境下粮食生产与消费的发展状况。

参考《全国种植业结构调整规划（2016—2020 年）》和《黑龙江省国民经济和社会发展"十三五"规划纲要》中对农业现代化建设和粮食品种结构调整的指导目标，结合实地调研资料，经模型调试后，分别将高、中、低三种发展强度下的单位面积水稻产量、玉米产量和大豆产量年均上调 5%、2.5% 和 1%。由于该进程同时提升了农业技术装备和信息化水平，推进了农业机械化建设，智慧农业初步形成，农林牧渔能源消费量和第一产业增加值也相应提高。农业劳动生产率的提高会逐步解放劳动力，促使部分农村人口流入城镇务工，长期受此影响城镇化率会间接升高。

同时，居民饮食结构趋于合理化、轻量化，对猪肉的需求有小幅降低；用餐节约观念随着时间的推移被广泛普及，用餐节约系数也相应调整。由于黑龙江省粮食安全较稳定，单位面积粮食产量提高带来粮食总产量的提高，增产的水稻、玉米和大豆主要用于粮食安全储备和贸易调出，粮食加工需水量和粮食加工能源消费量会有少量增加。

通过多次调试，确定粮食核心发展方案的参数设置，见表 3.25。表格以外的参数保持常规发展方案的水平。

表 3.25　　　　　　　　　　　粮食核心发展方案的决策变量调整情况

决策变量	情景模式	2020 年	2025 年	2030 年	2035 年
单位玉米产量/(万 t/10³hm²)	低	0.65	0.68	0.70	0.73
	中	0.66	0.69	0.71	0.74
	高	0.68	0.70	0.73	0.76
	反	0.63	0.65	0.68	0.70
单位水稻产量/(万 t/10³hm²)	低	0.73	0.74	0.74	0.75
	中	0.74	0.75	0.76	0.77
	高	0.76	0.76	0.77	0.78
	反	0.70	0.71	0.72	0.73
单位大豆产量/(万 t/10³hm²)	低	0.19	0.20	0.21	0.22
	中	0.19	0.20	0.21	0.22
	高	0.20	0.21	0.22	0.23
	反	0.18	0.19	0.20	0.21
猪肉产量/万 t	低	173.18	198.96	220.43	229.38
	中	170.56	195.95	217.09	225.91
	高	166.18	190.92	211.53	220.12
	反	179.30	205.99	228.23	237.49
用餐节约系数（无量纲）	低	0.98	0.98	0.98	0.98
	中	0.95	0.95	0.95	0.95
	高	0.90	0.90	0.90	0.90
	反	1.05	1.05	1.05	1.05
农林牧渔能源消费量/万 tce	低	935.48	1216.12	1496.75	1777.39
	中	949.38	1234.18	1518.98	1803.78
	高	972.53	1264.28	1556.03	1847.78
	反	926.22	1204.08	1481.93	1759.79
城镇化率（无量纲）	低	0.61	0.63	0.66	0.68
	中	0.61	0.65	0.68	0.71
	高	0.63	0.68	0.73	0.79
	反	0.60	0.63	0.65	0.68
一产增加值/亿元	低	3467.04	4424.91	5647.44	7207.71
	中	3518.53	4490.63	5731.31	7314.76
	高	3604.35	4600.16	5871.10	7493.17
	反	3346.89	4271.57	5451.73	6957.94

续表

决 策 变 量	情景模式	2020 年	2025 年	2030 年	2035 年
粮食加工需水量/亿 m³	低	0.15	0.58	0.77	0.98
	中	0.16	0.58	0.78	0.99
	高	0.16	0.60	0.80	1.02
	反	0.15	0.57	0.76	0.97
粮食加工能源消费量/万 tce	低	238.41	288.01	337.59	362.39
	中	252.16	304.62	357.07	383.30
	高	263.63	318.47	373.30	400.72
	反	229.24	276.93	324.61	348.45

（5）综合考虑多系统安全的发展方案（多系统综合发展方案）。多系统综合发展方案即结合水资源核心发展方案、能源核心发展方案和粮食安全核心发展方案的多核心发展方案。同时兼顾水资源安全、能源安全和粮食安全，致力于缩小水资源供给与需求之间、能源开发潜力与巨大的能源消费量之间的缺口，维持粮食生产与输出大省的地位，力求保障多系统整体安全。

通过整合水资源核心发展方案、能源核心发展方案和粮食安全核心发展方案的参数，得到多系统综合发展方案的参数，大部分参数的调整幅度与单核心发展方案相同，当存在调整冲突时，以最低调整幅度为准。该方案下具体的参数设置见表 3.26。

表 3.26 多系统综合发展方案的决策变量调整情况

决 策 变 量	情景模式	2020 年	2025 年	2030 年	2035 年
地表水供水量/亿 m³	低	207.05	212.10	217.15	222.20
	中	210.12	215.25	220.38	225.50
	高	215.25	220.50	225.75	231.00
灌溉水利用系数（水稻）（无量纲）	低	0.85	0.87	0.88	0.90
	中	0.85	0.88	0.90	0.92
	高	0.86	0.90	0.94	0.98
地下水供水量/亿 m³	低	163.35	163.35	163.35	163.35
	中	160.88	160.88	160.88	160.88
	高	156.75	156.75	156.75	156.75
灌溉水利用系数（无量纲）	低	0.63	0.63	0.64	0.65
	中	0.63	0.64	0.65	0.66
	高	0.63	0.65	0.67	0.69
单位玉米产量/（万 t/10³hm²）	低	0.65	0.68	0.70	0.73
	中	0.66	0.69	0.71	0.74
	高	0.68	0.70	0.73	0.76

续表

决　策　变　量	情景模式	2020 年	2025 年	2030 年	2035 年
单位水稻产量/(万 t/10³hm²)	低	0.73	0.74	0.74	0.75
	中	0.74	0.75	0.76	0.77
	高	0.76	0.76	0.77	0.78
燃料乙醇生产量/万 tce	低	323.93	887.96	898.19	920.19
	中	364.03	997.90	1009.39	1034.11
	高	401.05	1099.38	1112.04	1139.28
单位大豆产量/(万 t/10³hm²)	低	0.19	0.20	0.21	0.22
	中	0.19	0.20	0.21	0.22
	高	0.20	0.21	0.22	0.23
猪肉产量/万 t	低	173.18	198.96	220.43	229.38
	中	170.56	195.95	217.09	225.91
	高	166.18	190.92	211.53	220.12
用餐节约系数（无量纲）	低	0.98	0.98	0.98	0.98
	中	0.95	0.95	0.95	0.95
	高	0.90	0.90	0.90	0.90
水的生产和供应能源消费量/万 tce	低	20.27	29.47	31.77	34.08
	中	21.23	30.88	33.29	35.71
	高	22.20	32.28	34.80	37.33
其他能源生产量/万 tce	低	1138.15	1064.13	1660.15	2014.83
	中	1237.60	1157.12	1805.21	2190.88
	高	1326.00	1239.77	1934.15	2347.37
能源损失量/万 tce	低	1169.85	1112.14	1054.45	1001.70
	中	981.16	932.76	884.38	840.14
	高	805.06	765.34	725.64	689.34
粮食加工能源消费量/万 tce	低	231.53	279.70	327.86	351.93
	中	236.12	285.24	334.35	358.90
	高	240.70	290.78	340.84	365.87
粮食加工需水量/亿 m³	低	0.15	0.58	0.77	0.98
	中	0.16	0.58	0.78	0.99
	高	0.16	0.60	0.80	1.02
农林牧渔能源消费量/万 tce	低	935.48	1216.12	1496.75	1777.39
	中	949.38	1234.18	1518.98	1803.78
	高	972.53	1264.28	1556.03	1847.78

续表

决 策 变 量	情景模式	2020 年	2025 年	2030 年	2035 年
城镇化率（无量纲）	低	0.61	0.63	0.66	0.68
	中	0.61	0.65	0.68	0.71
	高	0.63	0.68	0.73	0.79
第一产业增加值/亿元	低	3467.04	4424.91	5647.44	7207.71
	中	3518.53	4490.63	5731.31	7314.76
	高	3604.35	4600.16	5871.10	7493.17

3.3.4 讨论分析

3.3.4.1 常规发展模式下的模型运行结果

常规发展模式即按照系统的实际发展趋势进行的自然发展模式。该模式下的参数取值均以黑龙江省"十三五"规划及其他相关规划的目标为基准，不做额外的大调整，力求模拟黑龙江省 WEF 系统的自然发展趋势。

根据 Vensim DSS 6.4E 软件对黑龙江省 WEF 系统动力学模型的仿真模拟，得到各变量在 2010—2035 年的运行结果，本研究选取较能代表黑龙江省 WEF 系统综合安全状况的水资源供需差额、能源供需差额和粮食供需差额，以及能体现各子系统输入输出量逐年变化水平的资源供需平衡比的仿真结果做对比分析。

（1）常规发展模式下的水资源供需差额（模型中对应水资源库存）变化趋势。图 3.32（a）、（b）分别表示常规发展模式下的水资源供需差额变化趋势和水资源供需平衡比变化趋势。

通过对比分析可以得出：

1）水资源供需差额在模型运行年份总体呈现出持续下降的趋势，并且在 2035 年下降到−1749 亿 m³，表明如果按照不采取任何措施的常规模式发展下去，黑龙江省的水资源将持续亏缺，并在 2035 年达到 1749 亿 m³ 的亏缺量。

2）供水量和需水量总体上保持了同步增加或减少的趋势，但 2016—2020 年期间二者出现了反向变化的现象，并在 2020 年之后趋于一致。在运行年份内，供水量和需水量的变化大致可以分为三段：2010—2015 年的第一次同步上升期、2015—2020 年的波动徘徊期和 2020—2035 年的第二次同步上升期。由于保持着需水量大于供水量的状态，水资源供需平衡比在运行年份内是一直小于 1 的，说明黑龙江省的水资源持续供需不平衡。水资源供需平衡比的具体波动范围为 0.79~0.85，在 2015 年达到最小值 0.79，此时供需差额最大，为 95 亿 m³。在 2011 年和 2020 年，水资源供需平衡比先后达到极大值，并分别以不同的速度下降。虽然自 2020 年起供水量是稳定上升的，但从水资源供需比的变化趋势来看，黑龙江省的水资源供需差额将进一步扩大，如果不采取有效的措施，随着时间的推移，水资源供给与需求不平衡的问题将进一步凸显。

3）由于数据精度受限，本研究在水资源消费端设置的变量为需水量而非用水量，因此模型对水资源消费的模拟结果往往比实际用水量偏高（对比 2010—2017 年数据），二者

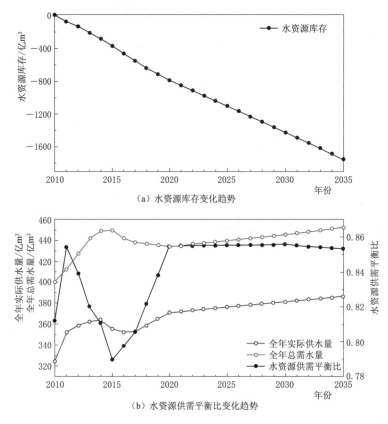

（a）水资源库存变化趋势

（b）水资源供需平衡比变化趋势

图 3.32　常规发展模式下的水资源子系统模拟结果

之间的差额体现在小区域的用水定额由于无法概化带来的误差、产业用水效率不等带来的误差以及定额值与实际用水之间的差异等方面。虽然可以认为模型模拟的需水量结果稍大于实际用水量，但黑龙江省的水资源超载问题是十分严峻的。在调研中了解到黑龙江省的水资源开发利用红线为 353 亿 m^3，在模型的运行年份内，需水量均超过该值，这与区域实际水资源开发利用现状相吻合，黑龙江省的水资源安全形势严峻的问题也得以侧面印证。

4）通过 Vensim DSS 6.4E 软件查看全年实际供水量的原因可以发现，运行年份内黑龙江省的地下水供水量在总供水量中占了 42% 以上，远高于 2017 年的全国平均水平（21%），结合全省地下水资源量在与地表水资源量的比例可知，黑龙江省多地存在地下水超采问题，随着地下水供水量占比的减少，地下水的不合理开采问题将稍微缓解。其他水源供水量在总供水量中的占比与全国平均水平接近，说明黑龙江省非常规水源的利用比较稳定。

5）通过 Vensim DSS 6.4E 软件查看全年总需水量可知，农业需水量在总需水量中占了相当大的一部分，最高可达 90%。去除林牧渔畜及其他作物需水量的影响之后，粮食灌溉需水量占总需水量的比例仍然大于 80%。这说明黑龙江省的水资源消耗的最大部门仍是农业生产，合理减少粮食灌溉需水量或许是减少水资源供需缺口的关键。

（2）常规发展模式下的能源供需差额变化趋势。图 3.33（a）、（b）分别表示常规发展模式下的能源供需差额变化趋势和能源供需平衡比变化趋势。

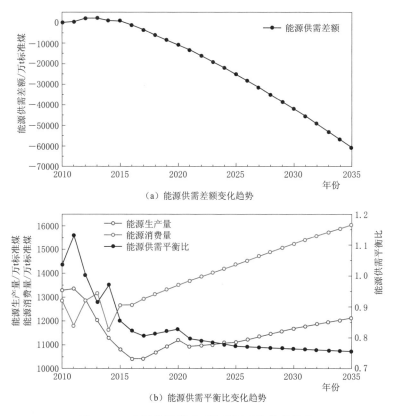

（a）能源供需差额变化趋势

（b）能源供需平衡比变化趋势

图 3.33　常规发展模式下能源子系统模拟结果

通过对比分析可以得出：

1）能源供需差额在模型运行年份内呈现出先上升后下降的趋势，转折点在 2012 年。自 2012 年起，能源供需差额每年以较快速度持续下降，表明了黑龙江省的能源缺口的不断扩大。在 2016 年之后能源供需差额的下降速度逐渐放慢，在 2035 年为 7%，但能源亏缺量仍在逐年攀升。

2）能源生产量和能源消费量分别在 2020 年和 2016 年起保持了增加的势态，但在此时间节点之前，两者均经历了一次不稳定的波动。总体上，能源生产量的波动相对于能源消费量滞后，对应着真实系统中的供给响应机制。在 2012 年，能源生产量与能源消费量的折线直接出现了交点，并由"生产量＞消费量"的局面逆转为"生产量＜消费量"，说明自 2012 年起，黑龙江省开始出现能源供需缺口，这与图 3.33（a）能源供需差额的变化趋势相吻合。能源供需平衡比在 2012 年达到最大值之后，呈现出波动下降的趋势，在 2013 年跌至 1 以下，并在 2020 年之后以较缓速度持续下降，对应的能源生产量与能源消费量的差值也在不断增加，说明在常规发展模式下，黑龙江省的供需缺口将不断扩大，能源供需不平衡问题将长期威胁全省的能源安全。

3）通过 Vensim DSS 6.4E 软件查看能源生产量和能源消费量可以发现，虽然原煤和原油生产量在黑龙江省的能源总生产量中占了相当大的比例,但随着时间的推移,能源发展规划的约束作用逐渐显现,非化石能源的比重逐渐提升,在 2035 年达到 23%;能源损失量在能源消费量占有一定比例,该比例随着时间逐渐降低,在 2035 年减少到 7%。以上现象说明,水电、风电、太阳能和生物质能等新能源的开发利用程度逐渐趋于稳定和能源损失量的减少,可作为缓解能源供需不平衡问题、保障黑龙江省能源安全的一个突破口。

(3) 常规发展模式下的粮食供需差额变化趋势。图 3.34(a)、(b)分别表示常规发展模式下的粮食供需差额变化趋势和粮食供需平衡比变化趋势。

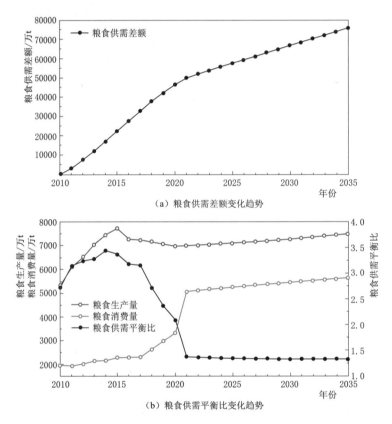

(a) 粮食供需差额变化趋势

(b) 粮食供需平衡比变化趋势

图 3.34　常规发展模式下粮食子系统模拟结果

通过对比分析可以得出:

1) 与水资源供需差额和能源供需差额不同,在模型运行年份内,粮食供需差额的总体趋势是上升的,说明相对于水资源和能源,黑龙江省的粮食安全是系统中较为稳定的一部分。粮食供需差额在 2035 年达到 75595 万 t,可作为粮食调出规划的依据。

2) 在运行年份内,粮食生产量始终大于粮食消费量,并且粮食供需平衡比始终大于1.3,但在 2021 年粮食子系统整体出现了较大的变化:一方面是粮食消费量大幅上升,这是由于模型假定"在 2020 年,黑龙江省的 9 个玉米燃料乙醇项目均完工并投入生产"和"燃料乙醇的生产近期受工业产能限制,远期受玉米产量影响",导致工业粮食消费量出现了陡增现象,实际上能源消费量的增加趋势会稍微平缓,但玉米燃料乙醇项目的推进情况无法通过简单预测得到，结合近几年来玉米加工业的快速发展趋势和全省能源规划的主要目标，可以认为本研究在燃料乙醇对粮食消耗方面的假设是合理的；另一方面是粮食生产量在 2015 年之后的持续下降之后出现了上升趋势，表现了农业对种植结构调整的逐渐适应。在这个变化下，粮食供需平衡比在 2021 年跌至 1.38，并在之后的几年以非常小的幅度缓慢下降。虽然与水资源和能源相比，黑龙江省的粮食消费始终能够被满足，但相对于日益增加的粮食需求，粮食生产量的增加幅度开始有些无法紧跟节奏，尽管二者增加值的差值十分微小，按照该趋势，粮食安全在百年之内可能不会受到很大影响，但这也在某种程度上对粮食的单产产生了正面的监督促进作用，如果在农业结构调整的背景下无法保证粮食生产效率的提高，黑龙江省粮食大省的地位可能不会稳固如前。

3）通过 Vensim DSS 6.4E 软件查看粮食生产量和粮食消费量可以发现，在粮食生产量中占有较大比重的粮食是水稻和玉米，但随着种植结构的调整和居民营养需求的变化，大豆的产量也在逐年增加，在 2035 年达到了粮食总产量的 14%；约有一半的粮食消费量源于饲料粮食消费，而在饲料粮食消费中，猪肉产量是主要驱动力。因此，以上因素可能是保障黑龙江省粮食安全持续性的关键。

3.3.4.2 多情景模式的系统动力学模型运行结果初步分析

以常规发展方案为基础，根据不同方案和情景的参数设定来对模型的决策变量进行调整，并运行模型，得到 16 种情景模式的系统动力学仿真结果，选取三种资源的供需差额及供需平衡比进行对比与分析，如图 3.35 所示。

通过对比不同情景模式的资源供需差额和供需平衡比的变化趋势，可以发现：

（1）对于水资源子系统，水资源核心方案和综合发展方案效果比较好，二者差别微小。最优情景为水资源核心的高强度发展情景；相对于常规发展方案，最优方案在 2035 年能够增加 329 亿 m³（18.8%）的水资源供需差额；2035 年，水资源供需平衡比的最大值为 0.90，在预测年份内，所有情景模式的水资源供需平衡比均小于 1，说明在模拟状态下，当前情景无法保障黑龙江省水资源子系统的供需平衡。

（2）对于能源子系统，能源核心方案和综合发展方案效果比较好，最优情景为能源核心的高强度发展情景；相对于常规发展方案，最优方案在 2035 年能够增加 14925 万 tce（24.6%）的能源供需差额；2035 年，能源供需平衡比的最大值为 0.82，在预测年份内，所有情景模式的能源供需平衡比均小于 0.90，说明在模拟状态下，各情景下黑龙江省的能源供需平衡情况仍然严峻。

（3）对于粮食子系统，最优情景为能源核心的反向发展情景，其次是粮食核心的高强度发展情景；相对于常规发展方案，最优方案在 2035 年能够增加 9781 万 t（12.9%）的粮食供需差额；2035 年，粮食供需平衡比的最大值为 1.45，在预测年份内，所有情景模式的粮食供需平衡比均大于 1.1，说明在模拟状态下，已有情景均能保障黑龙江省的粮食供需平衡。

（4）单核心发展方案，对于核心子系统的供需平衡调节均有较明显的正面作用，可以视为单一系统的优化方案。但不同情景对 WEF 系统整体安全性的作用无法简单判断，因此，需要以 WEF 系统的整体安全性为对象，对以上方案与情景进行综合评价，相关分析见 4.4 节。

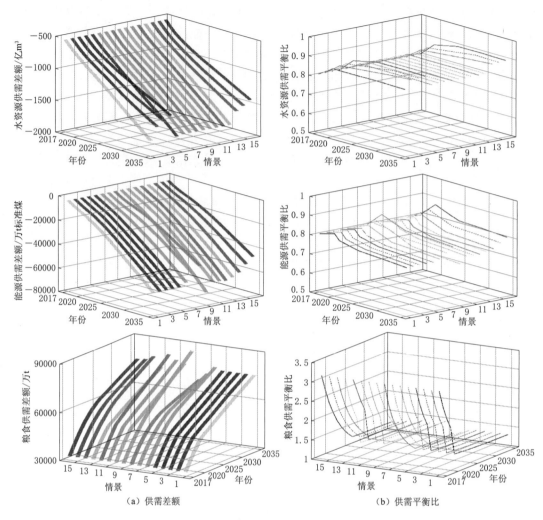

（a）供需差额 （b）供需平衡比

图 3.35 多情景模式的模型运行结果比较图

第4章 东北粮食主产区水–能源–粮食协同安全动态评价

4.1 水–能源–粮食协同安全评价方法

4.1.1 概念辨析及评价原则

4.1.1.1 概念辨析

（1）水资源安全。水资源安全是指某一区域水资源及与其相关的水环境能够满足人类社会、经济可持续发展与维持良好生态环境的需求，不受人为干预或自然事件的威胁。主要包括水安全与粮食安全、人体健康安全、生态环境安全、经济安全、社会安全、国家安全。

（2）能源安全。随着社会经济的发展，能源安全的概念和内涵不断发生变化，20世纪50—60年代前，各国都以本国能源供应为能源安全的基本内涵；进入90年代以后，环境问题逐渐引起了人们的关注，能源的生产和使用对环境污染的治理也纳入能源安全的范畴，综合学者们对能源安全的概念，吴初国等（2011）对能源安全的内涵进行了以下总结：第一，能源供应充足、稳定仍是能源安全的核心。如果能源供给得不到基本满足，造成能源供应不能持续、不能稳定，就无从谈能源安全。这方面主要受地域、运输、时间、技术和资源条件等多方面因素的限制。第二，可承受、合理的能源价格仍是能源安全的重要标准。和平时期下的所谓能源不安全主要反映在价格的承受的能力上。即使战争时代，能源价格也是能源安全的一个重要方面。在可承受的价格范围内足量获取能源，方为安全。即一国在可接受的价格水平上是否能获得满足经济发展需要的能源供给量，是衡量能源是否安全的重要指标。第三，清洁地利用能源成为能源安全的基本要求。比如，如果不对产煤与用煤所造成的环境破坏找出适当的对策，那么煤炭就有可能失去在能源供应中的作用。再如，不解决好核废料的处理问题，那么核能也会在能源供应中失去意义。

（3）粮食安全。20世纪70年代初期FAO定义"粮食安全"为"保证任何人在任何时候都能得到为了生存和健康所需的足够食品"，由于各国资源禀赋和发展阶段不同，粮食安全战略的侧重点也各不一样。虎渠摇认为现代粮食安全的概念应该包括数量安全、质量安全和生态安全三层内涵，即在保障充足的实物供给和分配数量的同时，还要求营养全面、结构合理、卫生健康，食物的生产和获取要建立在保护生态环境和资源可持续性利用的基础上。人均400kg粮食是国际公认的粮食安全标准线。

就一个国家而言，粮食安全应该包括粮食生产的安全、粮食流通的安全、粮食消费的安全。衡量一个国家粮食安全与否，一般不能用单一指标来考核，应该考虑多项指标，综合分析。粮食安全的主要内容包括：粮食生产按市场需求稳定发展，不出现大的波动；安全合理的粮食储备，适量进口粮食；解决好贫困人口的温饱问题，让所有的人在任何时候都能享有充足的粮食。因此，反映粮食安全内容的主要指标应包括：粮食产量波动系数、粮食库存安全系数、粮食外贸依存系数和贫困人口的温饱状况（程亨华，2004）。

对于不同区域来讲，粮食安全的内涵又有不同，例如，对东北粮食主产省，粮食生产、粮食加工、粮食对外贸易和畜牧业是该省的支柱产业，可以说，没有粮食生产就没有该区域的经济发展，因而该区域的粮食安全是基于社会需求、当地经济发展和维护国家粮食安全条件下的高层次的粮食安全（马树庆等，2010）。

（4）协同。"协同"一词最早在 19 世纪开始使用，当时工业化进程不断加快，更加复杂的组织出现，而且劳动分工越来越细。协同成为功利主义、社会自由主义、集体主义、科学管理以及人类关系组织理论的基本概念。协同指的是与他人一起工作，意味着行动人，包括个人、团体或组织，一起努力合作。既可以通过描述性/实用性的角度去解释，强调与他人合作的特性，即协同的深度；也可以通过规范性/内在性的角度去解释，突出对参与及信任关系建立的强调，即协同作为背后的大环境、目的或动机。因此，协同是一种更加持续和固定的关系，需要建立新的结构，以便构建权力体系，发展共同愿景，开展广泛的共同规划。

协同需要各方为了实现互利和共同目标具备提高各自能力的意愿，帮助其他组织达到自身的最佳。在协同关系中，各方共担风险和责任，共享收益，投入足够多的时间，具备很高程度的信任，共享权利范围。它强调的是来自不同部门的参与方采取集体行动的这一过程，而在这个过程中，各参与方之间会建立起一种比较正式和紧密的关系，而且各参与方都会对最终的结构和自己的行为承担一定的责任。

（5）WEF 协同安全。水-能源-粮食系统是指给定的水资源、能源与粮食及其生产与消费的集合。从系统论观点来看，水-能源-粮食生产与消费是 WEF 的自然因素系统与WEF 生产消费类型及生产消费的社会经济系统两者之间的物质交流、循环和生产在一个水-能源-粮食系统的集合。在一个很小的区域，水资源在能源和粮食生产过程中只有一种用途，同样，对于能源子系统和粮食子系统，在其他两种资源的生产过程中也只有一种用途，即单一的水-能源-粮食系统；但在一个区域上，水资源、能源和粮食的类型较多，各类资源的利用方式也较多，或者同样的资源具有多种利用方式，形成复合的水-能源-粮食系统。所以在一个一定的区域内，往往出现功能各异而又相互联系的水-能源-粮食利用系统，进而集合成为复杂的水-能源-粮食大系统。

WEF 协同安全中，从共生理论出发，认为包括单系统内部协同安全，即水资源系统内部协同安全、能源系统内部协同安全、粮食系统内部协同安全，以及两两系统之间的协同，即水资源、粮食系统协同安全，水资源、能源系统协同安全和粮食、能源系统协同安全，以及三系统协同安全，即水-能源-粮食协同安全。

构建指标时，把与粮食安全相关的水资源指标都归到粮食安全的指标体系当中。因为，农业供水量多少只要不触及与水相关的其他方面（社会、经济等），认为都是可行的，但农业供水能否满足粮食生产需求，直接影响到的是粮食安全水平。同理，与粮食安全相关的能源指标也归到粮食安全的指标体系当中；与水资源安全相关的能源指标归到水资源安全指标体系当中；与能源安全相关的粮食指标归到能源安全的指标体系当中。

协同论从系统的整体性、协调性、统一性等基本原则出发，揭示系统内部各子系统与要素围绕系统整体目标的协同作用，使系统整体呈现出稳定有序结构的规定性。水-能源-粮食安全生产和消费也需要遵循整体性、协调性、统一性等基本原则，水-能源-粮食安全评价指标体系的建立也要揭示水-能源-粮食系统内部各子系统与要素围绕系统整体目标的协同作用。因此，运用协同论研究水-能源-粮食安全具有较强的科学性和可行性。

4.1.1.2 评价原则

合理的指标体系是对一个区域的水-能源-粮食系统的安全性作出科学评价的基础，一个完整的水-能源-粮食安全评价体系不仅能够反映区域水-能源-粮食系统安全程度的影响因素，并且可以反映各影响因素之间的内在关系。指标体系构建的过程主要遵循以下原则：

（1）系统性原则。各指标之间要有一定的逻辑关系，他们不但要从不同的侧面反映出水资源、能源、粮食子系统的主要特征，而且还要反映水-能源-粮食系统之间的内在联系。每一个子系统由一组指标构成，各指标之间相互独立，又彼此联系，共同构成一个有机统一体。

（2）综合性原则。水-能源-粮食系统由水资源子系统、能源子系统和粮食子系统构成，其内部存在着复杂的相互影响的关系，仅仅根据单个子系统的要素进行安全评价，很容易忽视其他子系统的安全水平，进而对政策制定给出错误的参考依据。因此，在水-能源-粮食系统安全评价中，要综合考虑三个子系统的关键要素，从而进行综合分析和评价。

（3）科学性和实用性原则。各指标体系的设置及评价指标的选择必须以科学性为原则，能客观地反映区域水-能源-粮食系统安全的水平和特点，以及各指标之间的相互关系。避免指标过多或过少，以防止影响指标的推广和真实性。

（4）区域性原则。不同区域的水-能源-粮食系统结构都是一致的，因此，构建的指标体系应在不同区域间具有相同的结构。但各子系统及各子系统之间的相互关系具有一定的区域特点，这一特点很大程度上决定了区域间在水-能源-粮食安全水平的不同，建立指标体系应包含反映这种区域特色的指标。

（5）可比、可操作、可量化原则。指标选择上，应注意指标在总体范围内的一致性。指标选取的计算量度和计算方法必须一致统一，各指标尽量简单明了、微观性强、便于收集，各指标应该要具有很强的现实可操作性和可比性。

4.1.2 指标体系构建

在省域尺度上，考虑水资源、能源、粮食及协同安全特性，确定评价指标体系见表4.1。

准则层分为稳定性、协调性和可持续性三部分，分别考虑水资源系统、能源系统、粮食系统的安全、系统两两之间的协调安全和基于社会经济发展的安全，对应每个准则层之下的要素层。

表 4.1 东北三省水-能源-粮食协同安全指标体系

目标层	准则层	要素	指标	计算公式	单位	方向
水能源粮食协同安全	稳定性	水资源系统	人均耗水量占人均水资源量的比例	人均耗水量/人均水资源量	—	—
			水资源开发利用程度	供水量/水资源总量	—	—
			地下水资源利用率	地下水供水量/地下水总量	—	—
			地表水资源利用率	地表水供水量/地表水总量	—	—
			万元 GDP 用水量	—	m^3/万元	—
		能源系统	人均能源生产量	总能源生产量/总人口	tce/人	+
			可再生能源占比	(水电+风能+太阳能)/总能源供应量	—	+
			万元 GDP 能耗	总能源消费量/GDP	tce/万元	—
			能源自给率	能源生产量/能源消费量	—	+
		粮食系统	耕地使用率	播种面积/耕地面积	—	—
			人均粮食产量	粮食总产量/总人口	kg/人	+
	协调性	水-能源	水的生产和供应业耗能占比	水的生产和供应业耗能/能源消费量	—	—
		水-粮食	农业用水占总用水量的比例	农业用水量/总用水量	—	—
		能源-粮食	单位耕地面积农机动力	农机总动力/播种面积	kW/hm^2	—
			一产耗能占总耗能的比例	农机总动力/总耗能	—	—
	可持续性	经济系统	人均 GDP	—	元/人	+
			燃料消费价格指数	—	—	—
			城镇居民恩格尔系数	—	—	—
			农村居民恩格尔系数	—	—	—
		社会系统	人口增长率	—	—	+
			城镇化率	—	—	+
		自然系统	万元 GDP 废污水排放量	—	m^3/万元	—
			单位耕地面积化肥施用量	化肥用量/播种面积	kg/hm^2	—

4.1.3 评价方法

4.1.3.1 赋权方法

权重是用来表示各指标变量或要素对于上一等级要素的相对重要程度的信息。目前，确定权重的方法有主观赋权和客观赋权两种。主观赋权法是由评估者根据对各个指标的主观重视程度而赋予权重的一种方法，主要有特尔斐法、循环评分法、层次分析法、经验估算法等。客观赋权法是通过运用数理统计方法对各因素进行分析和评估赋予权重的一种方法，可以尽量减少主观因素对各个指标相对重要程度的影响，主要包括熵值法、因子分析法、聚类分析法、主成分分析法等。

熵值法是根据各指标传递给决策者的信息量大小来确定其权重，是以各因素所提供的信息量为基础,计算一个综合指标的数学方法。在评价中,将信息熵作为系统信息无序度的度量,通过信息熵评价获取系统信息的有序程度和信息的效用价值。信息熵越大,信息的无序度就越高,信息的效用价值就越小;反之,信息熵越小,信息的无序度就越低,其信息的效用价值就越大。

其主要计算步骤如下:假设有 m 个样本,n 个指标,则第 i 个评价样本的第 j 个指标值标记为 $x_{ij}(i=1,2,3,\cdots,m,j=1,2,3,\cdots,n)$。

(1) 构建原始数据矩阵 $X=\{x_{ij}\}_{m\times n}$,其中,x_{ij} 表示第 i 个样本第 j 个指标的数值,对其进行标准化处理;本研究中通过极差法对各指标进行标准化处理。

$$p_{ij}=\begin{cases}(x_{ij}-x_{i,\min})/(x_{i,\max}-x_{i,\min}) & \text{正向指标}\\(x_{i,\max}-x_{ij})/(x_{i,\max}-x_{i,\min}) & \text{逆向指标}\end{cases} \tag{4.1}$$

(2) 计算标准化后数据第 j 项指标的信息熵:

$$f_{ij}=p_{ij}\Big/\sum_{i=1}^{m}p_{ij} \tag{4.2}$$

$$e_j=-k\sum_{i=1}^{m}f_{ij}\ln f_{ij} \tag{4.3}$$

其中,常数 k 与系统的样本数 m 有关,$k=1/\ln m$,$e_j\geqslant 0$。

(3) 通过熵值计算该指标的信息效用价值(d_j)。某项指标的信息效用价值取决于该指标的信息熵 e_j 与 1 之间的差值,即

$$d_j=1-e_j \tag{4.4}$$

(4) 通过信息效用价值的比重计算各指标的权重。利用熵值法估算各指标的权重,其本质是利用该指标信息的价值系数来计算的,其价值系数越高,对评价的重要性就越大。最后得到第 j 项指标的权重为

$$W_j=d_j\Big/\sum_{j=1}^{n}d_j \tag{4.5}$$

即
$$W_j=1+k\sum_{i=1}^{m}f_{ij}\ln f_{ij}\Big/\sum_{j=1}^{n}\Big(1+k\sum_{i=1}^{m}f_{ij}\ln f_{ij}\Big) \tag{4.6}$$

4.1.3.2 安全评价值计算方法

目前,风险评价的综合评价法主要有综合指数法、层次分析法、模糊综合法、灰色关联法、系统聚类法、物元评判法和主成分分析法。本研究采用综合指数法计算水能源粮食协同安全水平。

(1) 评价指标协同安全评价值计算。Logistic 函数或 Logistic 曲线是一种常见的 S 形函数,它是皮埃尔·弗朗索瓦·韦吕勒在 1844 年或 1845 年在研究它与人口增长的关系时命名的。广义的 Logistic 曲线可以模仿一些情况下人口增长(P)的 S 形曲线。起初阶段大致是指数增长;然后随着开始变得饱和,增加变慢;最后,达到成熟时增加停止。对于水能源粮食系统的任何一个指标,都不能简单地用其线性的变化来表征系统的安全水平,指标的变化对系统安全水平的表征一般在初期都会表现出一定的累积作用,在达到一定量的积累时会使得系统的安全水平产生质的突变。因此,在本研究中,采取 Logistic 曲线模型的思想,计算水能源粮食评价指标的安全评价值。

Logistic 曲线函数表达式为

$$S_{ij} = \frac{1}{1 + e^{a - bp_{ij}}} \tag{4.7}$$

式中：S_{ij} 为第 i 个样本第 j 个指标的安全评价值；a、b 均为常数。

研究中采用待定系数法确定 Logistic 指数公式中的参数 a 和 b：当 $p_{ij} = 0.01$ 时，S_{ij} 的值近似取 0.001；当 $p_{ij} = 0.99$ 时，S_{ij} 的值近似取 0.999；由此确定的系数 a 和 b 的值分别为 4.595 和 9.19。

（2）协同安全综合值计算。单项指标的协同安全值只能反映水能源粮食协同安全的某一方面，只有将单项指标的安全值综合为综合值才能反映水能源粮食系统的整体协同安全水平。综合指数法中将单项指标进行综合的方法有：指数和法、指数积法和指数加乘混合法等。本研究中采用指数和法计算水能源粮食系统的系统安全水平。

（3）水能源粮食协同安全水平评价标准。水能源粮食协同安全水平综合得分值在 0～1 之间，研究中以 0.2 为步长，将协同安全水平划分为五个等级，分别是：极不安全、不安全、临界安全、较安全、非常安全 5 级，见表 4.2。

表 4.2　　　　　　　　水-能源-粮食协同安全水平等级划分

指　标	安 全 类 型				
	极不安全	不安全	临界安全	较安全	非常安全
稳定性	0～0.2	0.2～0.4	0.4～0.6	0.6～0.8	0.8～1
协调性	0～0.2	0.2～0.4	0.4～0.6	0.6～0.8	0.8～1
可持续性	0～0.2	0.2～0.4	0.4～0.6	0.6～0.8	0.8～1
整体协同安全水平	0～0.2	0.2～0.4	0.4～0.6	0.6～0.8	0.8～1

4.2　东北三省水-能源-粮食协同安全评价

4.2.1　指标权重计算

基于熵值法得出的各评价指标的权重见表 4.3。

表 4.3　　　　　　　东北三省水-能源-粮食协同安全指标权重

准则层	权重	要素	权重	指　标	权重
稳定性		水资源系统	0.111	人均耗水量占人均水资源量的比例	0.199
				水资源开发利用程度	0.199
				地下水资源利用率	0.201
				地表水资源利用率	0.199
				万元 GDP 用水量	0.201

准则层	权重	要素	权重	指　　标	权重
稳定性		能源系统	0.111	人均能源生产量	0.249
				可再生能源占比	0.252
				万元 GDP 能耗	0.249
				能源自给率	0.25
		粮食系统	0.112	耕地使用率	0.501
				人均粮食产量	0.499
协调性	0.336	水-能源	0.111	水的生产和供应业耗能占比	1
		水-粮食	0.111	农业用水占总用水量的比例	1
		能源-粮食	0.111	单位耕地面积农机动力	0.499
				一产耗能占总耗能的比例	0.501
可持续性	0.332	经济系统	0.111	人均 GDP	0.250
				燃料消费价格指数	0.250
				城镇居民恩格尔系数	0.251
				农村居民恩格尔系数	0.250
		社会系统	0.111	人口增长率	0.491
				城镇化率	0.509
		自然系统	0.110	万元 GDP 废污水排放量	0.497
				单位耕地面积化肥施用量	0.503

4.2.2　协同安全评价结果分析

图 4.1 为 2010—2017 年东北三省水能源粮食系统各协同安全指标变化。从图 4.1 中可以看出，东北三省的水能源粮食系统的整体协同安全水平较为稳定，但黑龙江的协同安全水平明显低于吉林和辽宁。

黑龙江的协同安全水平为 0.2～0.4，属于不安全类型；但从 2010 年到 2017 年稍有提升趋势；具体来看，黑龙江省的稳定性指数很高，最低安全评价值为 0.8570，平均值为 0.9410，其不安全类型主要是由于系统的不协调性和不可持续性造成的，尤其是协调性，安全评价值趋于 0，可持续性指数在 2014 年之后有明显的升高趋势，由极不安全类型转化为不安全类型。

吉林和辽宁的协同安全水平分别为 0.57～0.72 和 0.53～0.66，平均值均为 0.61，介于临界安全和较安全之间。具体来看，对于吉林省，各准则层的安全评价值波动较大，其中，稳定性安全评价值从 2011 年的 0.24 迅速增加到 2013 年的 0.93，之后变化趋于稳定；协调性在 2010—2013 年之间大于 0.9，属于非常安全水平，但从 2013 年开始，迅速跌落至 2015 年的 0.13，其安全水平大大降低；对于可持续性，其安全评价值在 2012 年跌入最低值，为 0.068，后到 2014 年之后趋于稳定。因此，对于吉林省而言，虽然水能源粮食整体的协同安全水平趋于稳定，但各评价方面的波动较大，整体的协同安全水平

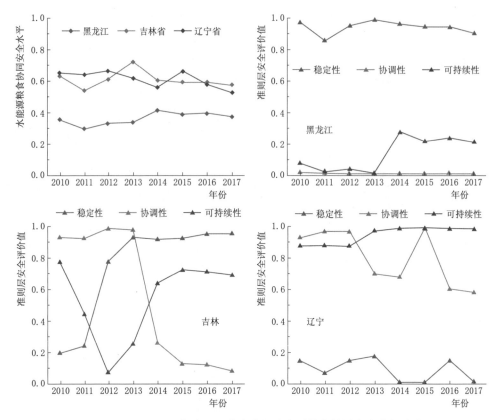

图 4.1　2010—2017 年东北三省水能源粮食系统各协同安全指标变化

依然存在较大的安全隐患，需要抓住协同安全水平的关键短板，有针对性地进行治理，进而使系统的协同安全水平更加稳健。

与吉林省不同，辽宁省的准则层各方面的安全评价值变化较小，具体来看，协调性和可持续性的安全评价值显著高于稳定性的安全评价值。其中可持续性的安全评价值最高，平均值为 0.94，波动范围为 0.87～0.99，属于非常安全水平；协调性在 2012 年后出现了波动下降的趋势，从 2012 年的 0.97 下降至 2017 年的 0.58，由非常安全水平下降至临界安全水平；三个省份对比而言，辽宁省的稳定性最低，最大值为 0.18，仍处于极不安全水平。

4.2.3　稳定性、协调性及可持续性变化特征

4.2.3.1　水能源粮食协同安全稳定性评价指标变化

对于东北三省而言，黑龙江省的稳定性最高，一直处于非常安全水平；吉林省的稳定性从 2011 年到 2013 年，呈现出显著上升的趋势，到 2013 年之后处于非常安全水平；而辽宁省的稳定性水平一直处于极不安全水平。

图 4.2 详细展示了水能源粮食系统稳定性中各评价指标在 2010—2017 年的变化情况。由图 4.2 中可以看出，黑龙江省的各指标中，除水资源系统的地下水开发利用程度、万元

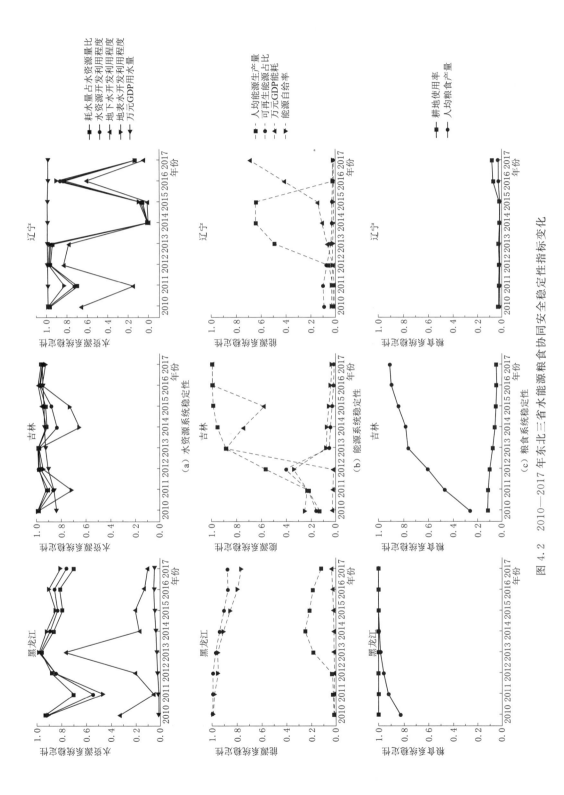

图 4.2　2010—2017 年东北三省水能源粮食协同安全稳定性指标变化

GDP 用水量和能源系统的万元 GDP 能耗和人均能源生产量之外，其他指标的安全评价值均处于较高水平。因此，对于黑龙江而言，进一步提升水能源粮食系统稳定性的关键在于提高资源的利用效率（指万元 GDP 用水量和万元 GDP 能耗），减少资源的开发利用程度（指地下水开发利用程度）。

对于吉林省而言，水资源系统的各指标均处于安全水平，而能源系统和粮食系统各指标的变化波动较大。尤其是能源系统，2011—2013 年人均粮食生产量和万元 GDP 能耗指标安全评价值的显著上升（由不安全升至安全水平）是吉林省稳定性显著上升的主要原因之一；能源系统中的可再生能源占比和能源自给率指标从 2010 年至 2017 年均呈现出缓慢的下降水平，处于极不安全水平。对于粮食系统，人均粮食产量安全评价值呈现出持续显著上升的趋势，从 2010 年的 0.25 上升至 2017 年的 0.9；而耕地使用率指标则处于极不安全水平。综上可知，对于吉林省而言，提升水能源粮食系统稳定性水平的关键在于开发可再生能源，提高能源自给率，同时，还需注意提高土地利用效率，保证耕地质量。

从稳定性各指标来看，辽宁省水能源粮食系统稳定性水平低是水资源系统、能源系统、粮食系统三个系统的不稳定性综合造成的。对于水资源系统而言，除万元 GDP 用水量很高，处于非常安全水平之外，其他四个指标在研究期间波动很大，且呈现出比较一致的变化，这可能是由于在这期间，气候变化对当地水资源量的影响较大，导致各类水资源的开发利用程度呈现出较大的波动；对于能源系统而言，除人均能源生产量在 2013—2015 年之间和万元 GDP 能耗在 2016—2017 年上升至临界安全水平之外，其余指标均处于极不安全水平；粮食系统的各指标均处于极不安全水平。综上，辽宁省的水资源、能源资源和粮食均较为短缺，因此，提升辽宁省水能源粮食系统的稳定性水平在于完善水资源利用的基础设施建设、防范不确定因素带来的风险（例如气候变化）、提升资源的利用效率（水资源、能源、土地）和开发能源的替代资源（可再生能源）。

4.2.3.2　水能源粮食协同安全协调性评价指标变化

黑龙江省的协调性最低，处于极不安全水平；吉林省的协调性水平在 2013—2014 年发生了显著的下降，由非常安全水平跌至极不安全水平；辽宁省的协调性水平在 2012 年之后呈现出波动的下降趋势，由非常安全水平下降至较安全水平，至 2017 年为临界安全水平。

图 4.3 详细展示了水能源粮食系统协调性中各评价指标在 2010—2017 年的变化情况。从各指标的变化来看，黑龙江省的协调性指标中，除水的生产和供应业耗能占比处于非常安全水平之外，其他三个指标（农业用水占总用水量比例、单位耕地面积农机动力、第一产业耗能占总耗能比例）均处于不安全或极不安全水平，并且呈现出不断下降的趋势。因此，提高黑龙江水能源粮食系统协调性水平关键在于提高农业生产的用水效率和用能效率。

吉林省的协调性指标中，农业用水占总用水量的比例指标协调性水平很高，虽然一直处于安全水平，但呈现出逐年下降的趋势，由 2010 年的 0.96 下降至 2017 年的 0.75；第一产业耗能占总耗能比例指标的协调性水平下降明显，由较安全水平跌至极不安全水平；而水的生产和供应业耗能占比呈现出波动下降的趋势，在 2012 年和 2013 年上升至非常安全水平，但在 2014 年后一直处于极不安全水平。综上，吉林省农业的用水效率和用能效率相对处于较高水平，但粮食生产扩张引发的能源需求增加及水的生产和供应业对能源的需求增加对吉林省的能源供给提出了更高的要求，因此，吉林省水能源粮食协调性水平提高的关键在于综合考虑能源的资源禀赋、丰富能源种类、开发可再生能源，以实现资源的可持续利用和发展。

对于辽宁省，除水的生产和供应业耗能占比指标呈现出波动下降趋势外，其他三个指标均处于非常安全水平，说明水的生产和供应业耗能占比是造成辽宁省协调性水平下降的主要原因。因此，对于辽宁省而言，提高其水能源粮食系统协调性水平，需特别注意提高水的生产和供应业的技术水平、提高用能效率，节约能源资源。

4.2.3.3 水能源粮食协同安全可持续性评价指标变化

黑龙江省的可持续性最低，处于极不安全水平和不安全水平；吉林省的可持续性有很大的波动，在 2012 年达到最低，由较安全到极不安全，再到较安全水平；辽宁省的最高，处于非常安全水平。

图 4.4 详细展示了水能源粮食系统可持续性中各评价指标在 2010—2017 年的变化情况。从各指标变化可以看出，三个省份可持续性评价指标的安全值波动很大，尤其是经济系统，各指标均呈现出不同程度的波动，其次是社会系统，环境系统的各项指标较为稳定。具体来看，对黑龙江而言，经济系统的除农村居民恩格尔系数之外的其他各项指标在 2013 年和 2014 年发生了显著的升高趋势，由极不安全水平上升至非常安全水平，这可能是黑龙江省的可持续性水平在 2013 年发生显著上升的主要因素；社会系统的人口增长率和环境系统的万元 GDP 废污水排放量分别呈现不断下降和不断上升的趋势；城镇化率和单位耕地面积化肥施用量一直处于极不安全水平。综上，黑龙江省水能源粮食可持续性水平提升的关键在于提高农村居民的收入水平、推进城镇化进程、重视人口政策、减少化肥施用量、提高化肥利用效率。

与黑龙江省类似，吉林省经济系统的可持续性各项指标在 2012 年之后呈现出明显的上升趋势，由不安全水平上升至安全水平；但社会系统的人口增长率指标可持续性水平在 2011—2012 年呈现出骤然下降的趋势，且之后一直处于不安全水平，这是吉林省水能源粮食系统可持续性水平在 2012 年出现最低值的主要原因；城镇化率指标一直处于极不安全水平。所以对于吉林省而言，提高水能源粮食系统可持续性水平的关键在于重视人口政策、推进城镇化进程。

辽宁省的经济系统可持续性各项指标变化区别较大，其中，城镇居民恩格尔系数和燃料消费价格指数在 2012—2014 年之后呈现显著上升的趋势，由极不安全水平上升至非常安全水平；人均 GDP 呈现波动下降的趋势，在 2017 年最低，处于极不安全；农村居民恩格尔系数呈现先上升后减少的趋势；对于社会和环境系统，除社会系统的人口增长率指标处于不安全或极不安全水平之外，其他三项指标均处于非常安全状态。综上，提高辽宁省水能源粮食系统可持续性水平的关键在于重视人口政策、提高居民的收入水平。

4.2.4 结果分析和讨论

通过对结果进行总结（表 4.4），可以看出，东北三省在水-能源-粮食纽带关系问题

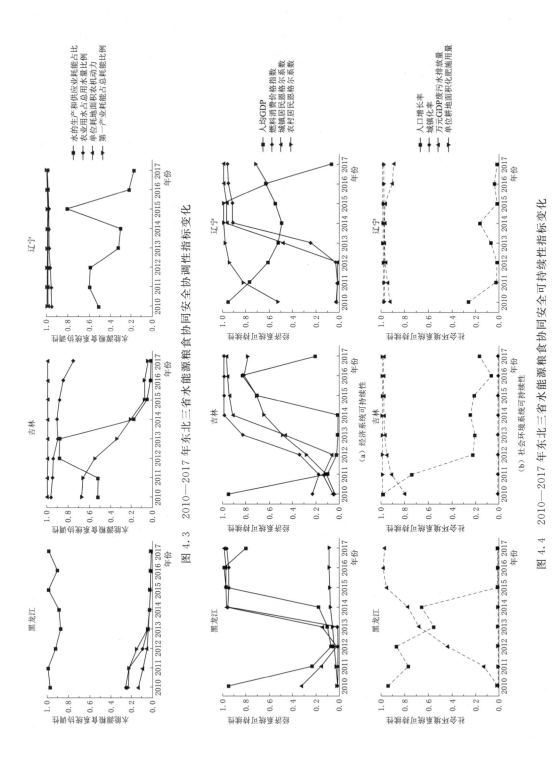

图 4.3　2010—2017 年东北三省水能源粮食协同安全协调性指标变化

图 4.4　2010—2017 年东北三省水能源粮食协同安全可持续性指标变化

上面临的问题各不相同。

表 4.4   东北三省水-能源-粮食纽带关系协同安全水平评价

评价类别		黑龙江省	吉林省	辽宁省
协同安全水平	水平	变化较为稳定，有上升趋势； 处于不安全水平	介于临界安全和较安全之间	介于临界安全和较安全之间
	指标	稳定性水平很高； 协调性和可持续性水平较差，尤其是不协调性，处于极不安全水平	稳定性、协调性和可持续性波动较大；存在较大安全隐患。 2014年后，稳定性和可持续性相对安全，但协调性水平仍处于极不安全水平	可持续性水平很高。 协调性2012年后由非常安全水平下降到临界安全水平。 稳定性处于极不安全水平
	说明	资源供给充足，但社会经济发展水平较差，资源利用效率不高是很大的威胁	资源供给程度和社会经济发展水平有所上升，但资源利用效率不高是威胁协同安全水平的关键因素	社会经济发展水平高，但资源缺乏是协同安全的主要威胁，且资源利用效率有所下降
稳定性	水平	处于非常安全水平	呈上升趋势，2013年后处于非常安全水平	处于极不安全水平
	主要风险要素	地下水开发利用程度 万元GDP用水量 万元GDP能耗 人均能源生产量	可再生能源占比 能源自给率 耕地使用率	总水资源量 可再生能源占比 万元GDP能耗 能源自给率 耕地使用率 人均粮食产量
	说明	需注意提高资源的利用效率（指万元GDP用水量和万元GDP能耗），减少资源的开发利用程度（指地下水开发利用程度）	需注意开发可再生能源，提高能源自给率； 提升土地利用效率，保证耕地质量	需注意完善水资源利用的基础设施建设； 防范不确定因素带来的风险（例如气候变化）； 提升资源的利用效率（水资源、能源、土地）； 开发能源的替代资源（可再生能源）
协调性	水平	处于极不安全水平	2014年之后，由非常安全水平跌至极不安全水平	2012年之后波动下降，由非常安全水平跌至较安全水平，2017年为临界安全水平
	主要风险要素	农业用水占总用水量比例 单位耕地面积农机动力 一产耗能占总耗能比例	一产耗能占总耗能比例 水的生产和供应业耗能比	水的生产和供应业耗能比
	说明	需注意提高农业生产的用水效率和用能效率	农业的用水效率和用能效率相对较高，但农业耗能和水的生产和供应业耗能增加为能源供应带来巨大挑战； 需综合考虑能源的资源禀赋； 丰富能源种类； 开发可再生能源	注意提高水的生产和供应业的技术水平、提高用能效率，节约能源资源

续表

评价类别		黑龙江省	吉林省	辽宁省
可持续性	水平	处于极不安全和不安全水平	波动较大, 由较安全到极不安全 (2012 年), 再到较安全水平	处于非常安全水平
	主要风险要素	农村居民恩格尔系数 人口增长率 城镇化率 单位耕地面积化肥施用量	人口增长率 城镇化率	人均 GDP 人口增长率
	说明	需注意提高农村居民的收入水平、推进城镇化进程、重视人口政策、减少化肥施用量、提高化肥利用效率	需特别重视人口政策、推进城镇化进程	需特别注意重视人口政策、提高农村居民的收入水平

对于黑龙江来说, 其主要优势在于资源禀赋条件优越, 供给充足。劣势在于资源的利用效率不高 (包括用能效率和用水效率), 且粗犷的用水和用能方式使得资源的开发利用程度不断加大, 为当地的资源安全带来很大的威胁; 此外, 农村居民的收入水平低、城镇化进程慢、人口负增长、化肥施用量大带来环境污染等问题也是威胁水–能源–粮食协同安全的主要因素。

对于吉林省, 其优势在于资源利用效率相对较高。劣势在于发展的波动性较大, 且能源需求量的不断增加为能源供给带来很大压力, 需要特别注意提高能源自给率, 合理开发可再生能源, 丰富能源种类; 此外, 还需加快城镇化进程和重视人口政策。

对于辽宁省, 其优势在于社会经济发展水平较高。劣势在于资源匮乏, 且资源利用效率有所下降, 气候等不确定因素影响较大; 需要特别注意完善水资源利用的基础设施建设, 防范不确定因素 (如气候变化) 带来的风险; 提高水资源、能源和土地资源利用效率, 开发可再生能源; 最后, 还应注意提高农村居民的收入水平, 重视人口政策。

4.3　东北三省各地级市水–能源–粮食协同安全及耦合协调度评价

4.3.1　评价思路和方法

利用综合评价法与耦合模型对东北三省 36 个地级市协同安全水平和耦合协调水平进行评价, 基于 GM(1, 1) 模型预测其 2017—2026 年耦合协调度, 以期对东北粮食主产区社会、经济和生态环境的可持续发展提供科学指导依据, 研究流程如图 4.5 所示。

4.3.1.1　综合评价方法

利用已构建的 WEF Nexus 评价指标体系以及确定的权重, 对东北三省地级市有 WEF Nexus 综合评价函数, 即

$$f(x) = \sum_{i=1}^{n} a_i x'_i \tag{4.8}$$

$$g(y) = \sum_{j=1}^{n} b_j y'_j \tag{4.9}$$

$$h(z) = \sum_{k=1}^{n} c_k z'_k \tag{4.10}$$

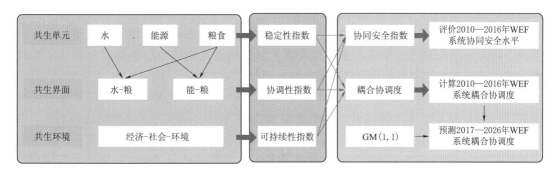

图 4.5 东北各地市水-能源-粮食协同安全评价流程

式中：$f(x)$，$g(y)$，$h(z)$ 分别为稳定性、协调性和可持续性子系统的评价指数；a、b、c 分别为各指标的权重；x'、y'、z' 为标准化后的数据；i、j、k 为各系统内选取的指标数量。

利用准则层的 3 个子系统评价指数可计算出 WEF Nexus 的协同安全水平，计算公式如下：

$$T = \alpha f(x) + \beta g(y) + \gamma h(z) \tag{4.11}$$

式中：T 为 WEF 系统的协同安全水平；α、β、γ 为各子系统对社会发展的影响程度权重。

4.3.1.2 耦合模型构建

耦合度用于描述系统或要素之间相互影响的程度，协调度反映系统是否处于较好的水平。由于本研究涉及 3 个子系统，即稳定性子系统、协调性子系统、可持续子系统，依据相关研究结果，构建如下耦合度模型：

$$C = \frac{3\sqrt[3]{f(x)g(y)h(z)}}{f(x) + g(y) + h(z)} \tag{4.12}$$

式中：C 为耦合度，$C \in [0，1]$。根据相关文献及研究区水资源-能源-粮食系统耦合发展的规律，可将耦合度划分为 4 个等级：$C \in [0，0.3]$，为低水平耦合阶段；$C \in (0.3，0.5]$，为颉颃阶段；$C \in (0.5，0.8]$ 为磨合阶段，子系统开始接近耦合优化阶段；$C \in (0.8，1.0]$，为高水平耦合阶段。

已知耦合度 C 和协同安全水平 T，可计算出系统的耦合协调度 D：

$$D = \sqrt{CT} \tag{4.13}$$

采用均匀分布函数法确定耦合协调的类型及划分标准，见表 4.5。

表 4.5　　　　　　　　　　　　耦合协调度等级划分标准

耦合协调度 D	等级划分	耦合协调度 D	等级划分
0.00~0.10	极度失调	0.50~0.60	勉强协调
0.10~0.20	严重失调	0.60~0.70	初级协调
0.20~0.30	中度失调	0.70~0.80	中级协调
0.30~0.40	轻度失调	0.80~0.90	良好协调
0.40~0.50	濒临失调	0.90~1.00	优质协调

4.3.1.3　GM(1，1) 模型的建立与检验

（1）模型建立。GM(1，1) 模型最少 4 个数据就能解决不确定性的预测问题；利用微分方程充分挖掘信息的本质，实现高精度预测；能将无规律的原始数据生成得到规律性强的生成序列，运算简单，易于检验。

设时间序列 $X^{(0)}=\{X^{(0)}(1),X^{(0)}(2),\cdots,X^{(0)}(n)\}$ 有 n 个观察值，通过累加生成新序列 $X^{(1)}=\{X^{(1)}(1),X^{(1)}(2),\cdots,X^{(1)}(n)\}$，则 GM(1，1) 模型相应的微分方程为

$$\frac{dX^{(1)}}{dt}+aX^{(1)}=b \tag{4.14}$$

式中：$X^{(1)}$ 为 n 个序列值累计生成的新序列；t 为第 n 个序列值；a 为发展系数；b 为灰作用量。

利用最小二乘法求解参数向量：

$$a=(B^{\mathrm{T}}B)^{-1}B^{\mathrm{T}}Y=\binom{a}{b} \tag{4.15}$$

式中：B 为数据矩阵；Y 为数据向量。预测模型表达式为

$$X^{(1)}(K+1)=[X^{(0)}-b/a]e^{-at}+b/a \tag{4.16}$$

$$X^{(1)}(K+1)=X^{(1)}(K+1)-X^{(0)}(K) \tag{4.17}$$

$$K=1,2,\cdots,n$$

（2）模型检验。灰色预测检验一般有残差检验、关联度检验和后验差检验。本研究拟用后验差检验方法，其步骤如下：

第 1 步，计算原始序列标准差：

$$S_1=\sqrt{\frac{\sum[X^{(0)}(i)-\overline{X^{(0)}}]^2}{n-1}} \tag{4.18}$$

第 2 步，计算绝对误差序列的标准差：

$$S_2=\sqrt{\frac{\sum[\Delta^{(0)}(i)-\overline{\Delta^{(0)}}]^2}{n-1}} \tag{4.19}$$

第 3 步，计算方差比：

$$C=\frac{s_2}{s_1} \tag{4.20}$$

第 4 步，计算小误差概率：

$$P=P\{|\Delta^{(0)}(i)-\overline{\Delta^{(0)}}|<0.6745S_1\} \tag{4.21}$$

令：$e_i=|\Delta^{(0)}(i)-\overline{\Delta^{(0)}}|$，$S_0=0.6745S_1$

则：$P=P\{e_i<S_0\}$，模型验证等级划分标准见表 4.6。

表 4.6　　　　　　　　　　模型检验等级划分标准

P	C	等级划分	P	C	等级划分
>0.95	<0.35	好	>0.70	<0.65	勉强合格
>0.80	<0.50	合格	$\leqslant0.70$	$\geqslant0.65$	不合格

4.3.2　指标体系构建及权重

受数据资料限制，各尺度上的协同安全评价体系有所差别，但构建思路和原则相同。地级市尺度的 WEF 协同安全评价指标体系主要基于统计数据，详细指标见表 4.7。

表 4.7　　　　　　　　　东北三省地级市水-能源-粮食协同安全指标体系

目标层	准则层	指　标	权重	单　位
水-能源-粮食协同安全水平	稳定性 0.32	水资源开发利用程度	0.01	—
		万元 GDP 用水量	0.04	m³/万元（当年价）
		能源自给率	0.39	—
		万元 GDP 能耗	0.06	tce/万元
		耕地使用率	0.13	—
		人均粮食产量	0.37	kg/人
	协调性 0.36	农业用水占总用水量的比例	0.69	—
		单位粮食生产用水	0.06	m³/kg
		单位耕地面积农机动力	0.08	kW/hm²
		一产耗能占总耗能的比例	0.16	—
	可持续性 0.32	人均 GDP	0.76	元/人
		单位耕地面积化肥施用量	0.24	kg/hm²

评价指标的权重可以反映各指标对 WEF 系统安全性的影响程度，值越大则影响程度越大。从图 4.6 可以看出，2010—2016 年对东北三省 WEF 系统安全程度影响较大的指标依次是：人均 GDP、农业用水占总用水量的比例、能源自给率、人均粮食产量、单位耕地面积农机动力，意味着该区域应优先关注这五个指标，从而提高 WEF 系统综合安全水平。

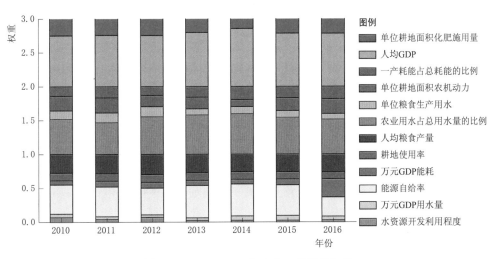

图 4.6　2010—2016 年东北三省指标权重

4.3.3　东北三省各地级市 WEF 协同安全评价

4.3.3.1　WEF 协同安全水平

2010—2016 年东北三省多数地级市 WEF 系统协同安全水平指数为 0.4～0.6，处于临界安全状态，且随着年份的增加，临界安全的地级市在减少，尤其是松嫩平原的西北地区。WEF 系统协同安全水平一直处于不安全状态的地级市主要集中在辽宁省，其中有 9 个地级市协同安全水平指数保持在 0.2～0.4 之间，即处于不安全水平。东北三省所有地级市中，随着年份的增加，仅白山市和通化市的 WEF 系统协同安全水平在提高，2016 年分别达到了较安全和临界安全水平，大庆市的协同安全水平始终保持安全状态，其稳定性、协调性、可持续性也都处于安全状态，结果如图 4.7 所示。

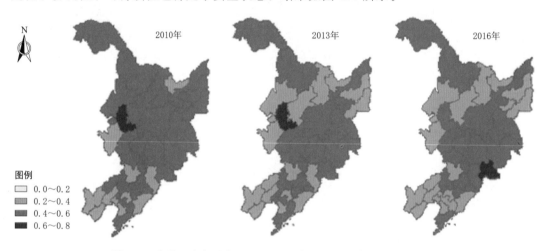

图 4.7　东北三省各地市 2010—2016 年 WEF 系统协同安全水平

4.3.3.2　WEF 稳定性分析

2010—2016 年东北三省 WEF 系统稳定性由南向北增加，WEF 系统稳定性整体上是安全的，黑河市和佳木斯市的稳定性一直处于比较安全状态。随着年份的增加，吉林省一些地级市的稳定性转向安全状态，其能源自给率 2010—2012 年为 0.6～0.8、2013—2015 年为 0.4～0.6、2016 年为 0.8～1.0，说明其稳定性的转变可能与能源指标数据向着良好方向变化有关。而辽宁省大部分地级市的稳定性处于不安全状态，能源自给率为 0.2～0.4，与其他两省相比，其能源自给率和人均粮食产量都比较低。2016 年沈阳市的稳定性处于极不安全状态，相比较其他年份，沈阳市 2016 年能源自给率较低且万元 GDP 能耗较高，其数值分别为 0.2844tce/万元、0.868tce/万元。东北三省虽然能源资源丰富，但受近年来不合理的开采和产业结构调整等影响，该地区能源供给日趋紧张，对外依存度逐渐加大，导致能源安全评价指数相对下降，结果如图 4.8 所示。

4.3.3.3　WEF 协调性分析

相对于稳定性由南向北增加的空间分布格局，东北三省 WEF 系统的协调性相反，呈现由北向南提升的态势（图 4.9）。随着年份的增加，黑龙江省和吉林省协调性不安全的地级市在增加。白山市和大兴安岭的协调性处于极安全状态，白山市在 2010—2016 年的

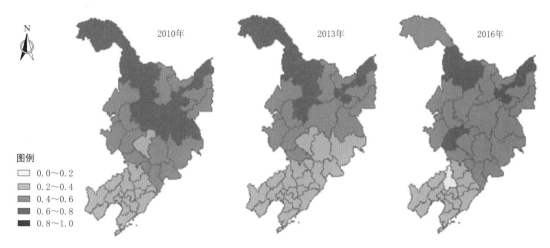

图 4.8 东北三省各地市 WEF 稳定性

农业用水占比始终保持在 0.06～0.1，大兴安岭在 2010 年、2013 年、2016 年的农业用水占比分别为 0.7596、0.1416、0.0625，说明大兴安岭在不断提高水资源利用效率。

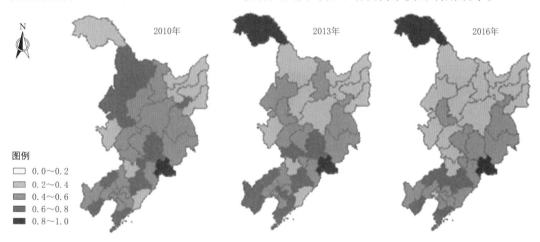

图 4.9 东北三省各地市 WEF 协调性

4.3.3.4 WEF 可持续性分析

东北三省 WEF 系统可持续性整体处于不安全状态（图 4.10）。辽宁省的铁岭市、阜新市、朝阳市、葫芦岛市和丹东市 WEF 系统的可持续性多年来一直处于极不安全状态，但黑龙江省的大庆市始终保持较安全状态，2010—2016 年辽宁省这五个地级市的人均GDP 保持在 17006～40824 元/人，而东北三省各地级市总的人均 GDP 平均值为 41324 元/人，大庆市的人均 GDP 保持在 81325～130707 元/人，说明人均 GDP 值越高，WEF 系统的可持续性安全等级越高，反之，可持续性安全水平越低。

4.3.4 东北三省各地级市 WEF 耦合协调度评价

4.3.4.1 耦合协调度评价

东北三省各地级市的 WEF 系统耦合协调度由南向北增加（图 4.11），多数处于勉强

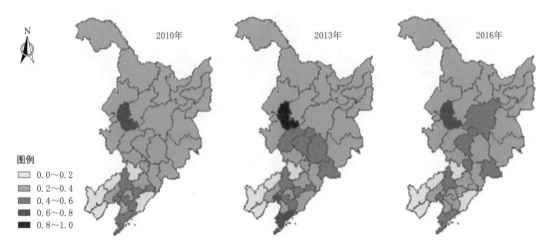

图 4.10　东北三省各地级市 WEF 可持续性

协调、初级协调、中级协调水平。黑龙江省和吉林省的各地级市 2010 年和 2013 年均处于
初级至中级协调之间，2016 年增加了 6 个勉强至初级协调水平的地级市。辽宁省有 8 个
地级市始终处于勉强至初级协调之间，6 个地级市处于初级至中级协调之间，2013 年后
通化市的 WEF 系统耦合协调度转向初级至中级协调水平。

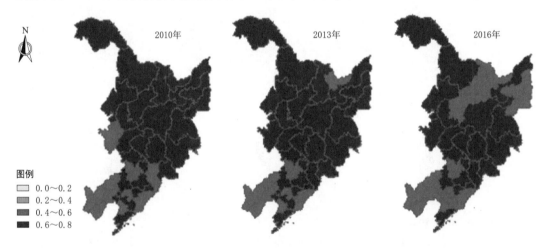

图 4.11　东北三省各地级市 WEF 系统耦合协调度

从图 4.12 可以看出东北三省各地级市 2010—2016 年整体的耦合度在 0.8～1.0，属
于高水平耦合阶段，说明水、能源、粮食之间相互影响强烈；耦合协调度在 0.6 上下波
动，多处于初级协调水平且有变差趋势，说明 WEF 系统耦合协调性仍需提高。

4.3.4.2　耦合协调度预测分析

依据 GM(1，1) 灰色预测模型，利用 2010—2016 年东北三省 WEF 系统的耦合协调
度 D，对 2017—2026 年 WEF 耦合协调度 D 进行预测，其预测结果见表 4.8 和表 4.9。
利用后验差检验方法计算得出的小误差概率为 0.8571，说明 GM(1，1) 模型检验合格。
可以看出，2017—2026 年东北三省 WEF 系统耦合协调度总体呈下降趋势，2021 年后降

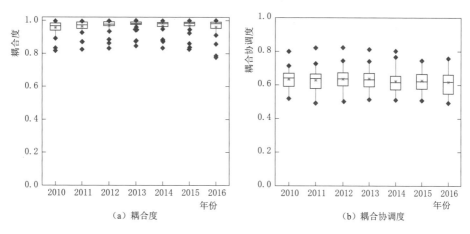

（a）耦合度 　　　　　　　　　　　（b）耦合协调度

图 4.12　东北三省各地级市 2010—2016 年 WEF 系统耦合度与耦合协调度

至勉强协调水平。如果按照现状模式继续发展，东北三省水、能源、粮食协同安全性将显著降低，转变发展理念、优化发展模式势在必行。

表 4.8　　　　　　　　　　GM(1，1) 灰色模型耦合协调度预测

年份	2010	2011	2012	2013	2014	2015	2016
原始值	0.634	0.635	0.641	0.637	0.623	0.625	0.617
预测值	0.634	0.641	0.636	0.632	0.627	0.623	0.619
评价	$P=0.86>0.80$		$C=0.49<0.50$		合格		

表 4.9　　　　　　　　　　东北三省 WEF 耦合协调度预测值

年份	耦合协调度	等级	年份	耦合协调度	等级
2017	0.615	初级协调	2022	0.594	勉强协调
2018	0.610	初级协调	2023	0.590	勉强协调
2019	0.606	初级协调	2024	0.586	勉强协调
2020	0.602	初级协调	2025	0.582	勉强协调
2021	0.598	勉强协调	2026	0.578	勉强协调

4.4　黑龙江省水-能源-粮食协同安全动态演化评价

　　基于 3.3.3 节和 3.3.4 节构建的系统动力学模型对黑龙江省水-能源-粮食系统模拟和预测结果，开展未来不同情景下黑龙江省水-能源-粮食协同安全动态演化评价。

4.4.1　指标体系优化

　　综合考虑现状调查和模型预测等相关指标的可获取性，对东北三省 WEP 协同安全评价指标体系进行适度调整，见表 4.10。在指标选取方面，综合考虑资源的供给与消费比例、供给结构、利用效率和开发潜力，并保证覆盖子系统间的联系。在可持续性准则层，

纳入人均 GDP 和城镇化率作为考量黑龙江省社会经济发展的指标。虽然人口增长率通常被选作社会系统中的负向指标来评价人口动态压力，但由于黑龙江省近年来出现了持续的人口负增长，单纯地追求人口增长率的降低会影响全省的产能增长，无论是对社会的影响还是经济方面的损失，都是基于资源安全的指标无法评价的，因此，人口增长率不作为评价指标考虑。

表 4.10　　　　　　　　　黑龙江省水-能源-粮食协同安全评价指标体系

目标层	准则层	要素层	指　标	意　义	计算公式或来源
WEF 系统安全性	稳定性	水资源系统	地下水供水比例	供水结构合理性	地下水供水量/全年实际供水量
			非常规水资源供水比例	水资源系统潜力	其他水源供水量/全年实际供水量
			人均需水量	水资源需求程度	全年总需水量/常住人口
			万元 GDP 用水量	水资源的经济利用效率	模型获得
			水资源供需平衡比	水资源供需缺口	模型获得
			灌溉水利用系数	农业用水效率	模型获得
		能源系统	人均能源生产量	能源系统保有量	能源生产量/常住人口
			非化石能源比重	能源系统潜力	模型获得
			能源使用效率	能源产业先进程度	1−能源损失量/能源消费量
			万元 GDP 能耗	能源的经济利用效率	模型获得
			能源供需平衡比	能源供需缺口	模型获得
		粮食系统	人均粮食产量	粮食系统供给能力	粮食生产量/常住人口
			单位面积粮食产量	粮食供给能力	粮食生产量/（水稻种植面积＋小麦种植面积＋玉米种植面积＋大豆种植面积）
			人均粮食消费量	粮食的饮食消耗程度	（饲料消费量＋口粮消费量）/常住人口
			粮食供需平衡比	粮食供需缺口	模型获得
	协调性	水资源-能源	水的生产和供应耗能占比	水资源子系统的能源依存性	水的生产和供应能源消费量/能源消费量
			能源开采需水量占比	能源子系统的水资源依存性	能源开采需水量/全年总需水量
		水资源-粮食	农业需水量占比	粮食子系统的水资源依存性	农业需水量/全年总需水量
			单位粮食生产用水量	粮食子系统的用水效率	粮食灌溉需水量/粮食生产量
		能源-粮食	粮食生产与加工耗能量占比	粮食子系统的能源依存性	（农林牧渔能源消费量＋粮食加工能源消费量）/能源消费量
			生物质能耗粮量占比	能源子系统的粮食依存性	生物质能耗粮量/粮食消费量
	可持续性	经济发展	人均 GDP	经济发展水平	模型获得
		社会发展	城镇化率	社会发展水平	模型获得

综上，WEF 系统安全性评价指标体系中的正向指标包括非常规水资源供水比例、水资源供需平衡比、灌溉水利用系数、人均能源生产量、非化石能源比重、能源使用效率、能源供需平衡比、人均粮食产量、单位面积粮食产量、粮食供需平衡比、人均 GDP 和城镇化率，逆向指标包括地下水供水比例、人均需水量、万元 GDP 用水量、万元 GDP 能耗、人均粮食消费量、水的生产和供应耗能占比、能源开采需水量占比、农业需水量占比、单位粮食生产用水量、粮食生产与加工耗能量占比和生物质能耗粮量占比，以上指标均可由模型获得或模型计算间接获得（见 3.3 节相关内容）。

基于熵值法得出的各评价指标的权重见表 4.11。要素层权重为该要素层所有指标权重之和，准则层权重为该准则层所有指标权重之和，目标层权重为目标层所有指标权重之和。要素层对准则层的权重，通过计算各指标权重占其对应要素层所有指标权重的比例，再对 3 个要素层分别求和得出。准则层对目标层的权重同理。

表 4.11　　　　　　　黑龙江省水-能源-粮食协同安全指标权重

准则层	准则层对目标层权重	要 素 层	要素层对准则层权重	指　标　层	指标层对要素层权重
稳定性	0.6875	水资源系统	0.5643	地下水供水比例	0.0547
				非常规水资源供水比例	0.0671
				人均需水量	0.0945
				万元 GDP 用水量	0.0570
				水资源供需平衡比	0.0689
				灌溉水利用系数	0.6577
		能源系统	0.2337	人均能源生产量	0.2356
				非化石能源比重	0.3174
				能源使用效率	0.0517
				万元 GDP 能耗	0.0938
				能源供需平衡比	0.3016
		粮食系统	0.2020	人均粮食产量	0.0716
				单位面积粮食产量	0.0660
				人均粮食消费量	0.2679
				粮食供需平衡比	0.5944
协调性	0.2329	水-能源	0.2898	水的生产和供应耗能占比	0.5979
				能源开采需水量占比	0.4021
		水-粮食	0.2963	农业需水量占比	0.8446
				单位粮食生产用水量	0.1554
		能源-粮食	0.4139	粮食生产与加工耗能量占比	0.3361
				生物质能耗粮量占比	0.6639
可持续性	0.0796	经济系统	0.5765	人均 GDP	1.0000
		社会系统	0.4235	城镇化率	1.0000

4.4.2　常规发展模式结果分析

基于 3.3.3 节和 3.3.4 节黑龙江省系统动力学模型模拟结果，常规发展模式下，黑龙江省 WEF 系统安全性评价结果如图 4.13 的阴影部分所示。可以看出，黑龙江省的 WEF 系统安全性评价值在模型运行年份呈先下降后上升的趋势，总体为不安全状态。

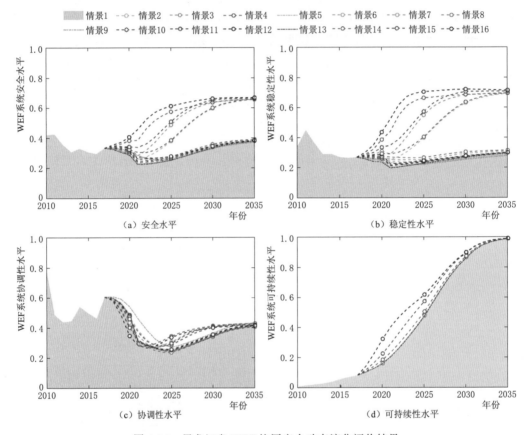

图 4.13　黑龙江省 WEF 协同安全动态演化评价结果

图 4.13 中有两个比较重要的拐点：2012 年和 2021 年。在 2012 年之后，黑龙江省的 WEF 系统的安全性从临界安全转变为不安全，并以 0.32 为基准上下波动；自 2021 年起，系统安全性评价值以 3.6％的年均增长率小幅上升。稳定性和协调性的变化趋势与系统安全性大体一致，但不同的是协调性的评价值比稳定性高，波动范围也较大，跨越了不安全、临界安全和较安全 3 个评价等级区域，在经历了 10 年的跌落后，协调性评价值在 2025 年开始回升，回升幅度稍大于系统安全性。而稳定性评价值波动范围较小，并从 2021 年开始保持小幅上升趋势。系统安全性、稳定性和协调性的转折点对应着上一个"五年计划"的结束与新的"五年计划"的开始，这可能意味着规划的引导作用初见成效。可持续性评价值的总体变化趋势接近 Logistic 曲线，快速增长年份在 2020—2030 年，反映了该时段内黑龙江省的经济社会发展状况呈自然趋势线性发展。

4.4.3 不同情景模式结果对比

不同情景模式下，黑龙江省 WEF 系统安全性评价结果如图 4.13（a）的曲线所示，图 4.13（b）、（c）、（d）分别代表各准则层的评价结果。由于情景设计的对象是预测年份，该部分仅对现状水平年之后的安全性评价结果进行对比分析。

16 个情景模式的 WEF 系统安全性评价曲线可以分为两簇：一簇为集合 A，包括情景 2～情景 4 和情景 14～情景 16 的曲线；另外一簇为集合 B，包括情景 1 和情景 5～情景 13 的曲线，总体上前者的系统安全性评价值高于后者。但在 2022 年之前，两簇曲线存在重叠部分，说明不同发展方案对黑龙江省 WEF 系统安全性影响的分异在 2022 年已基本稳定，在之后的年份差距逐渐拉开。

集合 A 中所有情景的评价值等级在 2035 年均达到了较安全水平，在研究时段内均经历了"初步增长（个别情景的个别年份有下降）→较快速增长→稳定增长至曲线平缓"的过程。其中，情景 16 和情景 4 下的系统安全性评价值分别在 2022 年和 2023 年就已进入较安全水平，并且在 2025 年左右进入稳定增长阶段。说明在 2025 年之前，水资源核心的高强度发展情景和多系统综合发展的高强度发展情景对提升黑龙江省 WEF 系统安全性的效果比其他方案显著。但是从集合 A 中曲线的发展趋势来看，相对于其他情景模式，这两种情景模式的优势在 2025 年之后是逐渐削弱的，在 2035 年集合 A 中的系统安全性评价值最高的情景与最低的情景之间的差距小于 6%。

集合 B 中不同情景曲线之间的差距小于集合 A，且所有情景的系统安全性等级在运行年份内均为不安全，说明能源核心与粮食核心的发展方案对改善黑龙江省 WEF 系统不安全状态的作用不大。其中，在 2035 年系统安全性评价值仍小于常规发展模式的情景有：情景 5、情景 9 和情景 13，说明单资源核心的反向发展情景对系统整体的安全性有着抑制作用，通过比较能够发现反向发展情景带来的负面影响：能源核心情景＞水资源核心情景＞粮食核心情景，说明能源子系统的安全程度是 WEF 系统整体安全的短板。

通过分析对比图 4.13（b）、（c）、（d），可以得出：

（1）稳定性评价曲线与系统安全性评价曲线的趋势相差不大，且稳定性评价值的变化域更广。这是因为稳定性的权重在准则层权重中所占的比例很高，达 65% 以上，说明稳定性是黑龙江省 WEF 系统安全性的关键影响因素。对应真实的 WEF 系统，资源自身的稳定是保障系统整体安全的重要物质基础。因此，维持水资源、能源和粮食的合理供给比例，减少资源供需缺口，提升资源的经济利用效率是提升黑龙江省 WEF 系统安全性的首要任务。除此之外，对资源的续航能力和资源供给部门、强消耗产业的技术水平也应给予一定的关注。

集合 A 中所有情景的稳定性评价等级在 2030 年之后都达到较安全水平，反映了水资源核心发展方案和多系统综合发展方案对黑龙江省 WEF 系统稳定性的正面效益，总体上多系统方案的效果略优于水资源发展方案。同样，对系统稳定性有负面影响的情景与历史分析结果相同，说明能源与粮食的稳定性也应引起足够重视。

（2）协调性评价曲线总体上可以分为两段：第一段是快速下降阶段，起始年为 2017 年，结束年为 2021—2025 年，在此期间黑龙江省 WEF 系统的协调性评价值从 0.6 以上快速跌落至 0.25 左右，跨越了临界安全和不安全两个评价等级区间。第二段是缓速上升阶段，年均增速为 3.1%～5.6%。其中，情景 8（能源核心的高强度发展情景）的协调性评价值回升得最快，但在恢复年份情景 4（水资源核心的高强度发展情景）的协调性评价值最高，说明注重水资源与能源之间的协调关系是使系统整体的协调性快速恢复到较高水平的关键。

整体看来，不同情景的协调性评价曲线的转折点不同，集合 B 中的曲线相对于集合 A 中的曲线滞后 4 年左右，说明 WEF 系统对能源和粮食相关措施的响应速度较慢。值得注意的是，情景 9（能源核心的反向发展方案）的协调性评价值在相当长的一段时间内是所有情景中最高的，在总体协调性评价值快速跌落的时期，该情景仍然保持了较高的协调性。这是由于该情景下的能源可持续水平较低，非化石能源生产与利用比例相对于其他情景较少，对燃料乙醇作物的需求和粮食加工的水资源与能源消耗也相应减少，资源投入成本降低，综合使其协调性保持较高水平。映射到真实的 WEF 系统，对能源子系统做维稳保守的举措，可能在短时间内对维持系统总体的协调性起到了显著的作用，但从长远的角度看来，它并不是使整体协调性突破未来瓶颈的关键。

另外，与其他发展方案相比，粮食核心发展方案中所有情景模式的系统协调性评价值均不占优势，说明粮食子系统与其他系统的协调平衡关系是 WEF 系统整体协调中较为薄弱的一环。综合系统动力学模型的仿真预测结果，虽然对于黑龙江省粮食子系统是相当稳健的部门，在满足省内需求的前提下仍能保障多年稳定的省外粮食输出，但是从 WEF 系统的宏观角度来看，粮食与水资源、能源之间的协同发展仍有很大的改善空间。协调性评价曲线在研究时段末期的平缓发展趋势，意味着仍需采取更有效的措施，将系统整体的协调性提高一个层次。

（3）相对于其他准则层，不同情景的可持续性评价曲线变化趋势彼此相差不大。总体上情景 14～情景 16 的可持续性评价值优于其他情景，并在 2028 年之后达到非常安全等级。由此可以推断出，出于对黑龙江省整体的经济社会发展考虑，多系统综合发展方案是较为合适的。

4.4.4　政策性建议

从评价结果来看，黑龙江省的 WEF 系统安全形势并不乐观。到 2035 年，常规发展模式下的系统安全性等级为不安全，采取合理措施之后能够提升到较安全等级，但在未来发展中存在着难以突破的瓶颈。基于 WEF 系统整体安全，结合黑龙江省实际情况，拟提出以下政策性建议：

（1）现阶段可以考虑重点保障水资源安全，或同时兼顾水资源、能源和粮食的安全。两种选择对黑龙江省 WEF 系统协同安全均有正面促进的作用，但考虑到忽略能源安全可能对系统整体带来的负面影响以及经济社会发展的需求，建议采取多系统综合发展方案。

（2）维持水资源、能源和粮食的合理供给比例，减少资源供需缺口，提升资源的经济利用效率是首要任务。资源的稳定性对于保障 WEF 系统整体安全十分重要，应鼓励科技创新，加大对低耗产业的投入，提升资源供给部门和强消耗产业的技术水平。

（3）应持续关注能源安全的保障，远期应注重维持水资源与粮食之间的协调平衡。

能源安全是黑龙江省 WEF 系统整体安全的短板，通过加强对非化石能源的开发利用、优化能源供给结构、减少能源中间损失量，系统的安全基线会相应提高。从长远角度来看，处理好粮食子系统与其他子系统之间的协调关系，可能是突破系统整体安全上限的关键点。现阶段可考虑推广节水农业，同时推进农业现代化建设，加快信息化农业布局，在扩大粮食深加工规模的同时注重提高能源利用效率。

（4）结合实际的经济承受水平，综合比较不同强度梯度发展方案下的投入与效益，制定合理的阶段性规划，积极发挥政策引导作用。

4.5 辽宁省水-能源-粮食协同安全风险遭遇分析

4.5.1 评价方法

4.5.1.1 WEF 系统共生性分解指数的边缘分布

"共生性"可分解为三个指数：稳定性指数 S、协调性指数 C 和可持续性指数 E，采用韦伯（Weibull，WEI）分布、伽马（GAMMA）分布和指数（Exponential，EXP）分布分别拟合 WEF 系统稳定性、协调性和可持续性的边缘分布，采用极大似然法估算参数，再利用 K－S 检验（Kolmogorov－Smirnov test）从中选择最优边缘分布。

WEI 分布函数为

$$f(x) = \frac{b}{a}\left(\frac{x}{a}\right)^{b-1} \exp\left(-\frac{x^b}{a}\right) \tag{4.22}$$

式中：a 为比例参数；b 为形状参数。

GAMMA 分布函数为

$$f(x) = \frac{1}{\alpha^\beta \Gamma(\beta)} x^{\beta-1} \exp\left(-\frac{x}{\alpha}\right) \tag{4.23}$$

式中：α 为形状参数；β 为尺度参数。

EXP 分布函数为

$$f(x) = \lambda \exp(-\lambda x) \tag{4.24}$$

式中：$\lambda > 0$。

K－S 检验统计量 D 的定义如下：

$$D = \max_{1 \leq k \leq n}\left\{\left|c_k - \frac{m_k}{n}\right|, \left|c_k - \frac{m_k - 1}{n}\right|\right\} \tag{4.25}$$

式中：c_k 为联合观测值样本 (x_k, y_k) 的 Copula 值；m_k 为联合观测值样本中满足条件 $x \leq x_k$ 且 $y \leq y_k$ 的联合观测值的个数。

4.5.1.2 WEF 系统联合分布模型

Copula 函数不限定变量的边缘分布，通过 Copula 模型，可以将 k 个任意的边际分布连接起来，形成一个多变量联合分布概率模型。Copula 函数的理论基础是 Sklar's 定理，随机变量 X_1，X_2，…，X_n 连续，$F_1(x_1)$，$F_2(x_2)$，…，$F_n(x_n)$ 是其边缘分布函数，F 为 n 维联合概率分布函数，则存在 Copula 函数 $C[0\ 1]^n \rightarrow [0\ 1]$，使得

$$F(x_1, x_2, \cdots, x_n) = C[F_1(x_1), F_2(x_2), \cdots, F_n(x_n)] \tag{4.26}$$

若边缘分布函数 $F_1(x_1), F_2(x_2), \cdots, F_n(x_n)$ 是连续的，则 Copula 函数唯一确定。

利用常用的 3 种函数：Frank Copula、Clayton Copula 和 Gumbel – Hougaard Copula 函数，构建二维和三维 WEF 系统"共生性"特征变量的联合分布，见表 4.12 和表 4.13。

表 4.12　　　　　　　　　　　二维 Copula 函数类型

Copula 函数	函 数 表 达 式	参数取值范围
Clayton	$H(u,v) = (u^{-\theta} + v^{-\theta} - 1)^{\frac{-1}{\theta}}$	$\theta \geqslant 0$
Gumbel – Hougaard	$H(u,v) = \exp\{-[(-\ln u)^{\theta} + (-\ln v)^{\theta}]^{\frac{1}{\theta}}\}$	$\theta \geqslant 1$
Frank	$H(u,v) = -\frac{1}{\theta} \ln\left[1 + \frac{(e^{-\theta u} - 1)(e^{-\theta v} - 1)}{e^{-\theta} - 1}\right]$	$\theta \in R$

注　u、v 为 WEF 系统稳定性、协调性或可持续性的边际分布函数，θ 为 Copula 函数参数。

表 4.13　　　　　　　　　　　三维 Copula 函数类型

Copula 函数	函 数 表 达 式	参数取值范围
Clayton	$H(u_1, u_2, u_3) = (u_1^{-\theta} + u_2^{-\theta} + u_3^{-\theta} - 2)^{\frac{-1}{\theta}}$	$\theta \geqslant 0$
Gumbel – Hougaard	$H(u_1, u_2, u_3) = \exp\{-[(-\ln u_1)^{\theta} + (-\ln u_2)^{\theta} + (-\ln u_3)^{\theta}]^{\frac{1}{\theta}}\}$	$\theta \geqslant 1$
Frank	$H(u_1, u_2, u_3) = -\frac{1}{\theta} \ln\left[1 + \frac{(e^{-\theta u_1} - 1)(e^{-\theta u_2} - 1)(e^{-\theta u_3} - 1)}{(e^{-\theta} - 1)^2}\right]$	$\theta > 0$

注　u_1、u_2、u_3 为 WEF 系统稳定性、协调性和可持续性的边际分布函数，θ 为 Copula 函数参数。

4.5.1.3　拟合检验和拟合优度评价指标

Copula 函数拟合优度检验是选择最优 Copula 函数作为联合分布的前提，通过均方根误差准则（RMSE）和赤池信息量准则（AIC）检验 Copula 函数的拟合优度，以 AIC 最小值作为最优拟合的标准，计算公式如下：

$$\left. \begin{array}{l} MSE = \dfrac{1}{n-1} \sum_{i=1}^{n} (P_{ei} - P_i)^2 \\[2mm] RMSE = \sqrt{MSE} \\[2mm] AIC = n\ln(MSE) + 2k \end{array} \right\} \tag{4.27}$$

式中：n 为联合观测值的总数；P_{ei} 为经验频率；P_i 为理论频率；k 为参数个数；MSE 为均方误差；$RMSE$ 为均方根误差。

$$P_e(x_i, y_i) = P(X \leqslant x_i, Y \leqslant y_i) = \frac{Num(x_j \leqslant x_i, y_j \leqslant y_i) - 0.44}{n + 0.12} \tag{4.28}$$

式中：$P_e(x_i, y_i)$ 为联分布经验频率；Num 为联合观测值小于等于 (x_i, y_i) 的个数。

$$P_e(x_i, y_i, z_i) = P(X \leqslant x_i, Y \leqslant y_i, Z \leqslant z_i) = \frac{Num(x_j \leqslant x_i, y_j \leqslant y_i, z_j \leqslant z_i) - 0.44}{n + 0.12}$$

$$\tag{4.29}$$

式中：Num 为联合观测值小于等于 (x_i, y_i, z_i) 的个数。

4.5.2 WEF 系统协同安全分析

从图 4.14（a）可以看出，2000—2018 年辽宁省 WEF 系统协同安全水平指数为 0.33～0.65，整体上呈上升趋势，由不安全转向临界安全再转向较安全状态，其中稳定性、协调性、可持续性的权重分别为 0.3232、0.3575、0.3193，说明在辽宁省 WEF 系统三者是相互制约、相互促进的，需同等重视。此外，从图 4.14（b）可以看出协同安全水平的变化和协调性的变化趋势最相似，说明在 2000—2018 年辽宁省 WEF 系统中，协调性对协同安全水平影响最大，且波动较大，需采取措施保持在安全水平以上。

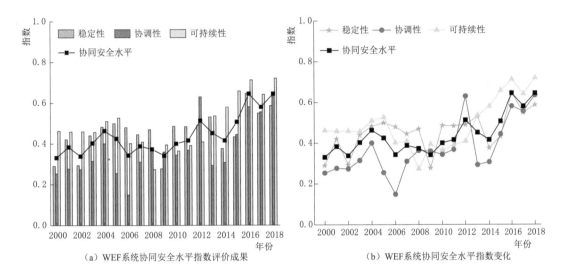

（a）WEF系统协同安全水平指数评价成果 　　（b）WEF系统协同安全水平指数变化

图 4.14　辽宁省 WEF 系统协同安全水平

对 WEF 系统稳定性、协调性和可持续性的影响因素进行深入分析。从图 4.15 可以看出，2000—2018 年辽宁省 WEF 系统稳定性变化与地表水资源利用率和水资源开发利用程度变化趋势明显相反，与人均粮食产量变化最相似，说明供水量的增加不利于 WEF 系统的稳定，相反，人均粮食产量的增加有利于提高 WEF 系统的稳定性；协调性的变化与单位粮食生产用水、水的生产和供应业耗能明显相反（图 4.16），说明单位粮食生产用水的增加与水的生产和供应业耗能的增加都不利于 WEF 系统的协调性；可持续性的变化与万元 GDP 废污水排放量明显相反，与人均 GDP 的变化最相似（图 4.17），说明废污水的排放量的增加不利于 WEF 系统可持续发展，人均 GDP 的增加可以促进 WEF 系统持续发展。

4.5.3　辽宁省 WEF 系统边缘分布函数与联合分布模型的确定

4.5.3.1　WEF 系统共生性分解指数的边缘分布

由表 4.14 可知，在显著性水平 $\alpha = 0.05$ 的条件下，辽宁省稳定性、协调性和可持续性指数边缘分布符合 WEI 分布、GAMMA 分布和 GAMMA 分布。取 K－S 检验的显

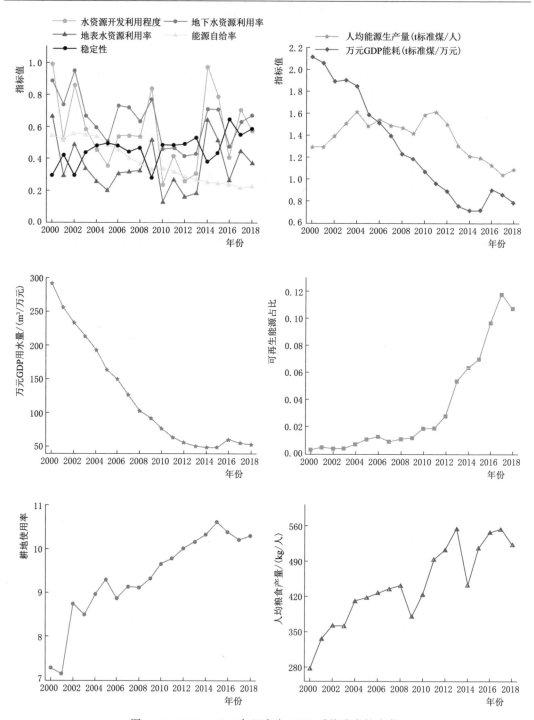

图 4.15　2000—2018 年辽宁省 WEF 系统稳定性变化

著性水平 $\alpha = 0.05$，$n = 19$ 时，对应的分位点 $D_0 = 0.30$，辽宁省的 S、C 和 E 对应的 D 分别为 0.14、0.16 和 0.15，均小于 D_0，且对应的 P 值均大于 0.05，说明假设成立。

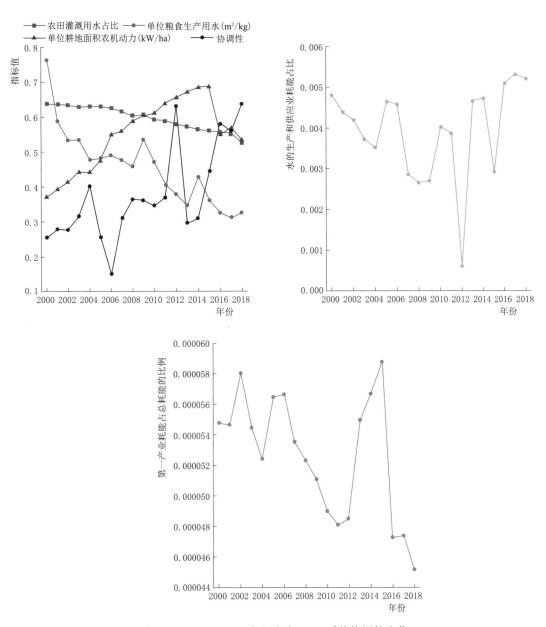

图 4.16 2000—2018 年辽宁省 WEF 系统协调性变化

表 4.14　　　　　　　　　　　单变量边缘分布参数估计拟合检验

站点	特征变量	边缘分布函数	参　　数		K-S检验统计量	
			形状参数	尺度参数	D 值	P 值
辽宁省	S	WEI	5.60	0.49	0.14	0.82
		GAMMA	21.42	46.87	0.17	0.59
		EXP	—	2.19	0.46	0.0004

续表

站点	特征变量	边缘分布函数	参　　数		K - S 检验统计量	
			形状参数	尺度参数	D 值	P 值
辽宁省	C	WEI	3.01	0.42	0.19	0.42
		GAMMA	8.30	22.14	0.16	0.68
		EXP	—	2.67	0.44	0.0007
	E	WEI	4.41	0.54	1.00	2.22E-16
		GAMMA	17.19	34.86	0.15	0.71
		EXP	—	2.03	0.47	0.0002

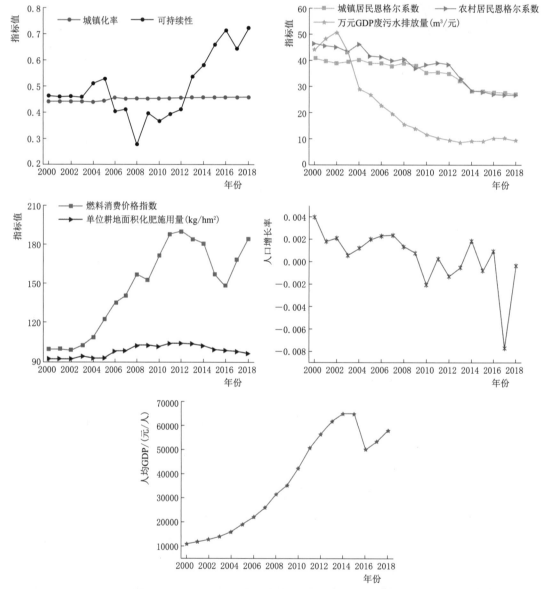

图 4.17　2000—2018 年辽宁省 WEF 系统可持续性变化

4.5.3.2 WEF系统联合分布模型

利用极大似然法计算 Copula 函数的参数 θ，通过函数计算理论频率与经验频率之间的均方误差（MSE），以最小 AIC 为选择最优拟合函数的标准，结果见表 4.15。对于稳定性和协调性指数，Gumbel Copula 具有最小的 AIC 和 $RMSE$，拟合优度最好；稳定性和可持续性指数中，Frank Copula 的 AIC 和 $RMSE$ 最小，具有最好的拟合优度；协调性和可持续性指数中，Clayton Copula 函数为最优拟合函数；稳定性、协调性和可持续指数中，Clayton Copula 的 AIC 和 $RMSE$ 分别为 -72.71、0.1400，拟合优度最好。

表 4.15　　　　　　　　　　Copula 函数参数值及拟合优度检验

变　量	Copula	θ	AIC	$RMSE$
$S-C$	Frank	4.02	-66.23	0.1660
	Clayton	0.85	-66.22	0.1661
	Gumbel	1.74	-66.26	0.1659
$S-E$	Frank	0.34	-59.17	0.1999
	Clayton	0.85	-58.21	0.2050
	Gumbel	1.54	-57.40	0.2095
$C-E$	Frank	1.70	-55.37	0.2209
	Clayton	0.12	-55.46	0.2204
	Gumbel	1.45	-54.75	0.2246
$S-C-E$	Frank	2.53	-72.17	0.1420
	Clayton	0.74	-72.71	0.1400
	Gumbel	1.37	-72.54	0.1407

由图 4.18 可以看出，基于 Copula 函数辽宁省 WEF 系统"共生"分解指数联合分布的经验频率与理论频率都均匀分布在 45°对角线附近，可见所得到的 Copula 函数对于 WEF 系统"共生"分解指数联合分布的拟合效果较好。其中 $S-C-E$ 的拟合效果最好，$S-C$ 次之，两者经验频率与理论频率的 R^2 分别为 0.78 和 0.70，如图 4.18（a）、（b）；$S-E$ 和 $C-E$ 相对较差，两者经验频率与理论频率的 R^2 分别为 0.64 和 0.56，如图 4.18（c）、（d）所示。

4.5.4　辽宁省水、能源和粮食二维安全风险遭遇

图 4.19 分别绘制了辽宁省 WEF 系统 $S-C$、$S-E$ 和 $C-E$ 联合分布 $H(u,v)$ 等值线，以及 2000—2018 年稳定性、协调性和可持续性指数在其中的分布，$H(u,v)$ 在 $S-C$ 中表示 $S \leqslant u$、$C \leqslant v$ 这两个事件同时发生的联合分布概率，$S-E$ 和 $C-E$ 同理。整体上，$S-C$、$S-E$ 和 $C-E$ 联合概率值变化趋势是相同的，都是随着一个值的增大另一个值减小。其中，$S-C$ 安全风险（$S \leqslant 0.4$，$C \leqslant 0.4$）、$S-E$ 安全风险（$S \leqslant 0.4$，$E \leqslant 0.4$）和 $C-E$ 安全风险（$C \leqslant 0.4$，$E \leqslant 0.4$）发生概率分别为 0.26、0.17、0.18，说明稳定性与协调性同时发生安全风险的概率较大，不仅要关注单独的水资源、能源和粮食禀赋和

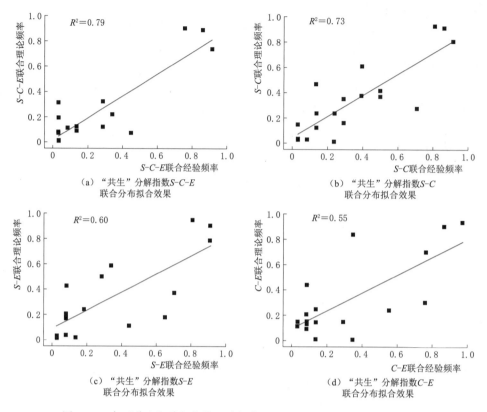

图 4.18　各"共生"分解指数经验频率和理论频率的联合分布拟合效果

需求情况，还需要加强水-能源、粮食-能源和水-粮食之间的共生关系，从而促进 WEF 系统可持续发展。

此外，辽宁省 WEF 系统 2000—2018 年 $S-C$ 实测值（$S \leqslant 0.4$，$C \leqslant 0.4$）的联合分布理论概率约为 0.13，有 4 年 $S-C$ 在该概率范围内［图 4.19（a）］，占总年数的 21%；$S-E$ 实测值（$S \leqslant 0.4$，$E \leqslant 0.4$）的联合分布理论概率约为 0.01，仅有 1 年 $S-E$ 在该概率范围内［图 4.19（b）］，说明 $S-E$ 实测值不安全发生的概率较小；$C-E$ 实测值（$C \leqslant 0.4$，$E \leqslant 0.4$）的联合分布理论概率约为 0.12，有 5 年 $S-E$ 在该概率范围内［图 4.19（c）］，占总年数的 32%，主要集中在 2006—2011 年。

4.5.5　辽宁省 WEF 系统安全风险遭遇

由上述分析可知，Clayton Copula 函数可应用于辽宁省 WEF 系统共生分解指数稳定性、协调性和可持续性的三维联合分布 $H(u_1, u_2, u_3)$ 研究，图 4.20 为 $S-C-E$ 三维联合分布的累积概率图，$H(u_1, u_2, u_3)$ 表示 $S \leqslant u_1$，$C \leqslant u_2$，$E \leqslant u_3$ 同时发生的联合分布概率。

整体上，辽宁省 WEF 系统安全风险发生概率较小，其中，WEF 系统不安全（$S \leqslant 0.4$，$C \leqslant 0.4$，$E \leqslant 0.4$）发生的概率为 0.16，极不安全（$S \leqslant 0.2$，$C \leqslant 0.2$，$E \leqslant 0.2$）的

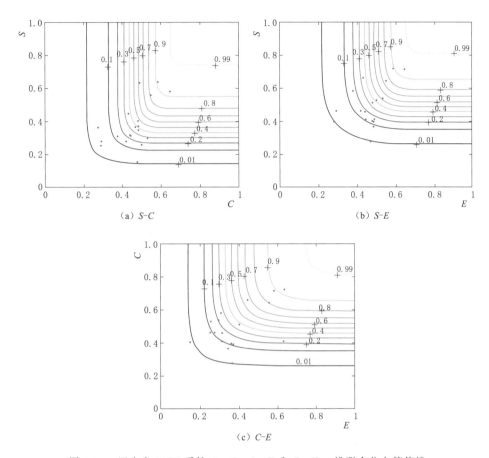

图 4.19 辽宁省 WEF 系统 S-C、S-E 和 C-E 二维联合分布等值线

概率为 0.06。但 WEF 系统协调性安全风险（$C \leqslant 0.4$）较大，随着稳定性和可持续性指数安全性能的增加，协调性不安全发生的概率可达 $60\% \sim 70\%$，说明稳定性、协调性和可持续性三者之间需协同合作，相互促进，如果只注重一方面的发展，会导致另外两方面风险发生概率增大。此外，稳定性安全风险（$S \leqslant 0.4$）和可持续性协调性安全风险（$E \leqslant 0.4$）发生概率较小，小于等于 30%，说明辽宁省 WEF 系统协调性安全方面有待加强，即需协调好水-能源、粮食-能源和水-粮食两两之间的关系。

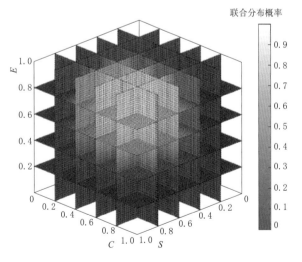

图 4.20 辽宁省 WEF 系统 S-C-E
三维联合分布概率图

第5章　东北地区水-能源-粮食纽带关系的经济学解析

5.1　水-能源-粮食纽带关系的宏观层面认识

5.1.1　水-能源-粮食与经济社会发展关系

2018 年 9 月 24 日，美国对中国 2000 亿美元出口到美国商品征收 10％的关税，中国随即对美国出口到中国的 600 亿美元商品征收 10％或 5％的关税。这次中美经济贸易摩擦对我国依赖进口的粮食安全和能源安全有一定的潜在威胁。2018 年 9 月 25—28 日，习近平总书记考察东北三省时强调东北地区是我国重要的工业和农业基地，对维护国家国防安全、粮食安全、生态安全、能源安全、产业安全具有十分重要的战略地位，关乎国家发展大局。

维护国家安全是坚持和发展中国特色社会主义，实现"两个一百年"奋斗目标和中华民族伟大复兴"中国梦"的根本保障。在新的历史时期，国家安全的内涵和外延越来越丰富，时空领域越来越宽广，内外因素越来越复杂。在当今国际体系，尽管在地理范围、权力结构、交往规则和价值规范等方面已经发生了巨大变化，但可以肯定的是，基于威斯特伐利亚体系的本质并没有发生实质改变，国际体系以民族主权国家为主体，并基本处于无政府状态。国家安全是各主权国家所珍视的首要价值。随着冷战的结束，主权国家间直接对抗已不多见，长期被两极格局下领土安全、主权安全、军事安全、核安全等传统的国家安全因素所掩盖的非传统国家安全因素暴露出来，成为影响国家安全的重要方面，并且其影响的广度和深度逐渐增加。

粮食安全、生态安全、能源安全、产业安全背后的纽带是水资源。粮食生产本身就是水资源的保障和支撑。能源安全中火电、核电都需要大量水资源投入，油气开采需要水资源作为动力条件，煤化工和油化工都需要大量水资源投入。生态安全本身就是水安全的一部分。产业安全与水资源和水环境更是密不可分。在保障这些国家安全的背后的制约因素是区域水资源承载能力。在现有发展阶段的情况，如果突破水资源承载力，生态安全就难以保障，如果不突破，粮食安全、能源安全、产业安全就难以兼顾。解决这个问题就需要区域的高质量发展。本书就是在这个背景下研究国家安全、水资源承载力和高质量的关系，以保障这些安全任务繁重的东北地区为例，提出相应的政策建议。

十九大报告指出"我国经济已由高速增长阶段转向高质量发展阶段，正处在转变发展方式、优化经济结构、转换增长动力的攻关期，建设现代化经济体系是跨越关口的迫切要求和我国发展的战略目标"。高质量发展是当前和今后一个时期经济发展的根本要求，一个原因是我国已不具备高速增长的客观条件，包括需求结构变化，消费升级、劳动年龄人口减少、技术积累以及资源环境压力等。我国高质量发展需具备以下特征：第三产业的贡献、创新的贡献、消费的贡献对经济增长显著增加，经济结构优化、普惠式包容性增长（冯俏彬，2018）。黄群慧（2018）认为我国目前经济增长速度与资源环境承载力不平衡，绿色发展不充分。虽然我国一直在实施资源环境友好型新工业化道路，但是资源、环境问题突出，难以承受高速增长。为解决资源环境问题，必须推动高质量发展，将清洁生产工艺、节能节水技术等有益于环境的技术转化为生产力，走环境可承受的发展模式。陈诗一和陈登科（2018）认为环境问题从城市化和人力资本两个路径降低经济增长质量。从上述文献梳理来看高质量发展的内涵包括产业结构的高质量调整、最终需求的高质量调整以及技术进步驱动、产业的绿色发展等方面。

水资源承载能力对于我国来说是非常重要的资源环境约束。作为生产要素，区域可用水量对于发展约束明显；作为环境要素，水体对于区域排污约束明显。一旦突破约束，造成严重的水危机。目前水资源短缺、水污染严重、水生态退化的形势已与我国高质量发展的要求严重不符。为了使区域发展限制在水资源承载力之内，需要节水技术进步、生产技术进步、结构调整、高质量发展的综合调整。然而对于保障国家粮食安全、能源安全的区域，其水资源承载效率一般比较低，这主要是粮食生产和能源生产过程中都消耗大量的水资源，并且其附加值都相对较低。这就是说这些区域"牺牲"高质量发展的部分"空间"，为其他区域高质量发展创造安全条件。东北地区是肩负我国粮食安全、能源安全的重要区域，同时也有自身东北老工业基地转型升级的任务，而东北地区水资源禀赋也并不突出。

5.1.2　水资源承载力的制约和高质量发展的要求

根据现有研究文献，具有代表性的水资源承载力定义见表5.1，其基本定义可以为"在一定条件下，某种结果的最大（最优）值"。这些国内有代表性的水资源承载力的内涵，可以分为三个方向：一是一定条件下区域水资源最大开发利用能力，是水资源量的概念；二是一定条件下区域水资源能够支撑的最大人口数量，这与国际上水资源承载力的研究内涵相似；三是一定条件下区域水资源能够支撑经济、社会系统以及生态环境系统的可持续发展能力，其内在暗含着最优的发展能力。其中第一个方向是以承载主体（水资源系统）为研究对象，以供给能力为表征，以最大发展水平为最终的目标；第二和第三个方向是以承载客体（社会经济生态系统）为研究对象，以人口、经济规模等作为表征，以最优发展能力作为最终目标。

表5.1　　　　　　　　　　　　水资源承载力定义

研　究	表　征	条　件
施雅风和曲耀光 （1992）	最大可承载（容纳）的农业、工业、城市规模和人口的能力	在一定社会历史和科学技术发展阶段，在不破坏社会和生态系统时
惠泱河等（2001）	经过优化配置，对该地区社会经济发展的最大支撑能力	在某一具体历史发展阶段下，以可以预见的技术、经济和社会发展水平为依据，以可持续发展为原则，以维护生态环境良性循环为条件

研 究	表 征	条 件
冯尚友和刘国全 （1997）	水资源所能够持续供给当代人和后代人需要的规模和能力	在一定区域内，在一定物质生活水平下
王浩等（2004）	经过优化配置，对该地区社会经济发展的最大支撑能力	在某一具体的历史发展阶段下，以可预见的技术、经济和社会发展水平为依据，以可持续发展为原则，以维护生态与环境良性发展为条件
阮本青和沈晋（1998）	一定区域（自身水资源量）用直接或间接方式表现的资源所能持续供养的人口数量	在未来不同的时间尺度上，一定生产条件下，在保证正常的社会文化准则物质生活条件下
孙鸿烈（2000）	当地天然水资源能够维系和支撑的人口、经济和环境规模总量	在不同阶段的社会经济和技术条件下，在水资源合理开发利用的前提下
夏军和朱一中（2002）	当地水资源系统可支撑的社会经济活动规模和具有一定生活水平的人口数量	在特定历史阶段的特定技术和社会经济发展水平条件下，以维护生态良性循环和可持续发展为前提
许有鹏（1993）	水资源可最大供给工农业生产、人民生活和生态环境保护等用水的能力，也即水资源最大开发容量	在一定的技术经济水平和社会生产条件下
王建华等（2017）	水量、水质、水域空间和水流 4 个维度的状态	在生态系统完整的前提下
左其亭（2017）	最大经济社会规模（能力）	维系生态系统良性循环的前提下
王喜峰等（2019）	水资源与其他资源结合后拉动经济动态发展的能力	考虑经济社会发展对承载力反馈的条件下

如果是在现状条件下对水资源承载力进行研究，只要利用反映承载的指标进行表达即可。然而很多时候，是为了研究未来水资源是否能够支撑社会经济增长。因此在这种语境下，表 5.1 所示的"条件"的内容与水资源利用的关系就值得更深入研究。事实上，水资源承载力的研究更多的是将"条件"列示的内容看作是边界条件。由于"条件"列的经济发展水平、产业结构、技术水平等迅速发展，从已有的研究成果对区域水资源承载力的预测明显偏小；更常见的现象是水资源利用量增长速度低于经济增长的速度。王喜峰（2018）认为有两条路径促成了这种现象：一条是在生产纵向上的技术进步，包括用水环节技术进步、关键耗水资源的技术进步、总体投入的技术进步；另一条在宏观层面上，区域产业结构调整、高耗水产品的进口替代等。也就是说水资源利用与经济增长存在两个力：促进水资源利用与经济增长的脱钩力、社会经济增长驱动水资源利用的增长力。当脱钩力大于增长力时，表现为水资源利用的下降；当增长力大于脱钩力时，表现为水资源利用的上升；当两者平衡时，水资源利用表现稳定。脱钩力来自生产过程中的技术进步、产业结构调整以及进口替代为代表的外部效应，增长力来自经济增长即社会生产力的增长。而技术进步、产业结构升级、进口替代等都是经济增长到一定水平时有条件形成的。

当社会经济达到一定水平时，脱钩力大于或等于增长力，这时水资源利用量不再增长，但社会经济仍然持续发展。脱钩力的大小来自发展方式。当发展方式有利于技术进步、产业结构升级时，脱钩力就大，反之就小。当脱钩力更大时，在平衡的条件下，就给经济增长提供更大空间，这时水资源承载力就更大。

根据以上分析，水资源承载力的提升来自脱钩力，而脱钩力来自经济结构优化、技术进步、资源配置效率提升等，这些也都是高质量发展的内涵。可以看出高质量发展能够提升水资源承载力，具体路径如图5.1所示，相关指标逻辑及动力类型见表5.2。

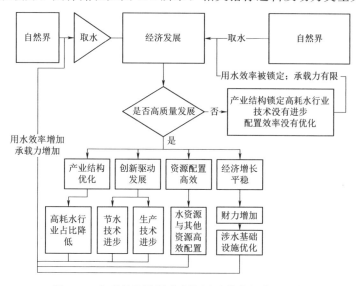

图 5.1 高质量发展提升水资源承载力的作用机制

表 5.2　　　　　　　　　　　　　　　　指标逻辑及动力类型

指标类型	范围	子 类 型	具 体 指 标	正向驱动力类型
经济规模（G）	全部行业	经济总量	生产法核算 GDP	增加力
人口	全区域	常住人口	常住人口	增加力
城镇化率	全区域	城镇化率	城镇化率	增加力
用水技术进步（C）	其他行业	其他行业用水系数（C2）	其他行业单方水的产出	脱钩力
	农业	灌溉面积变化（A1）	灌溉面积占总耕地面积比重	增加力
		灌溉用水技术变化（A2）	亩均灌溉用水量	脱钩力
		种植业生产技术变化（A3）	种植业单位产值占用耕地面积	增加力
		农业生产结构（A4）	种植业产值占农业的比重	增加力
	制造业	制造业真实用水技术变化（Z1）	单位物质和能源投入的用水量	脱钩力
		资源投入技术变化（Z2）	物质和化学投入占中间投入的比重	增加力
		物质投入技术变化（Z3）	中间投入占总投入的比重	增加力
	生活	单位城镇居民生活用水量	单位城镇居民生活用水量	增加力
		单位农村居民生活用水量	单位农村居民生活用水量	增加力
生产技术进步（L）	全部行业	生产过程对其他行业的消耗	投入产出完全消耗系数	脱钩力
经济结构变化	制造业	制造业产业结构	以最终需求核算的制造业结构矩阵	脱钩力
	全部行业	除制造业之外其他行业产业结构	以最终需求核算的其他行业结构矩阵	脱钩力

（1）经济结构优化提升水资源承载力的机制。经济结构优化的内涵包括产业结构优化、投资消费结构优化、经济开放结构优化等。高耗水的行业是农业、采掘业、能源行业、钢铁行业、化工行业，这些行业都是基础行业。产业结构优化指这些产业的比重降低，意味着水资源承载力提升。投资消费结构优化多以第三产业投资消费比重为正向指标来衡量，第三产业的单位产值水资源利用量较低，因此这种优化可以间接提升水资源承载力。经济开放结构优化，将更多不符合当地水资源禀赋的生产环节转移到区域外并作为中间投入来进口，区域内只布局低耗水的生产环节，这种方式意味着水资源承载力的提升。

（2）创新驱动发展提升水资源承载力的机制。创新驱动发展提升水资源承载力的机制包括以下三种：一是真实用水环节的技术进步，这种生产环节的技术进步是实际用水、耗水过程的技术进步，包括农业的节水灌溉技术进步、工业锅炉用水的技术进步等；二是生产的技术进步，以工业为例，水资源一般是消耗在能源环节，当生产技术进步时，不再需要更多的能源消耗，从而间接地降低了水资源利用；三是其他中间投入的技术进步，意味着产品生产过程中其他中间投入的减少，由于其他中间投入的生产也消耗水资源，因此，这个方面的技术进步也会提升水资源承载力。

（3）资源配置效率提升水资源承载力的机制。这里主要研究水资源配置效率提升对水资源承载力形成的提升机制。一是利用工程和非工程措施，将水资源在生产、生活、生态和环境功能间有效配置，提升区域水资源承载力。二是利用工程和非工程措施将水资源配置到条件较好的区域，提升区域整体水资源承载力。三是利用市场机制，将水资源配置到增加值较高的产业，提升水资源承载力。

（4）稳定经济增长提升水资源承载力的机制。经济规模的增加是驱动用水增加的一般动力。然而从另一个角度来看，经济持续增长是经济结构优化的必要不充分条件，经济结构优化一定是经济持续稳定增长的产物，而经济持续稳定增长并不一定会带来经济结构优化。稳定的经济增长带来研发的投入增加，进而推动技术创新；稳定的经济增长带来区域财力增长，进而可以修建新的水资源配置工程、节水改造工程、生态修复工程等，从而提升水资源承载力。

5.2　基于投入产出表的全国分省粮食运移情况解析

5.2.1　数据和理论基础

本次研究的数据基础为中国区域间投入产出表 2012 年、2012 年各省份粮食产量。理论基础是价值量倒推实物量，开展全国及东北三省物质流分析（Substance Flow Analysis）。由于各省份粮食调入调出关系没有相关的数据，而这部分的粮食物质流对于本研究非常重要，通过解析可以摸清楚东北三省粮食调入调出情况。

5.2.2　研究方法

在各省份粮食产量统计数据的基础上，将各省份之间粮食的调入调出关系按照区域间投入产出表中的流动矩阵关系计算。根据各省份粮食产量与农业产出关系按照各省份统计年鉴统计值计算折算系数，并将其代入到中国区域间投入产出模型中。在各省份粮食的去向上考虑各省份间调出与出口是同质的。

5.2.3 研究结果

（1）黑龙江和吉林是我国两个重要的粮食净调出省份。2012年，黑龙江调往山东最多为600万t，调往辽宁为458万t，调往河北419万t，调往内蒙古279.51万t。调往这四个省份的粮食都在200万t以上。调往同样为粮食主产区的河南104万t、安徽103万t、湖南22.64万t、湖北0.26万t。调往经济发达的粮食净调入区的北京、天津、上海、江苏、浙江、广东分别为55万t、118万t、71万t、48万t、120万t、70万t。

黑龙江粮食主要去向可以分为几个方面：一是主要的粮食消耗区，其中以北京、天津、上海、江苏、浙江、山东、广东等省份为代表，这些地区经济发展，人口较为密集，对粮食需求较大；二是辽宁、河南、山东、天津、安徽等为代表的食品工业发达的省份，具体如图5.2所示。

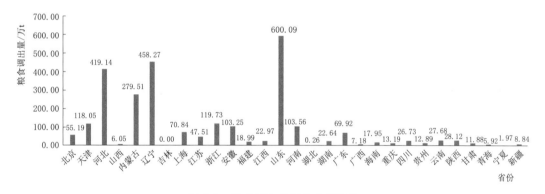

图5.2 黑龙江向各省粮食调出量

（2）吉林的粮食净调出量远远低于黑龙江的绝对量，但是在全国范围内已属于净调出量高的。从计算结果来看，吉林向黑龙江调入174万t，排第一。其次为辽宁84万t。向山东调出76万t、河北48万t、内蒙古33万t。向天津、北京、上海、浙江、江苏、广东、河南分别为20万t、9万t、9万t、12万t、5万t、9万t、11万t。从去向来看，主要也是经济发达地区和食品工业较为发达省份。具体结果如图5.3所示。

（3）辽宁的粮食净调出量低于以上两个省份。从计算结果来看，辽宁向山东、黑龙江、河北、内蒙古分别调入31万t、28万t、28万t、11万t，排列前四。向北京、天津、上海、江苏、浙江、广东分别为4万t、7万t、6万t、4万t、8万t、4万t。从调出方向来看，依然是经济发达地区和食品工业较为发达省份。具体结果如图5.4所示。

（4）在对中国区域间投入产出表进行解析的同时，也得到了全国各省粮食运移情况，结果如图5.5～图5.7所示。

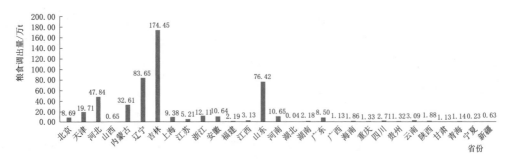

图 5.3 吉林向各省粮食调出量

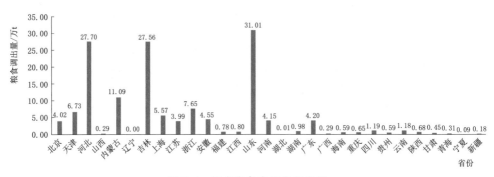

图 5.4 辽宁向各省粮食调出量

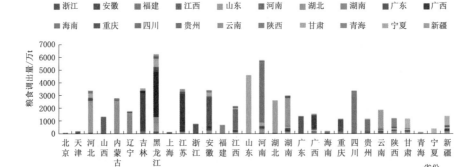

图 5.5 各省份粮食调出地组成

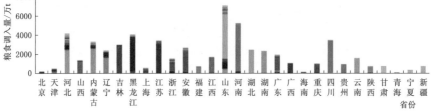

图 5.6 各省份粮食调入地组成

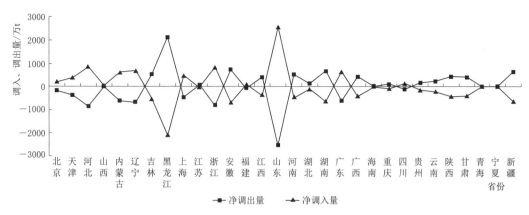

图 5.7　各省区粮食净调出调入图

5.3　基于投入产出模型的东北三省用水变化驱动解析

5.3.1　研究方法和研究数据

为了将水资源承载力与经济系统结合起来，本研究利用资源环境经济学领域常用的投入产出模型作为基本的研究工具，构建东北三省可比价非竞争混合投入产出模型。

投入产出模型的基本公式为

$$X=(I-A)^{-1}Y=LY \tag{5.1}$$

式中：X 为总的产出；A 为总的技术系数矩阵；Y 为最终需求（其中，最终需求内为省外净调出、净出口）；L 为列昂惕夫逆矩阵，反映各部门最终使用对其他部门的消耗。

考虑到用水在投入产出表中的关联：

$$W=C^i X \tag{5.2}$$

式中：W 为行业生产的用水；C^i 为各行业水资源的投入强度（行业用水技术系数），体现的是各行业的用水技术水平。

将 $X=LY$ 代入到式（5.2），得

$$W=C^i LY \tag{5.3}$$

为研究发展方式转变，这里以最终需求矩阵来考察经济发展方式转变的结构。Y 为最终需求的矩阵，可以将 Y 分为最终需求总量和各需求结构矩阵的乘积，即

$$Y=MNOSUG \tag{5.4}$$

式中：M 为最终需求衡量的制造业产业结构；N 为最终需求衡量的第二产业结构矩阵；O 为最终需求衡量的三次产业结构；S 为反映产业间需求结构的矩阵；G 为最终需求净总量；U 为根据非竞争模型核算的进口率加 1；UG 的乘积为 y^d。

为了分析粮食安全和能源安全，将 C^i 根据各行业用水特点进行进一步分解，其中农业的分为节水性技术进步和生产性技术进步；制造业分为节水性技术进步、节能性技术进步以及生产性技术进步。将以上各因素按照矩阵处理，最后矩阵相乘得到 C^i。

考虑到每个投入产出表只刻画一年的特征，本次研究利用比较静态分析，将投入产出模型之间分析年份间国家安全、水资源承载力和高质量发展之间的相对变化。比较静态分析采用结构分解分析方法。结构分解分析（Structural Decomposition Analysis，SDA）是通过将经济系统中某因变量的变动分解为与之相关的各独立自变量变动的和，以测度其中每一自变量变动对因变量变动贡献的大小。基于投入产出技术的结构分解分析方法是通过对投入产出模型中的关键参数变动的比较静态分析而进行主要因素变动原因分析的一种方法。

通过投入产出分析进行结构分解分析的条件是具有某一经济体两个年份以上的时间序列投入产出表，并经过不变价处理，或者具有同一时间不同经济体的截面投入产出表。

以下分别介绍投入产出技术中常用的分解，对总产出变动的分解和对最终需求变动的分解，总产出的分解以两因素分解为例，最终需求分解以三因素分解为例。

（1）总产出变动的分解。根据投入产出模型，$X=LY$，其中 X 表示总产出向量，L 表示列昂惕夫逆矩阵，Y 表示最终需求列向量。对于不同的两个时期有

$$X_0=L_0Y_0, \quad X_1=L_1Y_1$$

$$\Delta X=X_1-X_0=L_1Y_1-L_0Y_0=L_1(Y_0+\Delta Y)-(L_1-\Delta L)Y_0=(\Delta L)Y_0+L_1(\Delta Y)$$

$$(5.5)$$

式中：$(\Delta L)Y_0$ 为由于经济技术变动导致总产出变动的效应；$L_1(\Delta Y)$ 为最终需求变动对总产出变动的效应；0 代表基准期，1 代表计算期。

可以看出，结构分解计算的结果并不唯一，容易得到：

$$\Delta X=L_1Y_1-L_0Y_0=(L_0+\Delta L)Y_1-L_0(Y_1-\Delta Y)=(\Delta L)Y_1+L_0(\Delta Y) \quad (5.6)$$

（2）最终需求变动的分解。在投入产出表中最终需求包括最终消费、资本形成、出口等，某一时期影响最终需求的因素主要有：最终需求总量、最终需求分布和最终需求系数矩阵。可以将最终需求变动影响分解为需求水平、分布和方式的变动。即：$Y=yMD$，其中，M 是最终需求系数矩阵，D 是最终需求分布矩阵。

$$\Delta Y=Y_1-Y_0=y_1M_1D_1-y_0M_0D_0$$

$$\Delta Y=\frac{1}{2}(\Delta y)(M_1D_1+M_0D_0)+\frac{1}{2}[y_0(\Delta M)D_1+y_1(\Delta M)D_0]+\frac{1}{2}(y_0M_0+y_1M_1)(\Delta D)$$

$$(5.7)$$

第一项为最终需求水平变动效应，第二项为最终需求系数变动效应，第三项为最终需求分布变动效应。

除了上述结构分解之外，对于技术系数 C^i 来说，根据上述方法，得到分解结果。最后得到表 5.3 各因素的相对变化。

表 5.3　　　　　　　　　　各分解因素内涵及效应情况

序号	效应	考虑因素	具　体　指　标
1	规模效应	经济规模	经济总量、最终消费额
2	替代效应	通过进口高污染高耗水产品替代本地生产	进口替代

序号	效应	考虑因素	具 体 指 标
3	结构效应	三产结构，及三产各内部结构	灌溉面积占比（A_1），农业生产结构（A_4）、中间投入占比、最终需求衡量的制造业产业结构、第二层次产业结构、三次产业结构、最终需求结构
4	生产技术效应	技术进步，中间投入关系	农业生产系数（A_3）、能源投入占比（B_2）、中间投入技术系数（B_3）
5	节水技术效应	节水技术进步	灌溉用水系数（A_2）、单位能源投入用水（B_1）、其他行业用水系数（C_1）

从东北三个省份统计局收集了黑龙江、吉林、辽宁 2002 年、2007 年、2012 年投入产出表，从各省水利厅收集到各省对应年份的《水资源公报》，其他相关数据来自各省份对应的统计年鉴。

5.3.2 用水变化驱动解析

5.3.2.1 绝对结果分析

根据上述模型得出黑龙江、吉林、辽宁结构分解分析的结果，见表 5.4。

表 5.4　　　　　　　　　　东北三省驱动用水的分解分析　　　　　　　单位：亿 m^3

省份	年份	C	L	M	N	O	S	G	C_1
黑龙江	2002—2007	−110.97	27.73	−24.34	34.007	−25.013	−9.883	142.12	−42.377
	2007—2012	−126.48	−48.153	59.198	18.854	73.632	−104.5	178.34	−54.94
吉林	2002—2007	−62.476	1.227	24.573	−25.93	−215.75	179.39	88.159	−16.398
	2007—2012	−20.911	−30.394	−17.63	53.816	−24.402	−7.376	51.18	−18.844
辽宁	2002—2007	−45.773	−15.775	19.258	−1.593	−21.26	−11.86	87.009	−20.065
	2007—2012	−75.79	−11.611	20.615	8.969	−17.367	−17.5	98.183	−44.488

省份	年份	A_1	A_2	A_3	A_4	B_1	B_2	B_3	
黑龙江	2002—2007	44.406	−34.76	−123.15	0.343	−21.684	−15.31	1.548	
	2007—2012	78.948	−46.076	−121.39	0.517	−41.116	10.604	−4.966	
吉林	2002—2007	2.032	−22.965	−37.194	0.118	−11.387	−2.671	−1.06	
	2007—2012	−15.46	12.412	−22.456	0.177	−9.039	−2.446	0.078	
辽宁	2002—2007	−3.306	8.407	−57.519	0.158	−19.275	−1.496	−0.352	
	2007—2012	−2.294	−13.604	−31.653	0.184	−25.641	2.572	0.355	

其中 $A_1 \sim A_4$ 为表征粮食安全相关的用水变化情况，$B_1 \sim B_3$ 为制造业用水用能技术驱动用水变化的情况，C、L、M、N、O、S、G 为经济高质量发展驱动的用水变化情况。在区域水资源相对稳定的情况下，用水减少而产出增加，意味着水资源承载力的增加。其中 G 表征在经济发展质量不变的情况下，经济总量增加与用水呈现线性关系，即以黑龙江 2007 年相对于 2002 年为例，经济总量增加能够使得用水增加 142.12 亿 m^3。在这种情况下，区域水资源难以承载区域经济发展。

在发展过程中,产业结构调整、最终需求结构调整、生产的技术进步、节能减排节水的技术进步等都是高质量发展的体现。这些经济高质量发展的因素反映到水资源承载力上,就是降低水资源的利用。例如,产业结构的调整,如若朝着更加节水的产业方向调整产业结构,那么在同样的产出规模下,水资源利用更少。这里用了三个层次研究产业结构调整是否有利于水资源利用的降低,M 表示制造业内部的产业结构调整,N 表示除制造业、农业外内部产业结构调整,O 表示三产之间的结构调整。从这三个产业结构因素来看,2007—2012 年,三产结构的调整对于黑龙江来说是不利于区域水资源承载力的,这主要是 2009 年开始我国在黑龙江实行增产 1000 亿斤的政策,保障国家粮食安全,增加了耕地面积,使得农业生产高于其他产业,从而使得三产结构不利于区域水资源承载力。从黑龙江灌溉面积比例(A_1)上来看,2007—2012 年,该因素驱动水资源利用增加了 78 亿 m^3,远远大于其他省份。除黑龙江该年份之外,吉林和辽宁的三产结构调整都有利于水资源承载能力的增加。

从制造业内部的结构调整(M)来看,这三个省份总体上都不利于水资源承载力的增加。从第二层次的结构调整(N)来看,除黑龙江外,其他省份都基本上有利于水资源承载力的增加。黑龙江这两个时间段,结构调整对于水资源承载力是十分不利的,这也说明黑龙江急需高质量发展,改变不利的局面。

从总体技术进步(C)来看,都呈现改善水资源承载力的趋势,相对于经济总量来说,能够基本上抵消经济总量增加带来的水资源承载力降低的能力,大约能够抵消 60% 以上的效应。除了吉林 2007—2012 年之外,其他两个省份的全部时段都呈现较大的绝对值,可以看出总体技术进步对于提升区域水资源承载力有很大的作用。

生产技术进步(L)与总体技术进步(C)不同,L 是列昂惕夫逆矩阵,其意义是产出的行业中间投入,表征的是中间投入的技术进步。中间投入品生产过程中也消耗水资源,对中间投入品的消耗也是对水资源的消耗。在结构相同的情况下,中间投入品越大,这种意义上对水资源消耗也越大。在规模一定的情况下,中间投入品的生产越偏向耗水较多的产品,对水资源消耗也越大。从具体数值来看,黑龙江和吉林 2002—2007 年,其数值为正,这个时期生产技术进步不利于区域水资源承载力。其他年份都为负,表明生产技术进步利于区域水资源承载力。其中黑龙江最高,吉林其次,辽宁最后。

从对总体技术效应(C_1)分解来看,在农业方面,农业生产结构影响相对不大,农业生产结构为种植业占农业总体的比重,从其具体数值来看,农业生产结构变动不大。农业生产技术(A_3)是农业用水减少的最主要驱动力,在该因素影响下黑龙江农业用水减少量在 100 亿 m^3 以上,吉林、辽宁农业用水减少量均超过 20 亿 m^3。其意义是在同等农业产值的情况下,进步后的农业技术已不需要那么多的耕地,减少耕地的使用就是减少水资源的利用。灌溉技术水平(A_2)是农业用水减少的第二大驱动力,其绝对值低于农业生产技术的,从具体数值来看,吉林 2007—2012 年、辽宁 2002—2007 年灌溉技术变化导致农业用水量增加。虽然总体上农业用水在减少,其驱动力可能是其他因素造成的,而不是灌溉技术进步。其他年份,三个省份的灌溉技术都是进步的。从灌溉面积比例(A_1)可以看出,吉林 2007—2012 年的灌溉面积比例在下降,这主要是 2007—2009 年灌溉面积下降造成的。辽宁在 2002—2012 年都有轻微的下降。黑龙江则是 2002—2012

年都是大幅增加，其中 2007—2012 年增加得最多。

对于制造业来说，节水型技术进步（B_1）是主要的驱动因素，也就是说通过节水型技术进步，区域的水资源承载力增加，其中黑龙江最高，辽宁其次，吉林最后。能源投入的技术进步（B_2）是次要的驱动因素，其中黑龙江和辽宁的 2007—2012 年，驱动值为正，说明这个时期能源投入效率降低，反映到水资源上，是水资源投入的增加。从增加值的技术进步（B_3）来看，其影响较小，说明这个时期区域制造业的升级不明显。

采掘业，电力热力、水的生产与供应业，建筑业、服务业的用水技术（C_1）是除了农业和制造业之外的用水技术进步，其在三个省份均为负，表明这个时期的技术进步，其中黑龙江的绝对值最高、辽宁其次、吉林最小。

5.3.2.2 相对结果分析

将经济规模作为 100%，其他因素的相对结果见表 5.5。

表 5.5 各因素驱动用水改变的相对结果

省份	年份	L	M	N	O	S	A_1	A_2
黑龙江	2002—2007	19.51%	−17.13%	23.93%	−17.60%	−6.95%	31.25%	−24.46%
	2007—2012	−27.00%	33.19%	10.57%	41.29%	−58.60%	44.27%	−25.84%
吉林	2002—2007	1.39%	27.87%	−29.41%	−244.73%	203.48%	2.30%	−26.05%
	2007—2012	−59.39%	−34.45%	105.15%	−47.68%	−14.41%	−30.21%	24.25%
辽宁	2002—2007	−18.13%	22.13%	−1.83%	−24.43%	−13.63%	−3.80%	9.66%
	2007—2012	−11.83%	21.00%	9.13%	−17.69%	−17.82%	−2.34%	−13.86%

省份	年份	A_3	A_4	B_1	B_2	B_3	C	
黑龙江	2002—2007	−86.65%	0.24%	−15.26%	−10.77%	1.09%	−78.08%	
	2007—2012	−68.07%	0.29%	−23.05%	5.95%	−2.78%	−70.92%	
吉林	2002—2007	−42.19%	0.13%	−12.92%	−3.03%	−1.20%	−70.87%	
	2007—2012	−43.88%	0.35%	−17.66%	−4.78%	0.15%	−40.86%	
辽宁	2002—2007	−66.11%	0.18%	−22.15%	−1.72%	−0.40%	−52.61%	
	2007—2012	−32.24%	0.19%	−26.12%	2.62%	0.36%	−77.19%	

总体技术进步是主要的抵消因素，其能够抵消大约 60% 的经济规模增加带来的用水增加。其中两个时段黑龙江分别是 78.08% 和 70.92%，吉林分别是 70.87% 和 40.86%，辽宁分别是 52.61% 和 77.19%。结构因素是次要的抵消因素，各个省份的各个时段其结构因素不一致，例如制造业的产业结构调整（M）只有黑龙江的 2002—2007 年和吉林的 2007—2012 年为抵消用水增长，其他省份其他时间段都为增加用水的情况。采掘业，电力热力、水的生产与供应业，建筑业、服务业的结构调整（N）多为增加用水的情况，只有吉林的 2002—2007 年和辽宁的 2002—2007 年为抵消用水增加的效应。三产结构（O）基本上都是抵消用水的效应，只有黑龙江的 2007—2012 年为增加用水的效应。最终需求的结构（S）基本上都呈现为抵消用水增加的效应。生产技术进步（L）基本上为抵消用水增加的效应，在 30% 左右。

对技术进步的进一步分解来看，农业生产技术进步能够解释较多的抵消效应，两个时段黑龙江分别是 86.65% 和 68.07%，吉林分别是 42.19% 和 43.88%，辽宁分别是 66.11% 和 32.24%。灌溉技术进步是第二大的抵消效应，基本在 20% 左右，其中吉林 2007—2012 年、辽宁 2002—2007 年为增加用水效应，分别增加了 24.25% 和 9.66%。灌溉面积比例是主要的增水效应。农业结构调整基本上效应不大。对于制造业来说，用水技术进步的抵消效应在 20% 左右，能源技术进步的抵消效应在 10% 以下，增加值基本无效应。

5.3.2.3　东北三省整体分析

2002—2007 年，用水量增加 3.9%，用水变化驱动效应解析结果如图 5.8 所示。产生减水效应，即减少用水总量的因子为（根据驱动力值从大到小排序）其他部门用水系数、农业生产系数、三次产业结构、电力生产系数、最终需求结构、灌溉用水系数、消费水平、电力用水系数、最终需求衡量的制造业产业结构和第二层次产业结构共 10 项因子。社会经济因素减水效应主要表现为生产技术进步、节水技术进步和产业结构调整，也就是单位用水量能够生产出更多的产品。

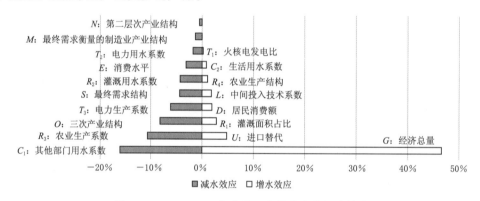

图 5.8　2002—2007 年东北三省用水变化驱动效应

对用水产生增水效应的因子（根据驱动力绝对值从大到小排序）有经济总量、进口替代、灌溉面积占比、居民消费额、中间投入技术系数、农业生产结构、生活用水系数、火核电发电比共 8 项。可以看出经济与社会的发展，农业结构和灌溉增加等是增加用水量的主要因素。

2007—2012 年，用水量增加 5.4%，用水变化驱动效应解析结果如图 5.9 所示。产生减水效应，即减少用水总量的因子为（根据驱动值从大到小排序）农业生产系数、中间投入技术系数、其他部门用水系数、电力用水系数、消费水平、制造业产业结构、灌溉用水系数、最终需求结构、三次产业结构、进口替代和火核电发电比共 11 项因子。社会经济因素对总用水量的减水效应主要表现为生产技术进步、节水技术应用和产业结构调整。

产生增水效应的因子（根据驱动力绝对值从大到小排序）有经济总量、灌溉面积占比、居民消费额、农业生产结构、电力生产系数、第二层次产业结构和生活用水系数 7 项。随着经济社会的发展，农业结构和灌溉增加等是增加用水量的主要因素。

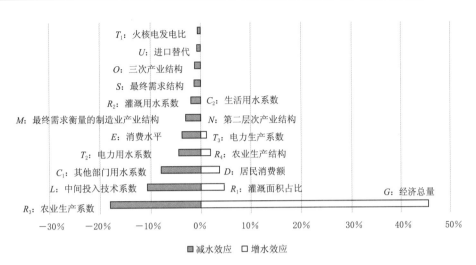

图 5.9　2007—2012 年东北三省用水变化驱动效应

两个时间段比较来看，各因素对社会水循环的效应均存在变化。对用水影响较大的因子为经济总量（G）、农业生产系数（R_3）和其他部门用水系数（C_1）三项。说明对用水影响最大的是经济规模，农业生产效率以及部门整体用水效率。经济总量（G）一直是用水的最大驱动因子，产生增水效应，其驱动值占比略有降低（46.6％变为45.5％）。中间投入技术系数（L）驱动力变化较大，在 2002—2007 年度为驱动用水增加的因子（增水 1.8％），在 2007—2012 年度变化为驱动用水减少的因子（减水 10.6％）。说明行业生产技术进步，或者说产出效率的提高朝向更加节水的方向发展，并且正逐步成为重要驱动力。

5.3.3　结论与启示

5.3.3.1　结论

国家安全和区域经济高质量发展由于用水的纽带效应联系在一起，由于水资源承载力的硬约束，区域保障国家安全和区域高质量发展具有协同效应。本研究以保障国家粮食安全、能源安全和生态安全的重点区域东北三省为例，利用投入产出模型结构分解分析，分析国家安全和经济高质量发展的因素对水资源承载力的影响，得出以下结论：

（1）经济高质量发展内涵下的产业结构优化调整、技术进步、绿色发展是抵消经济规模增加带来用水需求增加的主要因素，是粮食产量增加而水资源承载力未突破的主要原因。从绝对量来看，如果经济质量不变，经济规模的增加导致 2002—2007 年黑龙江、吉林、辽宁用水总量分别增加 142.12 亿 m³、88.159 亿 m³、87.009 亿 m³，2007—2012 年黑龙江、吉林、辽宁用水总量分别增加 178.34 亿 m³、51.18 亿 m³、98.183 亿 m³，这严重突破了当地的水资源承载力，使得发展不可持续。与此同时，技术进步导致 2002—2007 年黑龙江、吉林、辽宁用水总量分别减少 110.97 亿 m³、62.476 亿 m³、45.773 亿 m³，2007—2012 年黑龙江、吉林、辽宁用水总量分别减少 126.48 亿 m³、20.911 亿 m³、75.79 亿 m³，产生了明显的抵消效应。

（2）黑龙江、吉林、辽宁这三个省份制造业结构总体上都不利于水资源承载力的增加。从采掘业，电力热力、水的生产与供应业，建筑业、服务业内部的结构调整来看，除黑龙江外，其他省份都基本上有利于水资源承载力的增加。黑龙江这两个时间段，结构调整对于水资源承载力是十分不利的。从三次产业结构调整来看，整体上都有利于水资源承载力的提升。

（3）在粮食安全方面。农业生产技术是农业用水减少的最主要驱动力，从数值来看，黑龙江在 100 亿 m³ 以上，吉林在 20 亿 m³ 以上，辽宁在 30 亿 m³ 以上。灌溉技术水平是农业用水减少的第二大驱动力，其绝对值低于农业生产技术。从灌溉面积比例可以看出，吉林 2007—2012 年的灌溉面积比例在下降，这主要是 2007—2009 年灌溉面积下降造成的。辽宁在 2002—2012 年都有轻微的下降。黑龙江则是 2002—2012 年都是大幅增加，其中 2007—2012 年增加最多。

（4）对于制造业来说，节水型技术进步是主要的驱动因素，也就是说通过节水型技术进步，区域的水资源承载力增加，其中黑龙江最高，辽宁其次，吉林最后。能源投入的技术进步是次要的驱动因素，其中黑龙江和辽宁的 2007—2012 年，驱动值为正，说明这个时期能源投入效率降低，反映到水资源上，是水资源投入的增加。从增加值结构来看，其影响较小，说明这个时期区域制造业的升级不明显。

5.3.3.2　政策启示

基于前述分析，可以得出以下政策启示：

（1）对于高质量发展来说，黑龙江、吉林、辽宁急需要转变制造业的发展方式，调整制造业内部的产业结构，同时制造业朝着价值链更高端方向发展，使得增加值比重进一步增加。制造业的发展依靠创新驱动，而不是资源驱动。

（2）对于保障粮食安全来说，这三个省份在稳步合理增加灌溉面积比重的同时，要加大节水灌溉的投入力度，使节水灌溉技术成为提升水资源承载力第一驱动力。进一步加大粮食生产的科技投入，进一步推动农业生产技术的提升。

（3）在制造业方面，形成节水技术和节能技术协同发展的局面，节水就是节能，在技术上、在经济结构上形成高质量发展的态势。真正做到绿色发展。

5.4　基于 CGE 模型的东北三省水-能源-粮食-经济纽带关系解析

5.4.1　建模思路

可计算一般均衡模型（Computable General Equilibrium，CGE）作为一种系统的经济模型，是国际主流的政策分析工具之一。通过设计不同的政策组合情景，定量评估各种可能的组合情景的变化空间及对发展目标的影响程度，从而把握各种政策组合实现相应发展目标的可行性。

构建可计算一般均衡模型的核心是研究经济系统的用水机制，并以此为基础构建生产函数，应用到可计算一般均衡模型中。如图 5.10 所示，在生产函数的水资源投入中，需要将用水机制纳入生产函数中。因此需要找出各行业生产过程中水资源利用的基本原理和关键投入。水资源投入与关键投入之间的关系，是替代效应，还是协同效应。按照用水机制，初步将行业分为农业、能源行业、非能源行业、服务业几个大类，分别建立生产函数，研究生产过程中的水-能源-粮食的纽带关系。

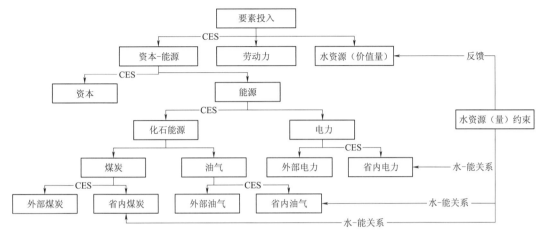

图 5.10　水资源进入生产函数的机制

考虑到整个区域水资源承载力的问题，本次引入两个机制：生产机制和容纳机制。将关键投入作为水资源投入协同因素进行分析，并考虑区域内的承载力，作为水资源的约束条件，具体如图 5.11 所示。

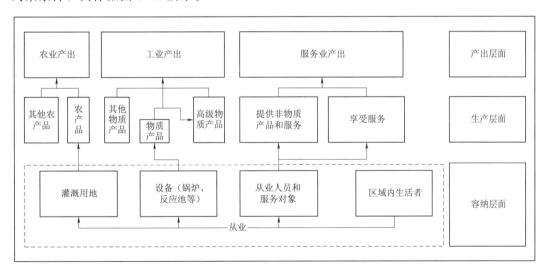

图 5.11　水资源的约束机制与进入生产机制

在构建有效的生产函数时，首先，利用混合型投入产出模型研究用水机制：农业中包括耕地投入、化学品投入、水资源投入等，能源行业中包括水资源投入等，制造业行业中包括化学品和能源品投入、水资源投入等，服务业包括劳动力投入、水资源投入等。其次，利用混合型投入产出模型计算新的替代关系或者协同关系。并将此代入到可计算一般均衡模型中。

5.4.2 SAM 表构建

社会核算矩阵（SAM，Social Accounting Matrix）是"以矩阵形式反映的 SNA 账户，它刻画供给表和使用表与部门账户之间的关系"。SAM 表将产业账户和机构账户（非生产性部门）按一种系统而一致的原则连接起来，以反映整个社会的生产—分配—使用—资本形成全过程的收支流量和平衡，它不仅包括国民经济产业账户的投入产出关系，而且包括国民经济机构部门的收支平衡。SAM 表为 CGE 模型提供了一个综合全面和系统一致的基准数据集，是一种经济在具体时点的快照。

SAM 表在投入产出表的基础上进行扩展，以矩阵的形式表示国民核算账户间的交易，其行和列分别代表不同的部门、经济主体和机构，行表示账户的收入，列表示账户的支出，每一个单元格表示的是相应的列账户对于相应的行账户的支付情况。SAM 表区分了活动账户和商品账户，目的在于方便反映一个生产者可以生产不同质的商品；区分了要素账户和机构账户，目的在于反映收入的初次分配与再分配关系。SAM 表采用复式记账法，因此每一账户的行与列必须相等，即账户的收入流与支出流必须平衡。因此，SAM 表意味着产业账户的投入与产出要平衡、商品供求要平衡、要素收支要平衡、机构部门账户的收支要平衡，包括政府收支平衡、企业储蓄投资平衡、国外收支平衡。

编制 SAM 表一般采取自上而下的方法，即先编制宏观总表，后编制分部门细化表，通过总表对细化表进行总量控制。其中的数据大部分来自投入产出表，中间投入、劳动资本、活动税、市场产出、居民消费、政府消费、投资、居民收入、企业收入、政府收入、企业储蓄、进出口数据等，均可由投入产出表中的数据加总得到；其他数据则来源于资金流量表（实物交易）。

本课题的 SAM 表中设置了 8 个账户：①生产活动账户，包括不同的产业部门；②商品账户，与①中各部门产品相对应；③生产要素账户，包括劳动力、资本；④居民账户；⑤企业账户；⑥政府账户，与居民账户、企业账户同属机构部门账户；⑦储蓄-投资账户，反映资本状况；⑧国外账户，反映对外贸易状况。表 5.6 表示的是一个开放经济体宏观 SAM 表的基本结构，包括各账户之间的关系。

表 5.6 开放经济体描述性标准 SAM 表

项目	活动	商品	要素	居民	企业	政府	储蓄	国外	汇总
活动		国内生产 国内销售							总产出
商品	中间投入	交易费用		居民消费		政府消费	投资	出口	总需求
要素	要素投入							国外要素收入	要素收入
居民			居民要素收入	居民间转移支付	企业对居民转移支付	政府对居民转移支付		国外对居民转移支付	居民总收入
企业			企业要素收入			政府对企业转移支付		国外对企业转移支付	企业总收入

项目	活动	商品	要素	居民	企业	政府	储蓄	国外	汇总
政府	生产税、增值税	进出口关税、销售税	政府要素收入	居民所得税	企业所得税			国外对政府转移支付	政府总收入
储–投				居民储蓄	企业储蓄	政府储蓄			总储蓄
国外		进口	对国外要素的支付		企业向国外的支付盈余	政府对国外的支付	国外投资		外汇支出
汇总	总支出	总供给	要素支出	居民支出	企业支出	政府支出	总投资	外汇收入	

本部分的研究区是省份，研究目的是水–能源–粮食关系，因此，将国外账户与国内省外账户进行合并，只对省外进行考虑。这样的话，该账户有些数据会有超大额数据出现。如黑龙江是中俄石油通道的门户，有大量从国外进口的石油，向国内其他省份输送。对于这样的数据，根据已有的资料进行归并处理。

5.4.3 模型结构与数学表达

本课题所创建的是一个综合了经济系统与水资源系统的、静态开放的可计算一般均衡模型，经济主体包括居民、企业、政府和国外账户，考查的经济活动涵盖了国民经济各主体生产、分配、交换和消费的各个环节。为了建模方便，将模型分为生产模块、分配模块、消费模块和均衡条件及宏观经济模块四大模块。

5.4.3.1 生产模块

模型的生产函数包括两层嵌套：第一层嵌套，生产要素与中间投入通过 CES 生产函数相结合，生产出最终总产出，体现增加值和中间投入之间具有完全替代关系；第二层嵌套，一方面，资本–劳动生产要素组合通过 CES 函数相结合，生产出生产要素组合，另一方面，各部门中间投入品通过 Leontief 生产函数相结合，生产中间投入组合。

模型在生产函数部分广泛采用 CES 函数，可以使得不同的生产投入之间能够互相替代，反映相对价格变化对相对生产投入数量关系的影响，从而使得价格机制在模型中更好地发挥作用。而 Leontief 函数的应用则表明了各部门中间投入品之间的不可替代性。

（1）第一层嵌套。

总产出生产函数：

$$QA_a = \alpha_a^q \left[\delta_a^q QVA_a^{\rho_a} + (1 - \delta_a^q) QINTA_a^{\rho_a} \right]^{\frac{1}{\rho_a}} \tag{5.8}$$

总产出生产函数最优化条件：

$$\frac{PVA_a}{PINTA_a} = \frac{\delta_a^q}{1 - \delta_a^q} \left(\frac{QINTA_a}{QVA_a} \right)^{1 - \rho_a} \tag{5.9}$$

总产出产品价格：

$$PA_a \cdot QA_a = PVA_a \cdot QVA_a + PINTA_a \cdot QINTA_a \tag{5.10}$$

（2）第二层嵌套。

生产要素组合生产函数：

$$QVA_a = \alpha_a^{va} \left[\delta_a^{va} QLD_a^{\rho_a^{va}} + (1 - \delta_a^{va}) QKD_a^{\rho_a^{va}} \right]^{\frac{1}{\rho_a^{va}}} \tag{5.11}$$

生产要素组合生产函数最优化条件：

$$\frac{PLD_a}{PKD_a} = \frac{\delta_a^{va}}{1-\delta_a^{va}} \left(\frac{QKD_a}{QLD_a}\right)^{1-\rho_a^{va}} \tag{5.12}$$

中间投入生产函数：

$$QINT_{ca} = ica_{ca} \cdot QINTA_a \tag{5.13}$$

中间投入价格：

$$PINTA_a = \sum_{c \in c} ica_{ca} \cdot PQ_c \tag{5.14}$$

5.4.3.2　分配模块

由于本研究限定的是省内与省外商品要素交换的关系，则进出口概念有待重新定义。本节用"进口"代表含省外生产输入商品和境外输入商品的概念，出口含省内生产出口境外和省外销售商品的概念。本节模型设计均沿用此定义。

市场条件下，省内生产活动生产的商品受到商品省内价格和省外价格的影响（境外价格还涉及汇率），二者价格并不是完全一致的。参考娄峰（2015）对于分配函数的处理，采用恒替代弹性幂大于 1 的 CET 函数可以体现出省内生产商品省外销售的替代关系。当省内商品价格低时，可以投入更多的省外商品销售份额；省外商品价格低时，会导致投入更多的省内商品销售分额。而省内市场销售的商品由省内生产省内销售商品和进口商品组成，二者可根据 Armington 条件组合，以满足居民、企业、政府的需求，实现以最低成本条件把省内销售商品和进口（含省外流入及国外输入）商品组合优化的可能。

具体设定：该模型假定一个生产部门只生产一种产品，活动和商品是一对一的单一对应关系，其数量和价格一致，形成以下关系：一是省内生产销售的商品总数量，等于省内商品的生产总量与其在省内实际分配的销售份额；二是省内进行生产销售的商品总价格，等于省内生产活动的总价格乘以商品在省内实际分配的销售份额。

5.4.3.3　消费模块

模型假定居民和政府的效用函数都是 Cobb-Douglas 函数形式，即假定了替代弹性为 1 时的特殊的 CES 函数，此时商品的需求函数是线性的。同时，为了建模方便，模型将居民的生活用水和生态用水统一计入服务业用水内，因此居民的效用函数内不包括水资源相关变量。

我国目前的税法多数情况下不把转移支付计入税基，因其一般具有特定的用途，因此模型设定的税收考虑把转移支付部分（面向企业和居民）都假定为免税的。

具体设定：居民收入来自劳动要素、资本要素、企业和政府的转移支付、境外转移支付。居民消费来自居民商品需求。居民储蓄来自收入和政府转移支付。企业收入来自资本要素总价、政府转移支付，此外应去除向居民的转移支付。企业储蓄来自资本税后所得、政府转移支付，也应去除向居民的转移支付。政府收入，含企业、居民的税项，而资源公有制允许模型假定我国水资源的要素投入的产出均归国家所有。政府消费即政府对于商品的消费及其他转移支付。政府储蓄由政府收入减去政府消费得到。

5.4.3.4 均衡条件及宏观经济模块

（1）均衡条件。为简化模型，本模型采用固定汇率制度，以基准年汇率为准。

具体设定：商品市场供求均衡，即商品供需双端的量相等。要素市场出清，即劳动、资本等宏观要素产出等于供给。储蓄投资平衡，即货币总投资与总储蓄相等、商品总价格与货币总投资相等。省内省外收支平衡，即进口商品总价、省内对省外总投资量、省内对省外转移支付应与出口商品总价、省外对省内总投资量、省外对省内转移支付相等。

（2）宏观指标。实际 GDP 即排除进口商品的数量后核算以下部分的总和，包括居民消费的需求数量、对商品的生产投资的最终需求数量、政府的商品需求数量，再加上生产出口商品的数量。

GDP 价格指数是省内商品的价格量乘以上述实际 GDP 的总数量。

5.4.4 模型有效性校验

5.4.4.1 变量与参数的设置

该模型中内生变量包括各种生产活动和商品的价格和数量、中间投入的价格和数量等共 37 个。依据宏观经济理论形成的模型结构被称为 CGE 模型的宏观闭合，选择宏观闭合方式的目的是使得方程中的变量个数与方程个数相等，便于求解。本课题拟采取新古典主义宏观闭合的方式，假定价格是完全弹性的，由模型内生决定，而要素的实际供应量都充分就业，即等于要素禀赋。在新古典主义宏观闭合方式下，决定经济规模的是总供给。此时，需要设置一个价格基准以研究价格变动，本模型选定劳动力价格作为价格基准，将劳动力价格固定为某一初始值，其他要素和商品的价格在与之相比时有特定的数值。

此外，模型采用固定汇率体制闭合，汇率作为外生变量处理。投资商品的最终需求以及国内资本在国外投资收入根据基础年份的数据给定，也被设定为外生变量。模型外生变量的设置见表 5.7。

表 5.7 模 型 外 生 变 量 设 置

变量符号	对应 GAMS 语言	含　义
QLS	QLS	劳动总供应量
QKS	QKS	资本总供应量
WL	WL	劳动价格
EXR	EXR	汇率
$QINV_c$	$QINI$	对商品投资的最终需求
QKF	QKF	省内资本在省外投资收入

模型中外部给定的参数共 5 个，见表 5.8。模型的内部校调参数包括 26 个，见表 5.9。

表 5.8 模型外部给定参数设置

参数符号	对应 GAMS 语言	含 义
ρ_a	rhoAa(a)	QA 的 CES 生产函数参数
ρ_a^{va}	rhoVA(a)	QVA 的 CES 生产函数参数
ρ_a^{kla}	rhoKLA(a)	QKLA 的 CES 生产函数参数
ρ_a^{t}	rhoCET(a)	QA 的 CET 函数参数
ρ_c^{q}	rIq(c)	QQ 的 Armington 函数参数

表 5.9 模型内部校调参数设置

参数符号	GAMS 语言	含 义
α_a^{q}	scaleAa(a)	QA 的 CES 函数技术参数
δ_a^{q}	deltaAa(a)	QA 的 CES 函数份额参数
α_a^{va}	scaleVA(a)	QVA 的 CES 函数技术参数
δ_a^{va}	deltaVA(a)	QVA 的 CES 函数中资本-劳动组合的份额参数
tva_a	tva(a)	增值税率
ica_{ca}	ica(c,a)	中间投入的投入产出系数
α_a^{kla}	scaleKLA(a)	QKLA 的 CES 函数技术参数
δ_a^{kla}	deltaKLA(a)	QKLA 的 CES 函数中资本份额参数
α_a^{t}	scaleCET(a)	QA 的 CET 函数技术参数
δ_a^{t}	deltaCET(a)	QA 的 CET 函数中省内生产省内销售商品份额参数
pwe_a	pwe(a)	出口商品国际价格
α_c^{q}	IleQq(c)	QQ 的 Armington 函数技术参数
	IdeltaQq(c)	QQ 的 Armington 函数中省内生产省内销售商品份额参数
pIm_c	pwm(c)	进口商品国际价格
$shifhk$	$shifhk$	资本收入分配给居民的份额
$transfrhg$	$transfrhg$	政府对居民转移支付
$transfrhe$	$transfrhe$	企业对居民转移支付
$transfrhr$	$transfrhr$	省外对居民转移支付
I	shrh(c)	居民收入中商品消费支出份额
mpc	mpc	居民的边际消费倾向
tih	tih	居民所得税税率
$shifentk$	$shifentk$	资本收入分配给企业的份额
$transfreg$	$transfreg$	政府对企业转移支付
$tient$	$tient$	企业所得税税率
$shrg_c$	shrg(c)	政府收入中商品消费支出份额
$transfrrg$	$transfrrg$	政府对省外转移支付

外部给定的参数可以根据替代弹性系数计算得到，公式为 $\rho = \dfrac{\sigma - 1}{\sigma}$；各层 CES 生产函数、CET 函数以及 Armington 函数的弹性系数取自 GTAP7 数据库以及文献研究资料。

内部校调参数可以根据 SAM 表中的数据推算得到，推算出 QA 的 CES 函数技术参数 $\alpha_a^q = \dfrac{QA_a}{\left[\delta_a^q QVA_a^{\rho_a} + (1 - \delta_a^q) QINTA_a^{\rho_a}\right]^{\frac{1}{\rho_a}}}$，可以推算出 QA 的 CES 函数份额参数 $\delta_a^q = \dfrac{PVA_a \cdot QVA_a^{1-\rho_a}}{PVA_a \cdot QVA_a^{\rho_a} + PINTA_a \cdot QINTA_a^{1-\rho_a}}$。由此得到的主要校准结果。

5.4.4.2　模型复制检验

从上述可以看出，建立 CGE 模型的过程涉及很多参数的选取，为了检验校调出的内部参数及给定的外部参数的准确性，需要对模型实施复制检验，即：在 SAM 表达到平衡的情况下，将各个参数值代入模型函数，通过 GAMS 程序求解各个变量，将计算结果与其初始值进行一致性检验，若二者的差值小于 10^{-5}，则可以认为模型的构建及参数的选取是正确合理的。

本课题对比分析了模型中所有内生变量的模拟值与初始赋值，误差均在 10^{-13} 以内，可见模拟结果符合原始情况，可以利用该模型开展相关研究。

5.4.4.3　模型敏感性分析

与模型的复制检验类似，敏感性分析也是为了检验模型的准确程度，即调整模型的外生参数取值，若导致模型中某些重要变量在合理范围内变化，则可以认为模型是稳定的。

一般来说，敏感性分析可以分为有条件敏感性分析和无条件敏感性分析。有条件敏感性分析是将选择要检验的参数作依次变动，即在对其中一个参数作扰动时，其他参数保持不变；无条件敏感性分析则要求使所有要检验的参数按某种分布同时而且随机地变动。鉴于无条件敏感性分析工作量较大，本课题进行有条件敏感性分析；鉴于本课题的研究主体是水资源政策，调整的外生参数选定为与水资源相关的 CES 生产函数参数 ρ_a^{va}。因此，本课题的敏感性分析研究的是 ρ_a^{va} 变动在 $\pm 5\%$、$\pm 10\%$、$\pm 30\%$ 的条件下，模型中重要变量如资本需求量、劳动需求量、各经济主体的总收入、投资总额、GDP 等的变化情况。可以看出，在参数按不同幅度变动的时候，考察的主要经济指标的变化范围均不超过 $-3.5\% \sim 5.5\%$，表明模型对这一参数的变动不敏感，参数的选取是可靠的。

5.4.5　东北三省 CGE 模型构建和模拟

5.4.5.1　社会核算矩阵构建

考虑到东北三个省份的特殊性以及本次研究的目的，本研究构建的社会核算矩阵的行业分为 19 个，以 2017 年最新的投入产出表为基础。2017 年的表格为 42 个部门，且农业仅有 1 个部门。因此需要对行业进行归并，且需要对农业进行拆分，结果见表 5.10。

表 5.10　　　　　　　　　　社会核算矩阵涉及部门合并与拆分情况

原代码	原 内 容	现代码	现 内 容
1	农林牧渔产品和服务	1～5	水稻种植业、玉米种植业、豆类种植业、其他种植业、其他农业
2	煤炭采选产品	6	煤炭采选产品
3	石油和天然气开采产品	7	石油和天然气开采产品
4	金属矿采选产品	8	金属矿采选产品
5	非金属矿和其他矿采选产品	8	非金属矿和其他矿采选产品
6	食品和烟草	9	食品和烟草
7	纺织品	10	其他轻工业
8	纺织服装鞋帽皮革羽绒及其制品	10	
9	木材加工品和家具	10	
10	造纸印刷和文教体育用品	10	
11	石油、炼焦产品和核燃料加工品	11	石油、炼焦产品和核燃料加工品
12	化学产品	12	化学产品
13	非金属矿物制品	13	其他重工业
14	金属冶炼和压延加工品	13	
15	金属制品	13	
16	通用设备	14	设备工业
17	专用设备	14	
18	交通运输设备	14	
19	电气机械和器材	14	
20	通信设备计算机和其他电子设备	14	
21	仪器仪表	14	
22	其他制造产品和废品废料	17	其他第二产业
23	金属制品、机械和设备修理服务	17	
24	电力、热力的生产和供应	15	电力、热力、燃气生产与供应
25	燃气生产和供应	15	
26	水的生产和供应	16	水的生产和供应
27	建筑业	17	其他第二产业
28	批发和零售	19	其他服务业
29	交通运输、仓储和邮政	18	生产性服务业
30	住宿和餐饮	19	其他服务业
31	信息传输、软件和信息技术服务	18	生产性服务业
32	金融	18	

原代码	原 内 容	现代码	现 内 容
33	房地产	19	其他服务业
34	租赁和商务服务	18	生产性服务业
35	研究和试验发展	18	
36	综合技术服务	18	
37	水利、环境和公共设施管理	19	其他服务业
38	居民服务、修理和其他服务	19	
39	教育	19	
40	卫生和社会工作	19	
41	文化、体育和娱乐	19	
42	公共管理、社会保障和社会组织	19	

为了聚焦研究的主题，将 2017 年投入产出表农林牧渔产品和服务业拆分为水稻种植业、玉米种植业、大豆种植业、其他种植业和其他农业。由于省份的更细分行业投入产出表难以获得，这里利用各农产品产量和价格进行估算。保留煤炭采选产品，石油和天然气开采产品，食品和烟草，石油、炼焦产品和核燃料加工品，化学产品，水的生产和供应业；合并金属矿采选产品、非金属矿和其他矿采选产品为其他矿采选业；合并纺织品、纺织服装鞋帽皮革羽绒及其制品、木材加工品和家具、造纸印刷和文教体育用品为轻工业；合并非金属矿物制品、金属冶炼和压延加工品、金属制品为其他重工业；合并通用设备、专用设备、交通运输设备、电气机械和器材、通信设备计算机和其他电子设备、仪器仪表为设备制造业；合并电力、热力的生产和供应以及燃气生产和供应业；合并其他制造产品和废品废料，金属制品、机械和设备修理服务，建筑业为其他第二产业。合并交通运输、仓储和邮政，信息传输、软件和信息技术服务，金融，租赁和商务服务，研究和试验发展，综合技术服务为生产性服务业；合并批发和零售，住宿和餐饮，房地产，水利、环境和公共设施管理，居民服务、修理和其他服务，教育，卫生和社会工作，文化、体育和娱乐，公共管理、社会保障和社会组织为其他服务业。

在对农林牧渔产品和服务进行拆分时，考虑到投入产出表编制中农业总产出使用的是产量乘以单价的方式来进行计算。本次研究获得黑龙江、吉林、辽宁的 2017 年水稻、玉米和豆类的产量（万 t），2017 年全年水稻、玉米和豆类的采购价格。水稻以哈尔滨的采购价作为全部三个省份的价格。玉米以哈尔滨的价格作为黑龙江的玉米价格；长春和公主岭的玉米平均价格作为吉林的玉米价格；沈阳和大连的玉米平均价格作为沈阳的玉米价格。豆类以哈尔滨的价格作为黑龙江的豆类价格；长春和公主岭的豆类平均价格作为吉林的豆类价格；沈阳和大连（国产三等）的豆类平均价格作为沈阳的豆类价格。获取的产品的价格数据为 2017 年每周的数据，将各周价格数据取均值作为年度价格数据。三个省份三个作物的产量、价格及产值见表 5.11。

表 5.11 东北三省的主要粮食作物产量与产值

省份	指标	水稻	玉米	大豆
黑龙江	价格/(元/t)	3157	1498	3746
	产量/万 t	2819	3703	720
	总值/万元	8903349	5548392	2695435
	产值占比/%	15.94	9.93	4.82
吉林	价格/(元/t)	3157	1520	3708
	产量/万 t	646	3251	67
	总值/万元	2040432	4941216	248807
	产值占比/%	9.88	23.94	1.21
辽宁	价格/(元/t)	3157	1638	3883
	产量/万 t	422	1789	21
	总值/万元	1332412	2931753	81548
	产值占比/%	3.46	7.61	0.21

从表 5.11 可以看出,黑龙江水稻产量为 2819 万 t,远高于吉林 646 万 t 和辽宁 422 万 t。黑龙江玉米产量为 3703 万 t、吉林玉米产量为 3251 万 t、辽宁玉米产量为 1789 万 t。黑龙江大豆产量为 720 万 t,远高于吉林 67 万 t、辽宁 21 万 t。从水稻种植业、玉米种植业和大豆种植业占各自省份农林牧渔产品和服务的比重来看,黑龙江水稻种植业占比约 16%;吉林玉米种植业占比约 24%;辽宁玉米种植业占比约 7.61%。

在构建 SAM 表时,考虑到为省份一般均衡模型服务,将研究重点放在省份之内,因此 SAM 表中的外部为省域之外,将其他省份和国外合并处理。此外考虑到中俄石油管廊的影响,黑龙江有大量原油进口,并通过管廊向其他省份输送,这里将过境的原油部分合并到外部中。数据来源于《黑龙江 2017 年投入产出表》《吉林 2017 年投入产出表》《辽宁 2017 年投入产出表》《中国财政统计年鉴》《黑龙江统计年鉴》《吉林统计年鉴》《辽宁统计年鉴》。各省份的宏观 SAM 表见表 5.12～表 5.14。

表 5.12　2017 年黑龙江省宏观 SAM 表　　单位:10 亿元

项目		支出								
		活动	商品	劳动	资本	居民	企业	政府	投资储蓄	外部	合计
收入	活动		3572								3572
	商品	1982				716		297	974	1831	5799
	劳动	772									772
	资本	647									647
	居民			772							772

项 目		支　出								
		活动	商品	劳动	资本	居民	企业	政府	投资储蓄	外部	合计
收入	企业				647						647
	政府	171					4	10			186
	投资储蓄					52	637	−111		395	974
	外部		2226								2226
	合计	3572	5799	772	647	772	647	186	974	2226	

表 5.13　　　　　　　　　　**2017 年吉林省宏观 SAM 表**　　　　　单位：10 亿元

项 目		支　出								
		活动	商品	劳动	资本	居民	企业	政府	投资储蓄	外部	合计
收入	活动		4579								4579
	商品	3099				347		182	1251	2781	7659
	劳动	620									620
	资本	636									636
	居民			620							620
	企业				636						636
	政府	224				11	39				275
	投资储蓄					261	597	92		300	1251
	外部		3080								3080
	合计	4579	7659	620	636	620	636	275	1251	3080	

表 5.14　　　　　　　　　　**2017 年辽宁省宏观 SAM 表**　　　　　单位：10 亿元

项 目		支　出								
		活动	商品	劳动	资本	居民	企业	政府	投资储蓄	外部	合计
收入	活动		6108								6108
	商品	3767				1087		290	1013	2349	8507
	劳动	1041									1041
	资本	965									965
	居民			1041							1041
	企业				965						965
	政府	335				13	37				385
	投资储蓄					−59	928	95		50	1013
	外部		2399								2399
	合计	6108	8507	1041	965	1041	965	385	1013	2399	

5.4.5.2　外生参数确定

根据模型需要，对替代弹性系数进行外生设定。由于弹性系数有明确的经济学含义，且一些研究已经对弹性系数进行了相关的研究,在模型设定中有一定依据,因此通常把替代弹性系数外生,替代弹性系数的大小直接决定了各种投入要素或产品之间的相互替代难易程度,替代弹性系数越大,投入品之间的调整越容易,企业调整成本越小,外来冲击对经济系统造成的影响越小。

本次模型构建系数设定参考了 Alaouze(1977)、贺菊煌(2002)、樊明太等(1998)等文献的基础上,根据模型甄选和检验来的,得出三个省份主要的弹性系数,见表5.15。

表 5.15 CGE 模型弹性系数设置

行业	rhoAa(a)	rhoVAI	rhoCET(a)	rhoQq(c)
1	−2.33	−0.11	0.77	0.79
2	−2.33	−0.11	0.77	0.79
3	−2.33	−0.11	0.77	0.79
4	−2.33	−0.11	0.77	0.79
5	−2.33	−0.11	0.77	0.79
6	−2.33	−0.11	0.65	0.72
7	−2.33	−0.11	0.77	0.79
8	−2.33	−0.11	0.64	0.72
9	−2.33	−0.11	0.64	0.72
10	−2.33	−0.11	0.64	0.72
11	−2.33	−0.11	0.64	0.74
12	−2.33	−0.11	0.64	0.72
13	−2.33	−0.11	0.64	0.72
14	−2.33	−0.11	0.64	0.72
15	−2.33	−0.11	0.64	0.72
16	−2.33	−0.11	0.64	0.72
17	−2.33	−0.11	0.64	0.72
18	−2.33	−0.11	0.64	0.72
19	−2.33	−0.11	0.64	0.72

5.4.5.3 情景设置和模拟结果

考虑到我国粮食安全的影响,本次情景设置为考虑降低大豆严重依赖进口的情况。其中在耕地使用不变的情况下调整种植结构中,将耕地面积作为最大约束,根据2017年玉米、水稻、大豆的单产关系按比例进行设置情景。

(1)黑龙江调整种植结构情景设置和模拟。从2017年的播种情况来看,粮食作物种植面积占农作物总面积的绝大部分,其中谷物种植占粮食作物的绝大部分。对于黑龙江来说,豆类种植面积为398.2万 hm²,为我国主要的大豆种植来源,最近几年黑龙江亩产在240斤左右,见表5.16和表5.17。考虑到我国豆类大部分依赖于进口,在情景中缓慢调整种植结构,在国家粮食安全的极端考虑下,假定黑龙江豆类种植面积增加1倍,稻谷和玉米同比例缩减,保持总播种面积不变,假定亩产等其他技术指标都不变,见表5.18。

表 5.16 东北三省农作物播种面积 单位：$10^3 hm^2$

农作物（总）	粮食作物（总）	谷物	稻谷	小麦	玉米	豆类	薯类
14767.6	14154.3	10006.4	3948.9	101.8	5862.8	3982.1	165.7
6086.2	5544	5152.9	820.6	2.4	4164	62.1	408.7
4172.3	3467.5	3291.8	492.7	3.6	2692	85.3	90.4

表 5.17 黑龙江省豆类种植指标

年份	豆类产量/万 t	豆类播种面积/$10^3 hm^2$	亩产/（斤/亩）
1995	436.80	2589.00	224.95
1996	428.60	2211.10	258.45
1997	588.70	2454.10	319.85
1998	458.60	2545.60	240.21
1999	474.10	2291.67	275.84
2000	489.60	3178.30	205.39
2001	537.50	3702.00	193.59
2002	610.70	3381.20	240.82
2003	616.10	3813.00	215.44
2004	693.60	3913.60	236.30
2005	683.00	4032.00	225.86
2006	652.00	3836.73	226.58
2007	442.70	4099.40	143.99
2008	667.00	4324.40	205.65
2009	618.49	4251.40	193.97
2010	601.85	3750.36	213.97
2011	577.78	3386.68	227.47
2012	479.60	2763.97	231.36
2013	400.20	2500.80	213.37
2014	469.60	2621.70	238.83
2015	437.30	2476.10	235.48
2016	522.52	3045.28	228.78
2017	719.60	3982.10	240.94
2018	678.50	3741.90	241.77
2019	797.00	4419.10	240.47

表 5.18 黑龙江省种植结构调整情景

豆类种植增加 /%	稻谷 /10³hm²	玉米 /10³hm²	豆类 /10³hm²	稻谷变化 /%	玉米变化 /%
基准	3948.9	5862.8	3982.1	0	0
10	3749.8	5663.7	4380.3	−5.04	−3.40
20	3550.7	5464.6	4778.5	−10.08	−6.79
30	3351.6	5265.5	5176.7	−15.13	−10.19
40	3152.5	5066.4	5574.9	−20.17	−13.58
50	2953.4	4867.3	5973.2	−25.21	−16.98
60	2754.3	4668.2	6371.4	−30.25	−20.38
70	2555.2	4469.1	6769.6	−35.29	−23.77
80	2356.1	4270	7167.8	−40.34	−27.17
90	2157	4070.9	7566	−45.38	−30.56
100	1957.9	3871.8	7964.2	−50.42	−33.96

首先将种植结构调整情景在建立好可计算一般均衡模型中进行情景模拟，分析种植结构调整情况下对宏观经济指标的影响，结果见表 5.19。可以看出，增加大豆种植，同比例降低水稻种植和玉米种植，降低 GDP、总产出、总效用和就业。这主要是由于大豆单产过低的原因，增加大豆种植降低了玉米和水稻的种植面积，而在黑龙江玉米和水稻的单产相对较高。当在现有规模情景下，再增加 1 倍的大豆种植的情况下，GDP 会降低 1.31%，总产出仅降低 0.51%，社会总福利降低 185.5 亿元，劳动就业将降低 2.59%。总的来说，及时在大面积的种植调整情景下，对社会经济的冲击仍然有限。

表 5.19 种植结构对黑龙江省宏观经济的影响

变化情景	GDP 变化/%	总产出变化/%	总福利/万元	就业变化/%
10%	−0.13	−0.05	−185539	−0.26
20%	−0.26	−0.10	−370819	−0.52
30%	−0.39	−0.15	−556840	−0.78
40%	−0.53	−0.21	−742117	−1.04
50%	−0.66	−0.26	−927673	−1.30
60%	−0.79	−0.31	−1113230	−1.56
70%	−0.92	−0.36	−1298510	−1.82
80%	−1.05	−0.41	−1484510	−2.08
90%	−1.18	−0.46	−1669770	−2.33
100%	−1.31	−0.51	−1855330	−2.59

然后，利用可计算一般均衡模型模拟各个情景下水和能源的变化情况。主要是由于种植结构变化情况下，种植业内部的中间投入发生变化、种植业的总产出也发生变化，这势必对经济社会造成冲击。此外由于资本投入结构的变化，也会对其他部门造成影响，

具体的影响见表 5.20。可以看出，在增加大豆种植、降低水稻和玉米种植的情景下，各个行业的用水都在降低，其中在增加 10% 的情景下，农业用水减少了 7.4 亿 m³，主要是水稻种植面积减少造成的，水稻种植的灌溉定额较大，黑龙江水稻灌溉定额为 4200～7650m³/hm²，水稻灌溉合计总用水为 230 亿 m³，占灌溉用水的绝大部分。总的来说，种植结构的变化对用水的影响较大，全省种植结构调整 10%，灌溉用水有较大的降低。

表 5.20   **黑龙江省种植结构调整情景下用水变化**   单位：亿 m³

情景	农业用水变化	工业用水变化	生活用水变化	总用水变化
10%	−7.361	−0.022	−0.015	−7.397
20%	−14.717	−0.043	−0.030	−14.790
30%	−22.096	−0.065	−0.045	−22.205
40%	−29.452	−0.086	−0.060	−29.598
50%	−36.813	−0.108	−0.075	−36.995
60%	−44.174	−0.130	−0.090	−44.393
70%	−51.529	−0.151	−0.104	−51.785
80%	−58.908	−0.173	−0.119	−59.201
90%	−66.264	−0.194	−0.134	−66.593
100%	−73.625	−0.216	−0.149	−73.990

表 5.21 为种植结构调整时，能源产业产出的变化。从表 5.21 可以看出，种植结构调整对能源产业产出的影响不大，即使在大豆种植增加 1 倍的极端情景下，能源产业的产出都在 1.9% 以内。在 10% 的调整力度下，对能源产业的产出几乎没有影响。

表 5.21   **种植结构调整情景下黑龙江省能源产出的影响**

情景	煤炭产出变化/%	石油天然气变化/%	炼油炼焦产出变化/%	电力产出变化/%
10%	−0.151	−0.185	−0.177	−0.151
20%	−0.302	−0.368	−0.353	−0.301
30%	−0.454	−0.553	−0.531	−0.452
40%	−0.605	−0.737	−0.707	−0.603
50%	−0.757	−0.921	−0.884	−0.754
60%	−0.908	−1.105	−1.061	−0.904
70%	−1.059	−1.289	−1.237	−1.055
80%	−1.211	−1.474	−1.414	−1.206
90%	−1.362	−1.658	−1.591	−1.357
100%	−1.513	−1.842	−1.768	−1.507

（2）吉林调整种植结构情景设置和模拟。由于吉林以玉米种植为主，占粮食作物的绝大部分。在考虑我国豆类依赖进口比较严重的基础上，吉林调整种植结构以降低玉米种植面积，顶峰是降低 50% 的玉米种植面积，将降低的种植面积平均分到稻谷和豆类种植上。其调整的种植结构的情景见表 5.22。

表 5.22　　　　　　　　　　　　吉林省种植结构调整情景

玉米降低种植面积	稻谷/$10^3 hm^2$	玉米/$10^3 hm^2$	豆类/$10^3 hm^2$
基准	820.6	4164	62.1
10%	1028.8	3747.6	270.3
20%	1237	3331.2	478.5
30%	1445.2	2914.8	686.7
40%	1653.4	2498.4	894.9
50%	1861.6	2082	1103.1

首先根据可计算一般均衡模型计算种植结构调整情况下的经济社会影响，结果见表 5.23。

表 5.23　　　　　　　　　　种植结构对吉林省宏观经济的影响

情景	GDP 变化/%	总产出变化/%	总福利/万元	就业变化/%
10%	0.799	0.819	547071	1.574
20%	1.598	1.639	1094010	3.149
30%	2.398	2.459	1640967	4.723
40%	3.197	3.278	2187922	6.297
50%	3.996	4.098	2734860	7.871

从吉林的结果来看，种植结构的调整对于经济社会的影响较大，主要是玉米种植在种植业中占绝大部分，其种植面积降低对于社会经济影响非常大。在极端情景下，降低玉米种植面积 50% 的情况下，GDP 将增加 4%，总产出也将增加 4%，总福利将增加 273 亿元，就业将增加 7.8%。

其次，利用可计算一般均衡模型得出种植结构调整对用水的影响，其中主要的影响在农业用水，见表 5.24。

表 5.24　　　　　　　　吉林省种植结构调整情景下用水变化　　　　　　　单位：亿 m^3

情景	农业用水变化	工业用水变化	生活用水变化	总用水变化
10%	10.849	0.273	0.214	11.336
20%	21.698	0.546	0.428	22.672
30%	32.548	0.819	0.641	34.008
40%	43.397	1.092	0.855	45.345
50%	54.246	1.365	1.069	56.680

可以看出玉米种植面积每减少 10%，农业用水将增加 10 亿 m^3 以上。考虑到经济社会联系，玉米种植面积每减少 10%，工业用水增加 0.27 亿 m^3，生活用水增加 0.21 亿 m^3，总用水增加 11.33 亿 m^3。这是由于玉米种植用水较少，其灌溉定额为 800 m^3/hm^2 左右，而水稻种植在吉林灌溉定额较高，平均为 6000 m^3/hm^2。降低玉米种植面积虽然增加社会经济指标，但是其增加了用水，对水资源承载力是极大的考验。

最后,利用可计算一般均衡模型测算调整种植结构对能源产出的影响,见表 5.25。与黑龙江不同,吉林的种植结构调整对能源有较大的影响。玉米每降低 10%,通过中间投入和资本流动等经济社会系统影响,煤炭产出将增加 1.057%,石油天然气增加 1.178%,炼油炼焦产业增加 1.225%,电力产出增加 1.224%。总的来说吉林的粮食–能源的互动关系更为敏感。

表 5.25　　　　　　　　种植结构调整情景下吉林省能源产出的影响

情景	煤炭产出变化/%	石油天然气变化/%	炼油炼焦产出变化/%	电力产出变化/%
10%	1.057	1.178	1.225	1.224
20%	2.112	2.355	2.448	2.447
30%	3.167	3.532	3.671	3.67
40%	4.222	4.709	4.894	4.893
50%	5.277	5.885	6.117	6.116

(3)辽宁调整种植结构情景设置和模拟。辽宁与吉林种植结构类似,都是以种植玉米为主,玉米种植为 269.2 万 hm²,约占农作物总种植面积的 65%,豆类种植 8.53 万 hm²,多于吉林的 6.21 万 hm²,考虑到辽宁多位于辽河流域,其境内的水资源已经非常匮乏,这里在进行情景设置时,将玉米种植面积降低直接种植豆类,不再考虑稻谷的种植面积的变化。其中玉米种植降低情景与吉林类似,极端情景为种植面积降低 50%。

可以看出,在种植结构有效调整的情景下,辽宁省经济社会、用水和能源变化都呈现降低的趋势。见表 5.26～表 5.28。

表 5.26　　　　　　　　　种植结构对辽宁省宏观经济的影响

情景	GDP 变化/%	总产出变化/%	总福利变化/万元	就业变化/%
10%	−0.01	−0.009	−21678.2	−0.02
20%	−0.02	−0.018	−43365.7	−0.04
30%	−0.031	−0.027	−65052.7	−0.06
40%	−0.041	−0.036	−86740.8	−0.08
50%	−0.051	−0.045	−108427	−0.1

表 5.27　　　　　　辽宁省种植结构调整情景下用水变化　　　　　　单位:万 m³

情景	农业用水变化	工业用水变化	生活用水变化	总用水变化
10%	−31.714	−25.857	−29.602	−87.174
20%	−63.855	−51.726	−59.218	−174.798
30%	−96.005	−77.593	−88.832	−262.43
40%	−128.171	−103.461	−118.448	−350.08
50%	−160.285	−129.33	−148.062	−437.676

表 5.28　　　　　　　　　种植结构调整情景下辽宁省能源产出的影响

情景	煤炭产出变化/%	石油天然气变化/%	炼油炼焦产出变化/%	电力产出变化/%
10%	−0.011	−0.01	−0.01	−0.013
20%	−0.021	−0.02	−0.021	−0.026
30%	−0.032	−0.03	−0.031	−0.038
40%	−0.043	−0.04	−0.041	−0.051
50%	−0.053	−0.051	−0.051	−0.064

（4）三个省份调整种植结构的边际效应分析。由于三个省份的耕地禀赋的重大差异，情景中每变动 10% 在绝对种植面积上有巨大变化，并且三个省份情景变动中，基准作物变化也有不同，为了分析绝对变动下的宏观经济效应，这里引入边际福利效应分析，也就是考量每变动 1hm² 下，福利的变化情况。

根据表 5.29，吉林的边际福利效应最好，即每降低 1hm² 的玉米，同时增加 0.5hm² 稻谷和 0.5hm² 大豆的情况下，吉林总福利会增加 1.3 万元。黑龙江边际福利次之，每增加 1hm² 大豆种植，同时降低 0.5hm² 稻谷种植和 0.5hm² 玉米种植的情况下，黑龙江省总福利会降低 4659 元。辽宁边际福利变化最小，每降低 1hm² 玉米种植，同时增加 1hm² 大豆种植的情景下，辽宁省总福利下降 805 元。从三个省份的情景来看，稻谷种植的福利效应最高、玉米其次、大豆最小。

表 5.29　　　　　　　　　　各省份边际福利效应分析

省份	基准作物	情景目标	面积调整/万 hm²	置换对象	边际福利/(元/hm²)
黑龙江	大豆	增加大豆种植	39.82	稻谷50%、玉米50%	−4659
吉林	玉米	降低玉米种植	41.64	大豆50%、稻谷50%	13136
辽宁	玉米	降低玉米种植	26.92	大豆100%	−805

从三个省份的三种作物的亩均收入来看（表 5.30），种植稻谷的亩均收入远高于玉米和大豆的亩均收入，亩均收入黑龙江为 1506 元、吉林为 1759 元、辽宁为 1807 元，越往南稻谷的亩产越高，价格假定不变。玉米的亩均收入略高于大豆，亩产远高于大豆，略低于稻谷的亩均产量，但是单价仅为稻谷的 40% 左右，因此亩均收入仅为稻谷的 30% 左右。大豆的亩均收入低于玉米，不到稻谷的 30%。

表 5.30　　　　　　　　　　各省份三种作物的亩均收入

省份	产量/(斤/亩)			售价/(元/t)			亩均收入/(元/亩)		
	稻谷	玉米	大豆	稻谷	玉米	大豆	稻谷	玉米	大豆
黑龙江	951.93	842.17	246.08	3165	1360	3800	1506	573	468
吉林	1111.76	1040.92	303.71	3165	1390	3750	1759	723	569
辽宁	1142.01	886.28	346.53	3165	1515	3655	1807	671	633

从以上分析可以看出，任何降低稻谷种植面积，而增加玉米和大豆种植面积的情景下，社会总福利都会下降。对于吉林降低玉米种植 10% 后，由于要素的替代效应，玉米总产出仅下降 9.1%，同时稻谷总产出大幅增加了 23.5%，而大豆总产出增加了 309.3%。对于分行业的总产出来看，都出现一定程度的增加，烟草和食品行业增幅最大，增加了 1.9%。由于食品工业是种植业的下游行业，调整种植结构有力促进了吉林的食品工业的发展。原有的种植结构中，玉米种植约占 70%，且大部分为调出使用。此外，化学工业的总产出也增加了 1.4%。综上可以看出，吉林的调整种植结构，降低玉米的种植比例，能够有效配置要素、促进下游行业的产出增加，且其边际福利效应最高。

第6章 面向粮食安全的东北地区协调
发展优化格局

6.1 气候变化及其影响下东北作物生长季时空变化特征及分布格局

6.1.1 东北地区气候变化情景预估

分析整理东北地区气候变化评估的文献资料和气候模式预测成果，结果表明：未来东北地区总体上将呈现暖湿化（气温升高、降水偏多）的趋势，这种趋势在高强度碳排放情景下表现得更为明显。

（1）数据和气候模式说明。国际间耦合模式比较计划第五阶段（Coupled Model Inter-comparison Project Phase 5，CMIP5）包含了来自全球23个模式组的46个地球系统模式（Earth System Models，ESM）和来自9个国家的15个中等复杂程度的地球系统模式，CMIP5采用RCP2.6、RCP4.5、RCP6.0和RCP8.5共四个代表性浓度路径排放情景进行预测。对各情景方案的简要说明如下：①RCP2.6—低排放情景：假设辐射强迫在2100年之前先达到峰值2.6W/m^{2}后下降，2100年后对应的二氧化碳浓度峰值约为490×10^{-6}（parts per million，ppm）的水平；相较1980—1999年平均值，该情景预估全球将升温1.6~3.6℃。②RCP4.5—中排放情景：假设辐射强迫在2100年后达到相对稳定值4.5W/m^2，对应的二氧化碳浓度稳定在650ppm的水平；该情景预估全球气温比基准期升高3.2~7.2℃。③RCP6.0—中排放情景：假设辐射强迫在2100年后达到相对稳定值6.0W/m^2，对应的二氧化碳浓度稳定在850ppm的水平；该情景预估全球气温比基准期升高3.2~7.2℃。④RCP8.5—高排放情景：假设辐射强迫在2100年后达到峰值8.5W/m^2，对应的二氧化碳浓度高于1370ppm，且排放强度仍然处于上升趋势；该情景预估全球气温比基准期升高4.6~10.3℃。

（2）气温预估结果。针对东北地区未来气候变化的研究表明（陶纯苇，2016）：全区气温呈南高北低的空间分布格局，未来全区气温均呈上升趋势，且北部增幅普遍大于南部，RCP 8.5情景下的增温幅度远大于RCP 4.5情景，如图6.1所示。具体来说：①近期（2016—2035年），RCP 4.5和RCP 8.5情景下东北地区的增温幅度相差不大，相对于基准期（1986—2005年）平均值增加了0.5~1.5℃；②中期（2046—2065年），两种情景下的增温幅度分别为1.4~2.4℃和2.2~3.0℃；③远期（2080—2100年），两种情景下全区的增温幅度分别达到了2.0~3.0℃和4.3~5.4℃，RCP 8.5情景的增温幅度开始显著高于中低浓度排放（RCP 4.5）。这可能是因为长期高强度的碳排放超过了海洋的存储能力，海洋开始由巨大的碳汇向碳源转变。

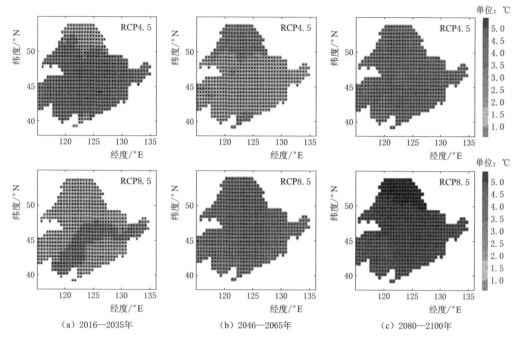

(a) 2016—2035年　　　　(b) 2046—2065年　　　　(c) 2080—2100年

图 6.1　东北地区未来年平均气温较基准期（1986—2005 年）的增加值（陶纯苇，2016）

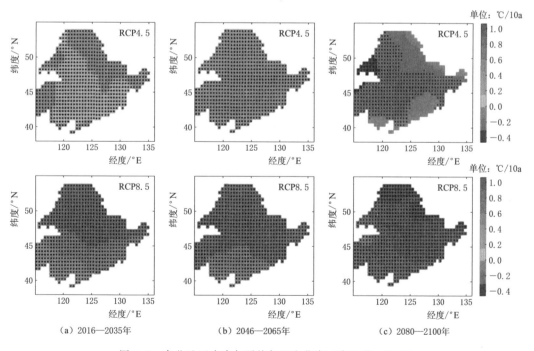

(a) 2016—2035年　　　　(b) 2046—2065年　　　　(c) 2080—2100年

图 6.2　东北地区未来年平均气温变化率（陶纯苇，2016）

在变化速率方面，该研究结果如图 6.2 所示。在 RCP4.5 中排放情景下：①近期（2016—2035 年）东北地区一直处于增温状态，其中东北部和西部地区的增温速率最快，最大增温率为 0.38℃/10a；②中期（2046—2065 年）中部地区的增温速率较近期有所增加，全区增温率在 0.19℃/10a～0.40℃/10a；③远期（2080—2100 年）全区气温开始下降，其中呼伦贝尔市下降最快（增温率为−0.35℃/10a）。在 RCP8.5 高排放情景下，全区气温持续上升，平均增温率超过了 0.56℃/10a，其中黑龙江省和内蒙古自治区最北部的增温速率最大，为 0.96℃/10a。

（3）降水的预估结果。针对东北地区未来气候变化的研究表明（陶纯苇，2016）：未来全区年降水量呈增加趋势，且 RCP8.5 情景的增幅高于 RCP4.5 情景。具体来说：①近期（2016—2035 年），RCP 4.5 和 RCP 8.5 情景下东北地区年均降水量相对于基准期（1986—2005 年）的增幅不超过 10%；②中期（2046—2065 年），两种情景下的增幅为 5%～15%；③远期（2080—2100 年），两种情景下全区降水的增幅分别达到了 8%～15%（RCP4.5）和 10%～30%（RCP8.5）。结果如图 6.3 所示，图中数值为未来年平均降水量与 1986—2005 年历史试验的距平百分率。

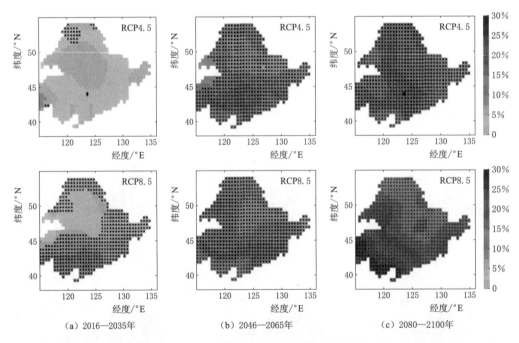

（a）2016—2035年　　　　　　（b）2046—2065年　　　　　　（c）2080—2100年

图 6.3　东北地区未来年平均降水量预估（陶纯苇，2016）

在变化速率方面，该研究结果如图 6.4 所示。在 RCP4.5 中排放情景下：①近期（2016—2035 年）辽宁省南部和黑龙江省东部地区降水增加速率最大，增速为 0.12～0.13(mm/d)/10a；②中期（2046—2065 年）黑龙江省东部地区依然保持较快的降水增长速率，但辽宁省南部地区降水增加速率则略低于近期，且未通过显著性检验。在 RCP8.5 高排放情景下：①近期（2016—2035 年）黑龙江省北部局部地区降水增加速率为正［速率为 0.10～0.12(mm/d)/10a］；②中期（2046—2065 年）辽宁省的降水增加最快［速率为 0.11～0.17(mm/d)/10a]；③远期（2080—2100 年）降水变化速率呈现西部为正、东部为负的趋势。

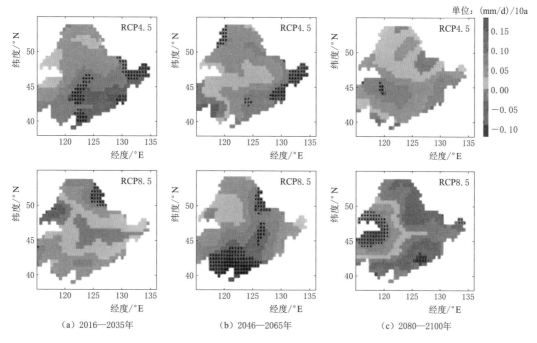

（a）2016—2035年　　　（b）2046—2065年　　　（c）2080—2100年

图 6.4　东北地区未来年平均降水线性趋势的预估分布（陶纯苇，2016）

6.1.2　作物生长季参数时空变化趋势分析

为了解东北三省的生长季的时空变化特征，基于东北三省 81 个站点的逐日最高温和最低温数据，研究分析了东北三省的气象生长季参数（生长季长度、生长季开始日期、生长季结束日期）从 1961 年至 2016 年的生长季时空变化趋势，并利用时变百分位变异法，进一步分析了影响生长季变化的气温变化分布格局，农业部门应对未来气候变化提供科学依据。

（1）生长季参数时间变化趋势分析。图 6.5 表示东北三省 1961—2016 年生长季长度、生长季开始日期和生长季结束日期的变化趋势。可以看出，生长季长度整体呈现增加的趋势，增加趋势为 2.5d/10a；生长季开始日期主要呈现 1.5d/10a 的提前趋势，而生长季结束日期呈现 1.1d/10a 的推迟趋势。

具体来看，对于生长季开始日期，在研究期间起始阶段（1981 年之前），生长季开始日期主要集中在一年中的第 100 天到第 110 天，也就是四月中旬；但在 1990 年以后，生长季开始日期年际间的波动较大，且将近 50% 的生长季开始日期出现在一年中的第 100 天之前，有些年份的生长季开始日期甚至出现在 3 月底，例如 2002 年和 2015 年。

对生长季结束日期，1986 年之前生长季结束日期波动较小，结束日期主要集中在一年当中的第 293～304 天，即 10 月下旬；而 1986 年之后波动明显增大，且大于 50% 的生长季结束日期出现在一年的第 305 之后，即 11 月。

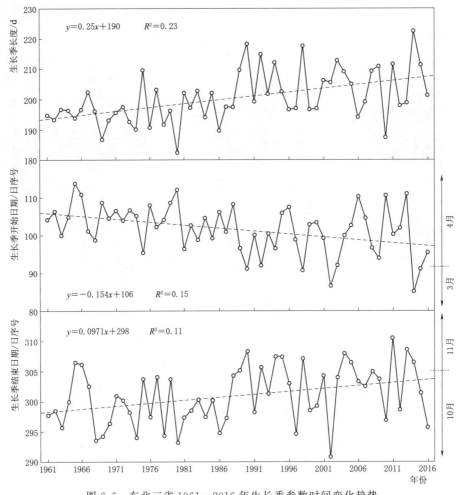

图 6.5　东北三省 1961—2016 年生长季参数时间变化趋势

（2）生长季参数空间变化趋势分析。为明确生长季变化趋势在空间上的差异性，研究进一步对东北三省 1961—2016 年生长季参数的空间分布特征进行了分析。从图 6.6（a）中可以看出，所有站点的生长季长度均呈现延长的趋势，且在 79％的站点呈现显著延长的趋势；生长季延长趋势以 2～4d/10a 为主，在吉林吉安（位于长白山）、吉林二道（位于长白山）、黑龙江明水（位于松嫩平原西北部）三个站点，生长季延长趋势达到大于 4d/10a，呈现不显著延长趋势的站点散落在西部的耕地地区。

对比图 6.6（b）和图 6.6（c），可以发现，生长季开始日期的提前趋势明显大于生长季结束日期的推迟趋势。对于生长季开始日期，81 个站点的生长季开始日期均呈现提前的趋势，其中约 58％的站点呈现显著提前的趋势，以提前 0～2d/10a 为主，提前趋势大于 2d/10a 的站点占总站点数量的 15％，主要分布在松辽平原和长白山一带。对于生长季结束日期，所有站点均呈现推迟的趋势，其中仅约 40％的站点达到显著水平，且 95％的站点的推迟趋势为 0～2d/10a，推迟趋势明显弱于生长季的提前趋势；推迟趋势大于 2d/10a 的站点为黑龙江依兰、黑龙江虎林、吉林靖宇和吉林吉安。

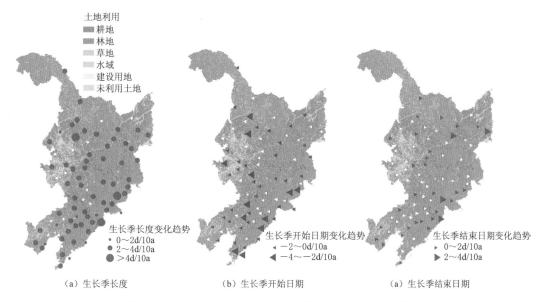

（a）生长季长度　　　　　（b）生长季开始日期　　　　　（a）生长季结束日期

图 6.6　东北三省 1961—2016 年生长季参数空间变化趋势

6.1.3　分区气温时变百分位数变化分析

时间变异百分位法旨在对极端气温各百分位阈值的变化趋势进行评估。本研究主要分析了东北三省 1961—2016 年每个月最高温（T_{max}）、最低温（T_{min}）和气温日较差（ΔT_R）5%～95%共 19 个百分位数的变化趋势分别进行分析，以明晰东北三省气温变化的分布特征。

图 6.7 对 1961—2016 年东北三省极端气温和气温日较差的时变百分位数的空间平均趋势进行了总结。最高温在整个时变百分位数趋势空间上都呈现增温的趋势 [图 6.7（a）]，其中在 2 月 10%～30%百分位数空间上升温趋势最为明显，最高达到 3℃/50a；在 9 月呈现微弱的升温趋势，表现为小于 30%的百分位数升温趋势达到 1.5℃/50a，大于 30%趋势空间上为 1℃/50a。

由图 6.7（b）可知，最低温的各个百分位数大部分呈现上升的趋势，其中，1 月下旬至 3 月上旬的各个百分位数在整个频率空间上上升趋势强烈，说明冬季（12 月至次年 1 月）是在全年中升温速率最快的季节；变化趋势从 1 月的 2.5℃/50a 快速上升到 2 月的 4℃/50a，随后 3 月下降至 3℃/50a。3—6 月，在下百分位数趋势空间上（<30%），变化趋势基本维持在 2.5℃/50a，而 40%～90%百分位数维持在 2℃/50a，升温趋势明显。相比于冬季和春季，夏季（6—8 月）和秋季（9—11 月）的最低温各个百分位数升温趋势较弱。基本维持在 1.5℃/50a 左右。

与最高温和最低温变化整体趋势相反，气温日较差在整个趋势空间上呈现下降的趋势 [图 6.7（c）]，且下降趋势在 1—2 月大于 40℃/50a、5 月大于 15%和 11—12 月大于 30%呈现出大于 1.5℃/50a 的下降趋势，特别是在 1 月大于 90%和 5 月大于 70%的趋势空间上，气温日较差变化趋势达到−2℃/50a。7—9 月气温日较差变化趋势不明显。

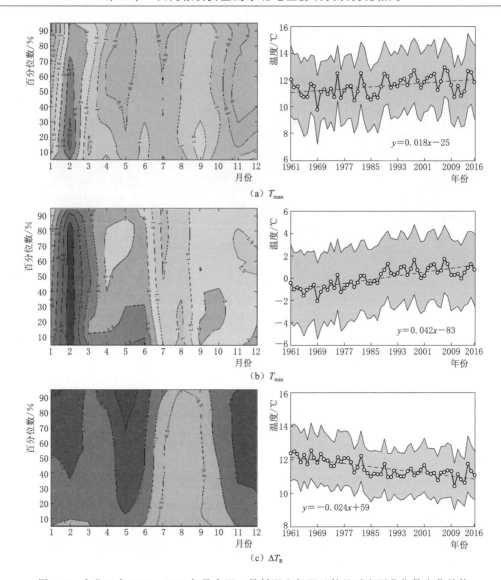

图 6.7　东北三省 1961—2016 年最高温、最低温和气温日较差时变百分位数变化趋势

总体来看，东北三省的最低温升温趋势明显大于高温的升温趋势，导致气温日较差整体呈现下降的趋势；从季节上看，东北三省的主要升温季节为 2 月，冬季升温明显，夏季和秋季升温趋势不明显；从百分位数趋势空间上看，最高温和最低温的下百分位数升温趋势大于上百分位数，暗示冷极端事件的减少和暖极端事件的增加。这在一定程度上也印证了生长季延长的变化趋势，因为气候生长季是以一年中第一次出现连续 6d 平均温度大于 5℃为开始日期，第一次出现连续 6d 平均温度低于 5℃为结束日期，2 月的显著升温对于生长季开始日期的提前至关重要。

6.1.4　站点气温时变百分位数变化分析

为进一步探讨东北三省主要升温季节的不同百分位数变化趋势的空间差异性，研究继续对各个站点的 2 月的最高温和最低温的不同百分位数进行了分析。

图 6.8 表示的是东北三省 2 月最高温各个百分位数变化趋势的空间分布。从图 6.8 中可以看出，2 月各个百分位数在所有站点都呈现上升的趋势，对于 10％～30％百分位数，在东北三省北部地区（主要包括黑龙江省），最高温变化趋势主要为 0.3～0.6℃/10a，而在南部地区大部分站点的最高温变化趋势为 0.6～0.9℃/10a，并且在吉林长白达到大于 0.9℃/10a 的升温趋势，南部地区的升温趋势明显高于北部地区。对 40％～70％百分位数，南部地区（主要是辽宁省）呈现 0.6～0.9℃/10a 升温趋势的站点逐渐稀疏，并主要向南部中间地带集中，吉林省小于 70％的各百分位数区别不大。但对于 80％～90％百分位数，呈现 0.6～0.9℃/10a 升温趋势的站点明显减少，研究区大于 90％的站点最高温增加趋势小于 0.6℃/10a。整体来看，对于 2 月最高温的不同百分位数而言，中下百分位数的上升趋势明显大于上百分位数的上升趋势，且对中下百分位数，南部地区的上升趋势明显大于北方地区，而上百分位数升温趋势的空间差异不明显。

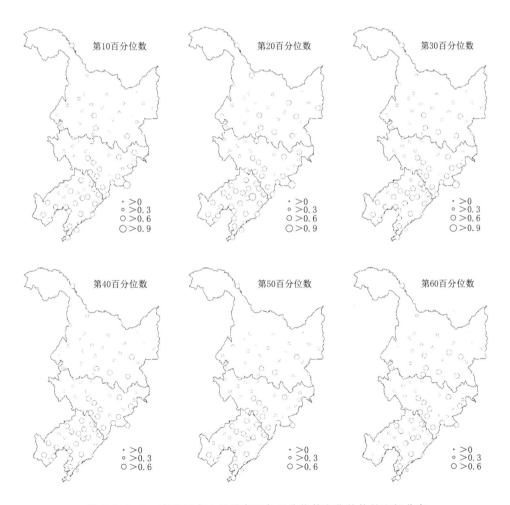

图 6.8（一） 东北三省 2 月最高温各百分位数变化趋势的空间分布

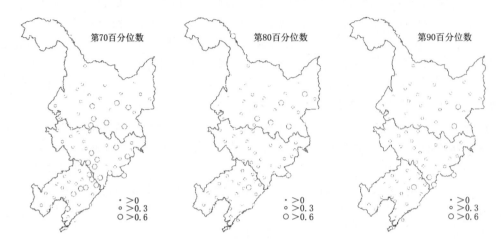

图 6.8（二）　东北三省 2 月最高温各百分位数变化趋势的空间分布

图 6.9 表示的是东北三省 2 月最低温各个百分位数变化趋势的空间分布。从图 6.9 中可以看出，相比于最高温，2 月最低温的各个百分位数上升趋势更为明显。具体来看，对于 10％～60％百分位数具有相似的空间趋势分布，20％百分位上升趋势最大。在吉林和辽宁的长白山区域，最低温变化趋势较大平均大于 0.9℃/10a；南部地区大部分站点的最低温变化趋势大于北部地区，并且趋势变化由南向北递减。对 70％～80％百分位数，整个研究区空间变化趋势比较一致，但明显还是南部地区（主要是吉林和辽宁省）升温较大的站点分布密集，70％百分位趋势变化最小。研究区大于 90％的站点最低温增加趋势较大的站点较少（0.6℃/10a），较大的变化趋势出现在黑龙江南部。整体来看，对于 2 月最高温的不同百分位数而言，中下百分位数的上升趋势明显大于上百分位数的上升趋势，且对中下百分位数，上升趋势主要出现在长白山山区，同时南部地区的上升趋势明显大于北方地区，而上百分位数升温趋势的空间差异不明显。

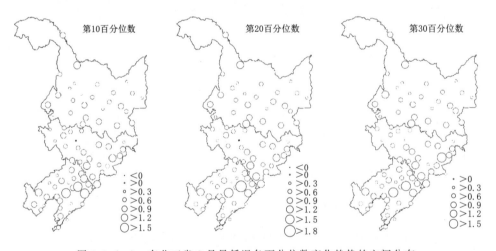

图 6.9（一）　东北三省 2 月最低温各百分位数变化趋势的空间分布

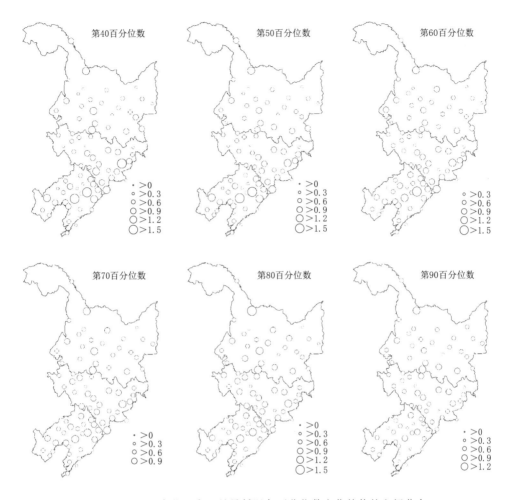

图 6.9（二）　东北三省 2 月最低温各百分位数变化趋势的空间分布

6.2　东北地区春玉米生产潜力分析及灌溉制度优化

6.2.1　不同年型春玉米生育期需水规律分析

选取东北地区典型作物春玉米为研究对象，探究其在枯水年、丰水年和平水年的不同生育期阶段的耗水规律及灌溉需水量，选取安达、前郭、长岭三个站点。研究使用 CROPWAT 模型计算，作物生育期分为初始生长阶段（播种至作物覆盖地面 10%）、快速生长期（作物覆盖地面 10%～100%）、生长中期（作物覆盖地面 100% 至开始成熟）和成熟期（开始成熟至完全衰老）四个阶段。研究中的气象数据来自中国气象数据网中国地面气候资料日值数据集，作物数据来源于中国气象数据网农作物生长发育和农田土壤湿度旬值数据集。

（1）黑龙江省安达站。安达不同降水年型春玉米灌溉需水量与有效降水量关系如图 6.10 所示。作物需水量是灌溉需水量和有效降水量的总和。春玉米在不同降雨年型下，整个生育期的作物需水量呈先增大后减小趋势，7 月作物需水量达到最大，即作物中期是春玉米需水的关键期。春玉米整个生育期在枯水年、平水年和丰水年的作物需水量分别为 426.1mm/旬、404.4mm/旬、421.6mm/旬，差异较小，说明不同的降水年型不影响春玉米的作物需水量。对比不同降水年型的 6 月，即春玉米的作物生长期，平水年和丰水年的有效降水呈递增趋势，灌溉需水量较小，枯水年的有效降水量较低，灌溉需水量在整个生育期达到最大，占整个生育期灌溉需水量的 44.2%。同理，丰水年 8 月的有效降水量较低，即作物中期末灌溉需水量较大。说明作物生育期的有效降水量影响着春玉米的灌溉需水量。

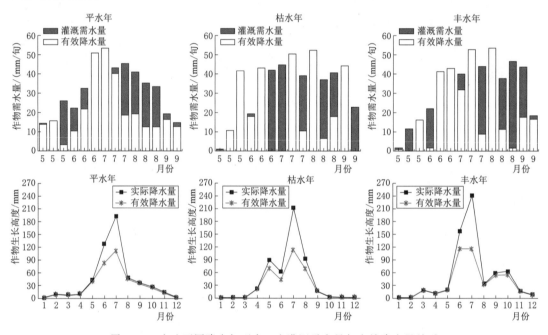

图 6.10　安达不同降水年型春玉米灌溉需水量与有效降水量关系

（2）吉林省前郭站。前郭不同降水年型春玉米灌溉需水量与有效降水量关系如图 6.11 所示，不同降水年型下作物需水量均呈先增大后减小、再增大再减小趋势，春玉米在枯水年、平水年和丰水年的作物需水量分别为 458.8mm/旬、445.3mm/旬、442.6mm/旬。不同降水年型下的 8 月上旬、中旬和下旬，即作物中期末，有效降水量都是递减趋势，平水年、枯水年和丰水年的灌溉需水量分别占整个生育期灌溉需水量的 23.96%、20.85%、24.93%，说明春玉米的作物中期末是需要灌溉的关键期。平水年的 5 月下旬和 7 月下旬，枯水年的 6 月和 7 月上、中旬，丰水年的 5 月下旬和 7 月，即春玉米的作物生长期和作物中期，有效降水量较大，但不能够满足春玉米的作物需水量，需要一定的灌溉需水量。

（3）吉林省长岭站。长岭不同降水年型春玉米灌溉需水量与有效降水量关系如图 6.12 所示，不同降水年型下作物需水量均呈先增大后减小、再增大再减小趋势，春玉米在枯水

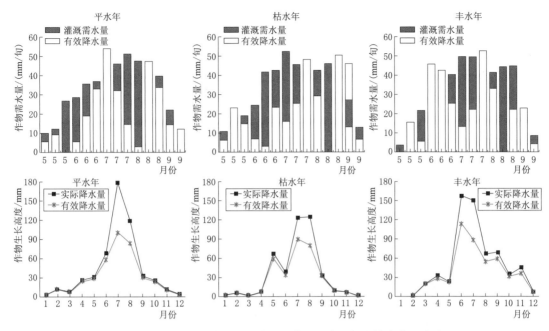

图 6.11 前郭不同降水年型春玉米灌溉需水量与有效降水量关系

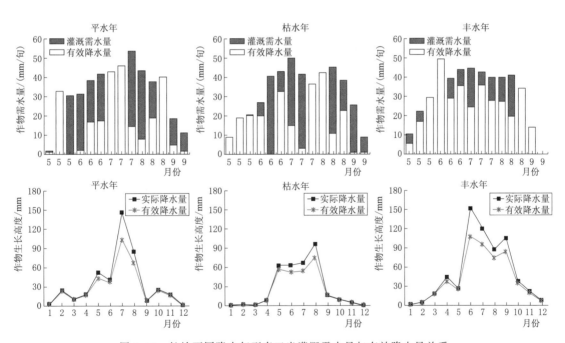

图 6.12 长岭不同降水年型春玉米灌溉需水量与有效降水量关系

年、平水年和丰水年的作物需水量分别为 437.3mm/旬、448.2mm/旬、411.4mm/旬。
总体来看，丰水年的灌溉需水量最小，整个生育期需要灌溉 103.2mm/旬。平水年的有效
降水量大于枯水年，但枯水年的灌溉需水量小于平水年的灌溉需水量。平水年的有效降
水在全年分布较分散，枯水年的降水比较集中，集中在春玉米的生育期，说明主要影响

春玉米生长的是生育期内的有效降水。平水年和丰水年的灌溉需水量主要集中在作物生长期和作物中期末。

6.2.2　松嫩平原春玉米生产潜力模拟

选取松嫩平原的 5 个典型站点（富裕县、海伦县、长岭县、泰来县、哈尔滨市），收集 2000—2014 年气象、土壤和作物生长的相关数据，利用 WOFOST 作物模型模拟各站点在不同水平年下的产量情况，与春玉米生育期有效降水量进行对比，得出实现春玉米潜在产量的灌溉关键期以及各站点不同水平年下的生产潜力，应用 CROPWAT 模型计算其春玉米的灌溉需水量。

6.2.2.1　数据来源

考虑所得数据的完整性以及各气象站点春玉米的种植情况，本研究选取松嫩平原的 5 个代表性站点进行分析，分别为富裕、海伦、长岭、泰来和哈尔滨。本研究所需数据主要包括各站点的气象数据、土壤数据、实际产量数据，以及春玉米生长的其他相关数据。气象数据、实际产量数据，以及春玉米生长的其他相关数据均由中国气象局提供（http：//data.cma.cn/）。其中，气象数据包括日尺度降水、最高气温、最低气温、相对湿度、日照时数和平均风速，日照时数通过公式（参考 FAO）转化为日太阳辐射量为作物模型所用；作物产量数据来自中国农作物产量资料旬值数据集。土壤质地和有机质比例来自中国土壤数据库（http：//vdb3.soil.csdb.cn/），土壤凋萎系数等通过 SPAW 计算得出（表 6.1）。作物生长相关数据来自中国农作物生长发育和农田土壤湿度旬值数据集以及研究所需数据的时间范围见表 6.2。

表 6.1　　　　　　　　　　　　土　壤　属　性

参数	参数含义	富裕	海伦	长岭	泰来	哈尔滨
KO	饱和土壤导水率/(cm/d)	87.1	28.8	81.7	18.7	23.3
SMFCF	土壤田间持水量/(cm^3/cm^3)	0.20	0.32	0.19	0.32	0.34
SMW	土壤凋萎系数/(cm^3/cm^3)	0.12	0.18	0.12	0.19	0.19
SMO	土壤饱和含水量/(cm^3/cm^3)	0.45	0.49	0.43	0.46	0.50
土壤质地	粉土比例/%	7	28	7	29	38
	砂土比例/%	77	45	77	42	33
	黏土比例/%	16	27	16	29	29
	有机质比例/%	1.87	3.24	4.19	2.41	2.82

表 6.2　　　　　　　　　　　　基　础　数　据

类　别	变　量	单位及描述
气象数据 （1981—2014 年）	太阳辐射量	kJ/(m^2·d)
	最低气温	℃
	最高气温	℃

类　别	变　量	单位及描述
气象数据 （1981—2014 年）	平均水汽压	kPa
	平均风速	m/s
	降水	mm/d
	日照时数	h
作物生长数据 （2000—2014 年）	作物生育期时间	d
	作物产量	kg/hm²

6.2.2.2　模型参数修正

WOFOST 模型由荷兰瓦赫宁根大学开发，是一种被广泛应用的机理模型，模型考虑光、温、水等影响作物生长发育的气象因素，对作物生长的基本生理生态过程进行量化，并模拟最佳状态下以及养分或水分等限制条件下作物的产量。

本研究主要采用 WOFOST 模型中的潜在产量和雨养产量对松嫩平原春玉米产量进行模拟。其中，潜在产量指在潜在生产条件下的产量，即水分供应充足，不受降雨的影响，作物产量仅取决于光照和温度；雨养产量指在水分限制生产条件下，这时作物产量取决于光照、温度和降水。两种产量模式下的养分供应都假设为最佳状态，以日步长进行模拟，不考虑由病害、虫害、杂草和极端天气造成的作物产量损失。

由于松嫩平原春玉米为旱作植物，因此，本研究将雨养产量作为模拟数据，实际产量作为验证数据，来对模型参数进行调整。对于不敏感的生长参数取模型原有的参数，对敏感性较高的参数，通过"试错法"做适当调整，最终得到模型率定的主要参数，见表 6.3。

表 6.3　　　　　　　　　　用于 WOFOST 模型率定的主要参数

参数	参数含义	富裕	海伦	长岭	泰来	哈尔滨
RDI	根系生长初始值/cm	10	10	10	10	10
TSUM1	从出苗到开花的积温/℃	4	4	4	4	5.5
TSUM2	从开花至成熟的积温/℃	900	1050	1050	1050	1000
TSUMEM	从播种到出苗的积温/℃	1000	1000	1000	995	1000
TBASEM	作物出苗的最低温度阈值/℃	110	110	130	115	110
CVL	叶部同化吸收效率/(kg/kg)	0.68	0.68	0.72	0.76	0.68
CVO	储藏器官同化吸收效率/(kg/kg)	0.70	0.56	0.84	0.84	0.69
CVR	根部同化吸收效率/(kg/kg)	0.69	0.69	0.72	0.76	0.69
CVS	茎部同化吸收效率/(kg/kg)	0.66	0.66	0.69	0.76	0.66
RDM	最大根深/cm	100	100	100	100	120
START	播种时间（一年中的第几天）	136	127	122	119	121
END	结束时间（一年中的第几天）	272	270	273	270	263
SSMAX	最初根层土壤水含量/cm	16.02	15.0	22.4	20.0	21.6

6.2.2.3　模型验证

模型在研究区的适用性主要通过检验模型对实际产量的模拟能力来进行判断。利用实际产量对 WOFOST 模型进行参数率定后，得到各站点雨养产量与实际产量的相关系数，如图 6.13 所示。

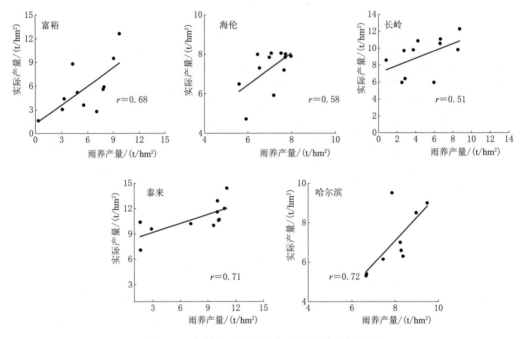

图 6.13　各站点雨养产量与实际产量的相关性

可以看出，5 个站点雨养产量与实际产量的相关系数均大于 0.5，说明 WOFOST 模型进行参数调整后适用于研究区的春玉米研究，但不同站点的实际产量和雨养产量的相关程度存在一定的差异。其中，哈尔滨和泰来的相关性最强，相关系数分别为 0.72、0.71，说明 WOFOST 模型在哈尔滨和泰来的模拟效果最好；长岭相比其他站点相关性较弱，相关系数为 0.51。此外，从各站点可以看出，部分年份雨养产量大于实际产量，说明作物在实际中可能受到种植制度、土壤肥力下降、品种播期变化等外在因素的影响而使产量有所降低，例如哈尔滨；部分年份实际产量明显大于雨养产量，这可能是由于松嫩平原部分地区的春玉米种植为灌溉农田所导致的，例如泰来和长岭。综上所述，虽然在实际中春玉米生长会受多种因素影响，但通过参数率定，WOFOST 模型模拟得到的 5 个典型站点的春玉米雨养产量和实际产量相关性较强，在该研究区具有很好的适用性。

6.2.2.4　模拟分析

利用文本编辑软件将 WOFOST 模型中作物的参数和各站点的土壤参数进行修改，然后重新启动模型，分别代入各站处理过的 2000—2014 年的气象数据，对嫩江、哈尔滨、富裕、海伦、泰来和长岭六个典型农业气象站点作物的潜在产量和雨养产量进行模拟（每个站点模拟作物不同，其中，嫩江与春小麦，哈尔滨、富裕、海伦、泰来、长岭与春玉米），模拟最终结果以及实际产量。（PP 为潜在产量，WP 为雨养产量，AP 为实际产量）。

从图 6.14 中可以看出，哈尔滨、泰来、海伦、富裕和长岭春玉米的潜在产量分别为 6.64～10.00t/hm²、9.38～12.39t/hm²、5.64～8.13t/hm²、8.81～11.30t/hm²、7.91～10.31t/hm²，平均产量分别为 8.30t/hm²、10.51t/hm²、7.14t/hm²、10.04t/hm²、8.99t/hm²；雨养产量分别为 6.64～10.00t/hm²、0.34～9.73t/hm²、5.60～7.98t/hm²、0.78～11.30t/hm²、0.83～8.73t/hm²，平均产量分别为 8.09t/hm²、5.90t/hm²、6.89t/hm²、7.17t/hm²、4.84t/hm²；实际产量分别为 5.31～9.51t/hm²、1.60～12.64t/hm²、4.72～8.05t/hm²、7.09～14.39t/hm²、5.94～12.27t/hm²，平均产量分别为 7.08t/hm²、5.73t/hm²、7.32t/hm²、9.95t/hm²、9.17t/hm²。嫩江春小麦的潜在产量为 4.64～6.60t/hm²，平均产量为 5.52t/hm²；雨养产量为 2.36～6.59t/hm²，平均产量为 4.78t/hm²；实际产量在 2.14～4.60t/hm²，平均产量为 3.49t/hm²。

（1）不同水平年春玉米产量差异及其与有效降水量的关系。由图 6.14 来看，各站点在不同水平年春玉米的潜在产量均大于或等于雨养产量，且在枯水年、平水年和丰水年，春玉米的潜在产量与雨养产量的差距逐渐减小。对于有效降雨量，各站点在不同水平年

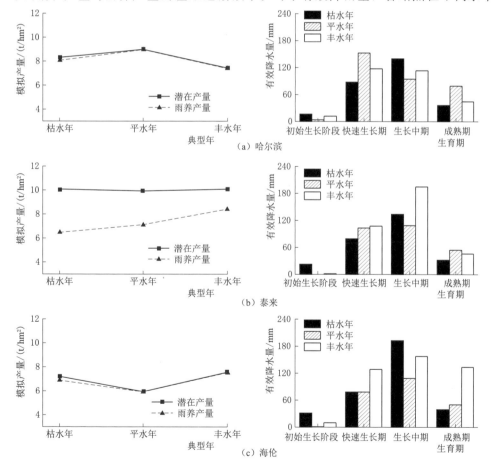

图 6.14（一） 各站点不同水平年春玉米产量差异与生育期有效降水量

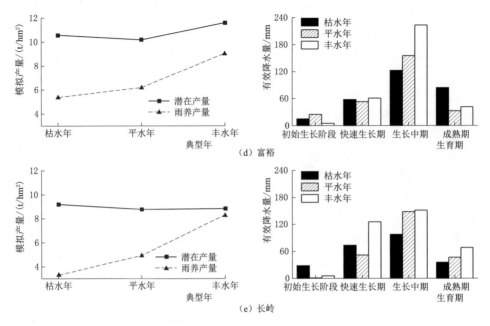

图6.14（二）　各站点不同水平年春玉米产量差异与生育期有效降水量

的有效降水量都集中在春玉米的快速生长期和生长中期，在初始生长阶段枯水年的有效降水量均高于丰水年和平水年。

具体来看，哈尔滨在平水年和枯水年的潜在产量和雨养产量均大于丰水年，同时，其在春玉米快速生长期平水年有效降水量最大，在春玉米生长中期枯水年有效降水量最大［图6.14（a）］；海伦在平水年的潜在产量和雨养产量均低于枯水年和丰水年，同时，在春玉米快速生长期丰水年的有效降水量最大，在春玉米生长中期枯水年有效降水量最大［图6.14（c）］；富裕枯水年、平水年和丰水年的雨养产量逐渐增大，同时，在春玉米生长中期的有效降水量也逐渐增大［图6.14（d）］，综上所述，说明春玉米快速生长期和生长中期是春玉米生长的关键期。

长岭在丰水年的潜在产量和雨养产量均高于平水年，在春玉米快速生长期丰水年的有效降水量大于平水年，在春玉米生长中期丰水年和平水年的有效降水量几乎相等［图6.14（e）］；在枯水年的雨养产量几乎接近于0，且潜在产量和雨养产量的差值较大，接近于6t/hm²，但其在春玉米生育期有效降水量分布均衡，说明模型自身的不确定性对春玉米产量的模拟有一定的影响。

泰来在平水年的雨养产量大于枯水年，同时，在春玉米快速生长期平水年的有效降水量大于枯水年，在春玉米生长中期枯水年的有效降水量大于平水年［图6.14（b）］，说明在春玉米快速生长期的有效水量的作用效果大于春玉米生长中期的有效降水量。

（2）春玉米生产潜力分析。图6.15的坐标轴方向为春玉米的生产潜力（t/hm²），即潜在产量与雨养产量的差值。从图6.15中可以看出，丰水年、平水年和枯水年的生产潜力依次递增，在哈尔滨、海伦、泰来、富裕和长岭中生产潜力逐渐增大。哈尔滨和海伦在不同水平年的生产潜力差异较小，且均小于1t/hm²，产量已达到相对稳定的阶段。长岭枯水年的生产潜力最大，已达 6t/hm²，更加说明了模型受自身不确定性的影响；在平水年的生产潜力为 3.85t/hm²，说明具有一定的挖掘潜力；丰水年相对稳定，生产潜力小于 1t/hm²。富裕和泰来在丰水年、平水年和枯水年的生产潜力依次递增，生产潜力范围分别为 3~5t/hm²、2~4t/hm²，挖掘潜力较大，可采取在生育期有效灌溉的措施来增加春玉米产量。

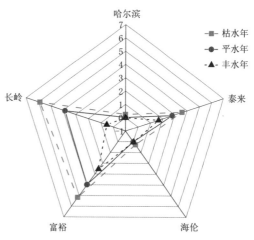

图 6.15 各站点不同水平年春玉米生产潜力（单位：t/hm²）

6.2.3 东北地区春玉米灌溉方案优化

评价不同水平年下有效降雨对玉米需水的满足程度，制订不同水平年下的松嫩平原春玉米最优灌溉方案，以此来指导当地农户针对不同水平年春玉米生育期的不同阶段实施适当的灌溉管理方案，在实现粮食增产的同时，为松嫩平原农业水资源的合理利用及春玉米灌溉管理提供理论依据。

对春玉米不同生育期的灌溉需水量进行定量分析，可有效提高灌溉效率，提高玉米产量。利用 CROPWAT 模型得到各站点典型年灌溉总需水量和总有效降水量以及不同水平年不同生育期各旬的灌溉需水量，如图 6.16~图 6.21 所示。

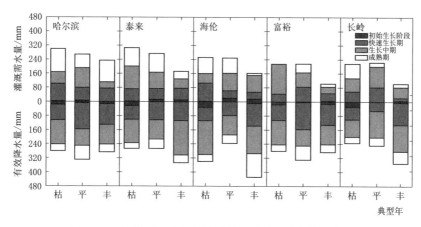

图 6.16 松嫩平原典型年灌溉总需水量和总有效降水量

从图 6.16 可以看出，松嫩平原春玉米的作物需水量在枯、平、丰水年为 480~560mm，灌溉总需水量分别为 216.7~300.2mm、215.2~272.9mm、102.9~234.9mm。整体的灌溉总需水量在枯、平、丰水年春玉米整个生育期在减少，海伦、富裕和长岭的灌溉总需水量在枯水年和平水年几乎相等。同时，在不同水平年总有效降水量不同，哈尔滨和富裕总有效降水量在平水年最大，泰来、海伦和长岭总有效降水量在丰水年最大，说明在实际降水量大的水平年春玉米整个生育期的总有效降水量和灌溉总需水量不一定大，在生育期合理分配水量是灌溉制度需要考虑的重要因素。

作物需水量在生育期各个阶段的灌溉需水量大小为：生长中期＞快速生长期＞成熟期＞初始生长阶段，且不同站点不同水平年春玉米在生育期各个阶段的灌溉需水量比例不同。各站点在不同水平年生育期有效降水量大的阶段灌溉需水量小甚至为 0mm，例如：哈尔滨在平水年的快速生长期的有效降水量较大，其灌溉需水量较小；富裕在枯水年的初始生长阶段和成熟期的有效降水量已满足春玉米生长，灌溉需水量为 0mm。所以，在制定灌溉制度时，不仅需要考虑生育期，还应考虑生育期各个阶段的配水量。

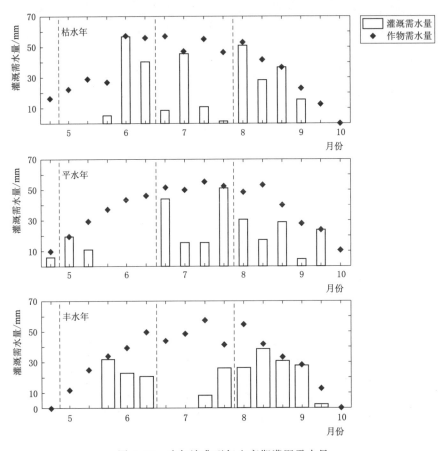

图 6.17　哈尔滨典型年生育期灌溉需水量

由图 6.17 可以看出，哈尔滨在枯水年快速生长期的 6 月中下旬、生长中期的 7 月中旬和成熟期的 8 月中下旬以及 9 月上旬灌溉需水量为 36.7～56.6mm；在平水年生长中期的 7 月上旬以及 8 月上旬和成熟期的 8 月下旬以及 9 月上下旬灌溉需水量为 23.8～51mm；在丰水年快速生长期的 6 月、生长中期的 8 月上旬和成熟期的 8 月中下旬及 9 月上中旬灌溉需水量为 20.6～38.4mm。

由图 6.18 可以看出，泰来在枯水年快速生长期的 6 月中旬、生长中期的 6 月下旬、7 月上旬及 8 月上旬和成熟期的 8 月中下旬以及 9 月上旬灌溉需水量为 22.5～51.6mm；在平水年生长中期的 7 月中旬及 8 月上旬和成熟期的 8 月中下旬灌溉需水量为 44.4～

51.6mm；在丰水年快速生长期的 5 月下旬及 6 月上旬、生长中期的 7 月中旬和成熟期的
8 月中下旬及 9 月上旬灌溉需水量为 19～30.9mm。

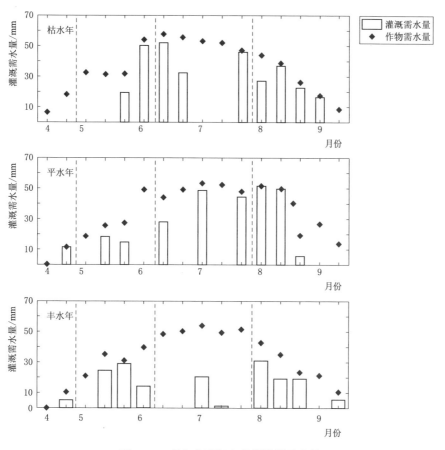

图 6.18　泰来典型年生育期灌溉需水量

由图 6.19 可以看出，海伦在枯水年快速生长期的 6 月中下旬、生长中期的 8 月中旬
和成熟期的 8 月下旬以及 9 月上中旬灌溉需水量为 21.4～57.9mm；在平水年快速生长期
的 6 月上下旬、生长中期的 7 月下旬和成熟期的 9 月上中旬灌溉需水量为 19.3～
53.3mm；在丰水年快速生长期的 6 月下旬和生长中期的 7 月中旬及 8 月中旬灌溉需水量
为 33.8～38.8mm。

由图 6.20 可以看出，富裕在枯水年快速生长期的 6 月下旬和生长中期的 7 月中旬及
8 月灌溉需水量为 27.2～50mm；在平水年快速生长期的 6 月中下旬、生长中期 8 月上中
旬和成熟期的 9 月上旬灌溉需水量为 24.9～45.7mm；在丰水年快速生长期的 5 月下旬及
6 月下旬和生长中期的 8 月中旬灌溉需水量为 18.5～29.8m。

由图 6.21 可以看出，长岭在枯水年快速生长期的 6 月中旬、生长中期的 7 月上中旬
和成熟期的 8 月中旬以及 9 月上旬灌溉需水量为 24.7～40.9mm；在平水年快速生长期的
5 月下旬及 6 月和生长中期 7 月下旬以及 8 月上旬灌溉需水量为 21.6～39.3mm；在丰水
年生长中期的 7 月中旬和成熟期的 8 月下旬灌溉需水量分别为 20.3mm 和 21.5mm。

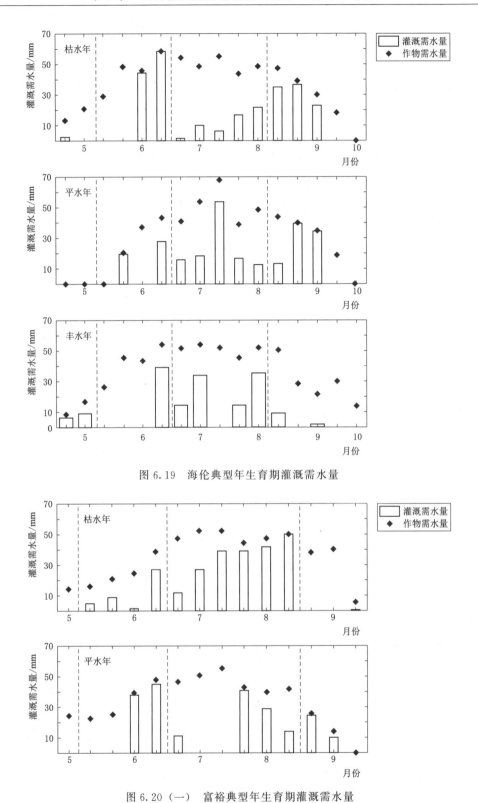

图 6.19　海伦典型年生育期灌溉需水量

图 6.20（一）　富裕典型年生育期灌溉需水量

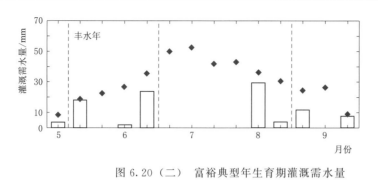

图 6.20（二） 富裕典型年生育期灌溉需水量

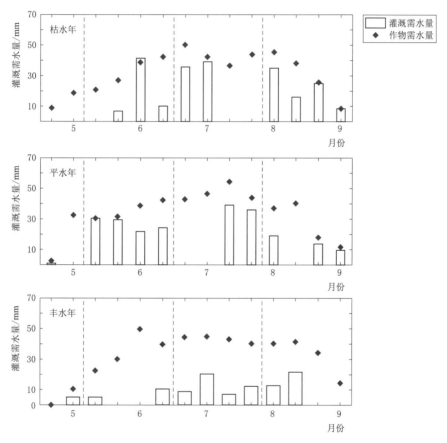

图 6.21 长岭典型年生育期灌溉需水量

通过对五个站点各旬灌溉需水量的定量分析，得出不同水平年春玉米生产潜力大的站点（富裕、泰来和长岭）在不同生育阶段灌溉需水量不同。泰来在枯水年的灌溉主要集中在 6 月中、下旬和 8 月上旬，灌溉需水量分别为 50.1mm、51.6mm、45.8mm；在平水年集中在 7 月中旬和 8 月上、中、下旬，灌溉需水量为 44.4～51.6mm；在丰水年集中在 8 月中旬，灌溉需水量为 30.9mm。富裕在枯水年的灌溉主要集中在 8 月中、下旬，灌溉需水量分别为 42.3mm、50mm；在平水年集中在 6 月中、下旬和 8 月上旬，灌溉需水量分别为 38.5mm、45.7mm、41.2mm；在丰水年集中在 8 月中旬，灌溉需水量为

29.8mm。长岭在平水年的灌溉主要集中在7月下旬和8月上旬，灌溉需水量分别为39.3mm、35.9mm。

6.2.4　分析小结

（1）通过参数调整，WOFOST模型模拟的春玉米雨养产量与实际产量的相关系数均大于0.5，说明模型在研究站点具有较好的适用性。

（2）松嫩平原春玉米的潜在产量在枯、平、丰水年分别为7.20～10.57t/hm^2、5.94～10.18t/hm^{2}和7.43～11.59t/hm^2。生产潜力方面，哈尔滨和海伦在不同水平年的差异较小，且均小于1t/hm^2，生产潜力小；长岭在平水年的生产潜力最大，为3.85t/hm^2；富裕和泰来在不同水平年的生产潜力分别为3～5t/hm^2、2～4t/hm^2。

（3）松嫩平原春玉米的作物需水量为480～560mm，在枯、平、丰水年灌溉总需水量分别为216.7～300.2mm、215.2～272.9mm、102.9～234.9mm。针对生产潜力大的站点灌溉主要集中时间为：泰来在枯水年的6月中下旬和8月上旬、平水年的7月中旬和8月、丰水年的8月中旬；富裕在枯水年的8月中下旬、平水年的6月中下旬和8月上旬、丰水年的8月中旬；长岭在平水年的7月下旬和8月上旬。作物需水量在不同生育阶段的灌溉需水量大小为：生长中期＞快速生长期＞成熟期＞初始生长阶段。在松嫩平原春玉米的实际生产中，应特别注意在快速生长期和生长中期进行补充灌溉，以达到稳产、增产的目的。

6.3　黑龙江省粮食水足迹分析与预测

黑龙江省是中国重要的商品粮生产基地，2011—2017年，黑龙江省连续7年粮食产量居全国首位，主要粮食作物包括水稻、小麦、玉米和大豆，这4种粮食作物的耕种面积和产量占全省90%以上。但黑龙江省水资源相对匮乏，多年平均水资源量仅为8.10×10^{10}m^3。近年来，黑龙江省农业灌溉用水量逐年增加，2017年农业灌溉用水量达到3.08×10^{10}m^3，占全省用水量的87.30%，因而本次研究选择黑龙江省作为研究区域，进行粮食作物生产水足迹的计算与预测。

6.3.1　粮食作物水足迹的计算与预测方法

利用CROPWAT 8.0模型的"作物需水量法"对黑龙江省的生产水足迹进行计算，该方法假定作物在无土壤水胁迫的情况下生长，这意味着作物的蒸散发（ET_c）等于作物需水量（CWR）。

农业生产水足迹包括绿水足迹、蓝水足迹和灰水足迹3部分。

$$WF_{prod}=WF_{green}+WF_{blue}+WF_{grey} \tag{6.1}$$

式中：WF_{prod}为水足迹，m^3/kg；WF_{green}为绿水足迹，m^3/kg；WF_{blue}为蓝水足迹，m^3/kg；WF_{grey}为灰水足迹，m^3/kg。

绿水足迹计算公式为

$$WF_{green}=\min(ER,CWR)/Y \tag{6.2}$$

式中：CWR 为单位面积作物需水量，m^3/hm^2；ER 为有效降水量，m^3/hm^2；Y 为作物单位面积产量，kg/hm^2。

在 CROPWAT 8.0 中输入气候和作物数据即可获得作物需水量（CWR）和有效降雨量（ER）数据。

蓝水足迹计算公式为

$$WF_{blue} = \max(0, CWR - ER)/Y \tag{6.3}$$

灰水足迹计算公式为

$$WF_{grey} = (\alpha \times AR)/(C_{max} - C_{nat})Y \tag{6.4}$$

式中：AR 为化肥施用折纯量，kg/hm^2；α 为化肥淋溶率，为简化计算，取 10% 作为氮肥的淋溶率；C_{max} 为水体中可存在的污染物最大浓度，kg/m^3，根据《地表水环境质量标准》（GB 3838—2002）中Ⅲ类水质量标准，地表水和地下水中含氮量不能超过 20mg/L；C_{nat} 为污染物的自然本底浓度，为简化计算，取 $0kg/m^3$。

水足迹的预测，利用 IBM SPSS Statistics 22.0 软件中的 ARIMA 模型对 2018—2022 年的粮食生产水足迹和玉米、大豆、水稻、小麦 4 种作物的单位质量水足迹进行预测分析。

ARIMA 模型可表示为 ARIMA(p，d，q），其中 p 代表自回归滞后阶数，d 代表原始数据序列经 d 阶差分后变为平稳序列，q 代表随机干扰项滞后阶数。ARIMA 模型运用的主要步骤如下：

（1）数据的平稳化处理。观察数据序列是否为平稳的时间序列，如果为非平稳序列，则进行差分运算或去除部分数据，使其数据化为平稳序列。数据序列的平稳性可通过数据序列的自相关函数（FAC）系数图和偏自相关函数（PACF）系数图进行检验，数据序列的自相关系数和偏自相关系数基本分布在置信区间内，且均具有一条越来越小的尾巴，表现出拖尾现象，说明数据序列具有平稳性，数据之间具有较强的独立性，适合采用 ARIMA 模型对数据进行处理。

（2）参数的确定。利用差分后的平稳序列的自相关系数和偏自相关系数选取模型中的 p 和 q 值，p 和 q 分别取差分后偏自相关系数和自相关系数不趋近于零的系数个数。为排除主观选取导致的偏差，可选取多个 p 值和 q 值，通过贝叶斯信息准则（BIC 准则，用于权衡模型的复杂度和数据优良性的一种准则，一般 BIC 值越小说明模型的拟合效果越好或模型复杂性越低）确定最适合的模型的 p、q 值。

（3）模型的检验。模型的有效性取决于是否提取了足够多的序列的相关信息，如果模型提取了所有的相关信息，则残差序列将不会包含相关信息，这时残差序列为白噪声序列。利用模型残差序列的自相关系数和偏自相关系数检验模型的残差序列是否为相互独立的随机序列，当模型残差虚列的自相关系数和偏自相关系数均在置信区间内时可以判断残差序列就是白噪声序列。

（4）模型预测。采用上述选取的最适宜模型对黑龙江省粮食作物水足迹进行预测。

6.3.2　黑龙江省粮食作物水足迹计算结果分析

不同于仅对粮食作物所消耗灌溉用水的统计，水足迹的计算可以更直观地反映粮食

作物全生命周期的水资源需求量。根据粮食作物单位质量水足迹和黑龙江省粮食年产量
数据计算了每年黑龙江省生产不同粮食作物的水足迹，黑龙江省粮食作物水足迹及种植
面积年际变化如图 6.22 所示。

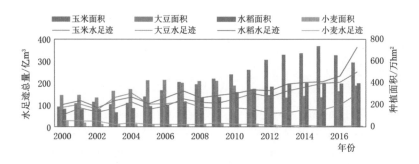

图 6.22　黑龙江省粮食作物水足迹及种植面积年际变化

可以看到，作物水足迹总量的变化趋势与作物种植面积的变化趋势基本相同。水稻
的水足迹总量较其他 3 种粮食作物（玉米、小麦、大豆）高，且整体上呈增高趋势，2000
年水稻水足迹为 101.87 亿 m^3，2017 年为 365.48 亿 m^3，水稻的水足迹增长了 3.59 倍。
水稻种植面积同样逐年升高，2000 年为 160.60 万 hm^2，2017 年为 394.90 万 hm^2，增长
了 2.46 倍。玉米的总水足迹增长同样很大，由 2000 年 54.23 亿 m^3 增加至 2017 年
250.67 亿 m^3，由于耕种和管理相对简单，需水量小，产量高等优势，黑龙江省玉米的种
植面积也逐年扩大，种植面积增长了 3.26 倍。

不同于水稻和玉米，黑龙江省小麦的水足迹逐年递减，由 2000 年 28.69 亿 m^3 减少
至 2017 年仅 5.26 亿 m^3。小麦水足迹减少的原因是小麦不适合黑龙江省的寒冷天气，单
位面积产量较低（1623～3969kg/hm^2），导致种植面积逐年减小，2009 年后，部分地区
已停止种植小麦。由于大豆单位面积产量相对较低，市场价格不占优势等原因，种植面
积变化不大（2000 年为 286.8 万 hm^2，2017 年为 373.50 万 hm^2），同样地，大豆的总水
足迹（2000 年为 88.09 亿 m^3，2017 年为 150.71 亿 m^3）多年来变化也不大。

黑龙江省粮食作物水足迹在不断增长，四种粮食作物相加的水足迹由 2000 年 273.90
亿 m^3 增长至 2017 年 778.24 亿 m^3，2000—2017 年，黑龙江省主要粮食作物的水足迹增
长了约 2.84 倍，粮食总产量由 2378.9 万 t 增长至 7249.9 万 t，粮食产量增长了约 3.05
倍，水足迹的增长速度小于粮食产量的增长速度。

从粮食作物的蓝水足迹、绿水足迹占比可以看出粮食作物对蓝水和绿水的利用情况，
分析粮食作物的水足迹构成对粮食生产过程中节约区域蓝水资源具有重要意义。为分析
黑龙江省玉米、大豆、水稻、小麦的水足迹构成，绘制了 4 种粮食作物的生产水足迹如图
6.23 所示。

粮食作物的水足迹构成与气候条件和粮食作物种类相关。蓝水和绿水是粮食作物水
足迹的主要构成部分，所有粮食作物的蓝水和绿水总占比均高于 98.88%。绿水足迹和蓝
水足迹占比与作物生长期（5—9 月）的有效降水量有关。以玉米为例，2013 年降水量较
大，全年全省平均降水量达到 707.4mm，比多年平均值多 32.6%，达到 1956 年以来的

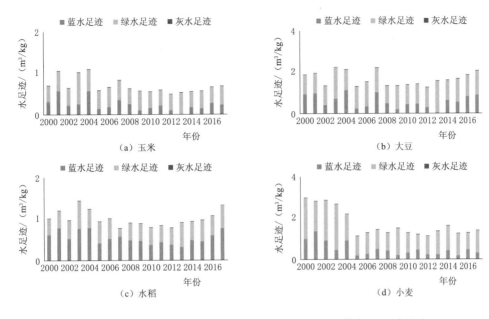

图 6.23 黑龙江省玉米（a）、大豆（b）、水稻（c）、小麦（d）水足迹

最大值，2013 年玉米的绿水占比高达 95.95％，蓝水量占比较小，为 2.97％。

水足迹的构成与作物的品种息息相关，玉米的蓝水、绿水年平均占比分别为 32.81％和 66.26％，大豆的蓝绿水平均占比分别为 35.16％和 64.59％，小麦的蓝绿水占比分别为 26.87％和 72.74％，而水稻的蓝绿水占比分别为 52.56％和 46.99％。除种植在水田中的水稻外，其他粮食作物的绿水平均占比均大于蓝水占比。

作为稀释农业生产中进入自然水体污染物至标准值的灰水占水足迹的比例非常小，灰水占比均低于 1.12％，主要原因是黑龙江省土地有机质含量较高，其次是由于黑龙江省积极倡导绿色农业，实施减化肥、减农药、减除草剂的三减政策，黑龙江省单位面积化肥使用量较其他省份少，以小麦为例，2017 年小麦的化肥折纯用量为 $11.73kg/hm^2$，全国平均化肥折纯用量为 $27.67kg/hm^2$。因而黑龙江省作物的灰水含量（$3.46 \times 10^{-3} \sim 1.33 \times 10^{-2} m^3/kg$）小。

不同作物的水足迹存在差异，玉米的水足迹为 $0.47 \sim 1.07m^3/kg$，大豆、小麦和水稻的水足迹分别为 $1.35 \sim 2.39m^3/kg$、$1.12 \sim 2.99m^3/kg$ 和 $0.76 \sim 1.41m^3/kg$，水分利用效率是绿水足迹和蓝水足迹和的倒数，水足迹可以反映不同作物的水分利用效率差异，四种作物中水分利用效率最高的为玉米，其次为小麦和水稻，大豆的水分利用效率最低。

6.3.3 粮食作物水足迹的预测

2000—2017 年四种粮食作物叠加的水足迹（图 6.24）数据序列呈波动上升趋势，且数据变化趋势表现出非线性，因而对数据序列进行了二阶差分处理，使其具有平稳性。

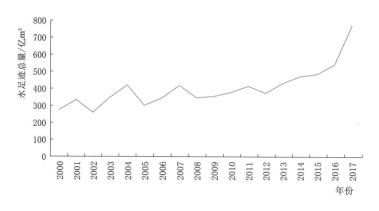

图 6.24　黑龙江省粮食作物水足迹总量

图 6.25 为二阶差分后数据序列的自相关系数和偏自相关系数图，二阶差分后的数据序列的自相关系数和偏自相关系数基本分布在置信区间内，且表现出拖尾现象，说明二阶差分后的数据是平稳序列，数据之间表现出较强的独立性，可以采用 ARIMA 模型对数据进行处理。

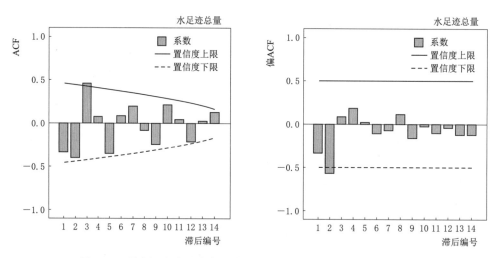

图 6.25　黑龙江省水足迹自相关图（FAC）和偏自相关图（PACF）

由于数据经二阶差分后成为平稳序列，所以 ARIMA 模型的参数 d 取值为 2。偏自相关系数值在 2 之后开始趋近于 0，所以 p 取 1 或 2。自相关系数值在 3 之后开始趋近于 0，所以 q 取 2 或 3。因此，可以建立 ARIMA(1，2，2)、ARIMA(1，2，3)、ARIMA(2，2，2)、ARIMA(2，2，3) 4 个模型。

为选出参数最适合的模型，利用贝叶斯信息准则（BIC 准则）对 4 个模型的 BIC 值进行比较，结果见表 6.4。一般 BIC 值最小的模型为最佳模型，由表 6.4 可知，模型 ARIMA(2，2，2) 的 BIC 值最小，因而，最终选取模型 ARIMA(2，2，2) 对黑龙江省粮食作物的水足迹总量进行预测。

表 6.4

ARIMA 模型 *BIC* 值

模　　型	*BIC*	模　　型	*BIC*
ARIMA(1，2，2)	9.937	ARIMA(2，2，2)	9.472
ARIMA(1，2，3)	10.046	ARIMA(2，2，3)	10.112

为分析模型 ARIMA(2，2，2) 的可靠性，对模型的残差序列进行了分析，模型残差的自相关系数和偏自相关系数如图 6.26 所示。从图 6.26 中可以看出，残差序列的自相关系数和偏自相关系数均在置信区间范围内，残差序列的显著性水平值为 0.004，小于 0.05，即相应的信息已经被发掘出来，残差序列是白噪声序列。

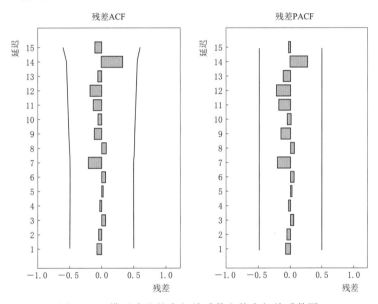

图 6.26　模型残差的自相关系数和偏自相关系数图

图 6.27 显示了黑龙江省粮食作物水足迹的实际值与拟合值。可以看出，拟合值与实际值变化趋势基本一致，因此，选取 ARIMA(2，2，2) 模型对黑龙江省粮食作物的水足

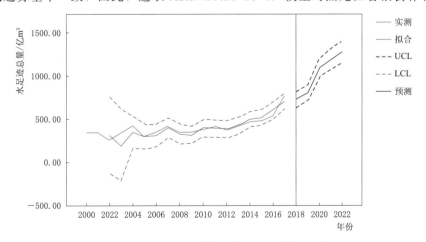

图 6.27　黑龙江省粮食作物水足迹拟合与预测图

迹总量进行预测是可靠的。

利用 ARIMA(2，2，2) 模型对 2018—2022 年的黑龙江省粮食作物水足迹总量的预测结果见表 6.5。从表 6.5 中可以看出，黑龙江省粮食水足迹总量将继续增加，到 2022 年，将达到 1279.72 亿 m³。预测结果是根据 2000—2017 年的粮食作物水足迹总量数据的自回归分析得出的，是黑龙江省保持粮食产量快速增长、种植结构维持水稻和玉米种植面积扩大、小麦种植面积减少以及大豆种植面积基本不变的境况下水足迹总量的变化趋势。粮食作物水足迹总量 2019—2022 年的预测结果大于黑龙江省多年平均水资源总量 810 亿 m³，对当地的水资源安全不利。

表 6.5　　　　　　　　　　　ARIMA(2，2，2) 模型预测结果

年份	2018	2019	2020	2021	2022
预测值/亿 m³	722.77	797.19	1091.04	1196.13	1279.72
预测上限/亿 m³	810.71	892.83	1193.33	1322.31	1406.07
预测下限/亿 m³	634.83	701.55	988.75	1069.94	1153.36

6.4　典型地区春玉米产量影响因素分析及预测

以大庆市为典型区进行研究。大庆市主要粮食作物为玉米，截至 2015 年，玉米产量约为 450 万 t，种植面积为 55.84 万 hm²；玉米的种植面积占粮食作物种植面积的 79%，产量占粮食作物产量的 86% 以上。

本研究通过建立 C-D 生产函数模型，对大庆市玉米产量影响因素进行定量分析，确定在粮食生产过程中水资源和能源产物对粮食生产的影响程度，为揭示东北粮食主产区水-能源-粮食三者的供给和使用之间的响应关系提供科学依据。

6.4.1　资料收集

本次研究应用到的资料包括大庆市的遥感资料、气象资料和其他资料。

（1）遥感资料。作物生长期的遥感影像反应地物类型更加清晰，因此本次研究选择植物生长期（5—9 月）的遥感图像进行解译。遥感图像是从地理空间数据云上下载得到，主要采用美国航天局（NASA）发射的 Landsat-7 和 Landsat-8 卫星数据。由于遥感图像受分辨率、云量等因素干扰，从 2000 年至 2014 年遥感影像中进一步筛选出 2001 年 8 月 11 日一景、2014 年 9 月 24 日一景共两景遥感影像，图像云量控制在 1% 以下。其中 2001 年图像为 Landsat-7 遥感图像，2014 年图像为 Landsat-8 遥感图像。

（2）气象资料。选取大庆市周围 8 个气象站作为本次研究的气象数据来源（图 6.28），分别是前郭、乾安、哈尔滨、安达、泰来、明水、齐齐哈尔和富裕 8 个气象站。编号分别是 50949（前郭）、50948（乾安）、50953（哈尔滨）、50854（安达）、50844（泰来）、50758（明水）、50745（齐齐哈尔）和 50742（富裕）八个气象站。

（3）其他资料。玉米产量、化肥、农药、种植面积等资料来自《中国统计年鉴》《黑龙江统计年鉴》《大庆市统计年鉴》。

6.4.2　计算方法

本次研究主要通过解译大庆市遥感图像获得大庆市玉米种植面积的空间分布特征，利用改进的泰森多边形法，计算出降雨量，并根据美国农业土壤保持局给出的公式计算有效降雨量。通过建立 C－D 生产函数模型量化大庆市玉米产量、能源投入以及水资源投入的关系。

6.4.2.1　遥感图像解译

（1）图像预处理。根据研究区经纬度下载遥感图像，图像分辨率为 30m×30m，投影方式为 UTM（Universal Transverse Mercator），椭球体为 WGS84，重采样方法选择三次卷积。在下载后的图像上确立好所需要的区域，将图像依次进行波段合并、辐射定标、大气校正和图像镶嵌，按照研究区矢量图形将其裁剪下来。Landsat－8 卫星图像选择用于农业植被分类的 6（SWIR1）、5（NIR）、2（Blue）波段组合方式；Landsat

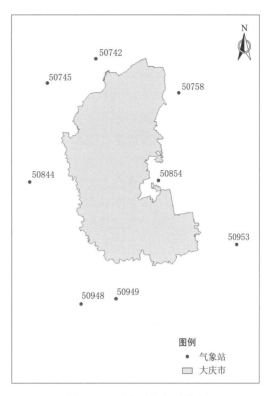

图 6.28　研究区气象站分布

TM 卫星图像选择 5、4、1 波段组合。将图像进行 2% 拉伸，如图 6.29 所示。

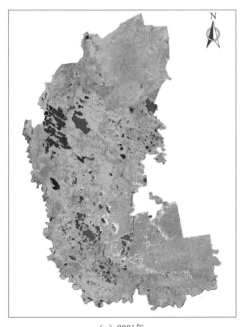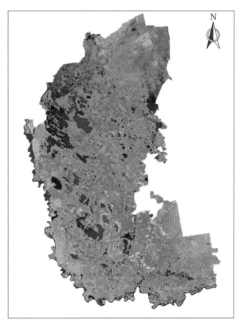

（a）2001年　　　　　　　　　　　　（b）2014年

图 6.29　遥感预处理图像

（2）遥感图像分类。选择监督分类对遥感图像进行地物信息提取。结合图像、地物光谱特征进行目视判读和野外实地调查人工识别土地覆被类型，本次研究将大庆市土地覆被类型共分为七类：玉米田、水田、草甸/林地、城市、盐碱地、其他用地和水体，根据土地类型划定训练样本。

（3）分类器选择。ENVI 的监督分类通常使用的分类器有平行六面体、最小距离、马氏距离、最大似然、神经网络、支持向量机等。支持向量机分类器具有自适应性强、学习速度快和对训练规模要求小的特点，具有较高的分类准确性，因此分类器类型选择支持向量机分类器。

（4）评价方法选择及分类后处理。混淆矩阵法是目前遥感应用最广的分类结果精度评价方法之一，能直接简单地概括主要的分类精度信息。所以本研究选择混淆矩阵法对分类后结果进行评价。在遥感解译分类结果中，不可避免地会产生一些面积很小的图斑，所以有必要对这些小图斑进行剔除或者重新分类。常用的方法有 Majority/Minority 分析、聚类处理（Clump）和过滤处理（Sieve）。其中聚类处理会使一些较小的感兴趣区归入到较大的感兴趣区内，使最后分类结果产生一些误差，而过滤处理会在研究区内出现未归类的像元，导致研究区整体面积的减少。所以本次研究选择 Majority/Minority 分析。

6.4.2.2　有效降雨量计算方法

先利用泰森多边形法计算降雨量，将原公式中泰森多边形的权重更改为泰森多边形中玉米种植面积的权重；随后利用美国农业土壤保持局（USDA Soil Conservation Service）推荐方法计算有效降雨量时，以日和月为计算时段时，有效降雨量会过小或过大，以旬为计算时段计算有效降雨时较为合适，所以本研究中的有效降雨以旬为计算时段，再将其加和至月降雨数据。

泰森多边形计算公式：

$$\overline{P} = \frac{f_1 P_1 + f_2 P_2 + \cdots + f_n P_n}{f_1 + f_2 + \cdots + f_n} = \frac{1}{F}\sum_{i=1}^{n} f_i P_i = \sum_{i=1}^{n} A_i P_i \tag{6.5}$$

式中：$\overline{P}$ 为研究区的平均降雨量，mm；P_n 为各泰森多边形的降雨量，mm；f_i 为各多边形中玉米田的面积，km^2；n 为研究区周围气象站或多边形的个数；F 为研究区玉米田总面积，km^2；A_i 为各气象站的玉米田权重系数。

有效降雨量计算公式：

$$P_e = \begin{cases} [P_d \times (125 - 0.6 \times P_d)]/125 & P_d \leqslant (250/3)\,\mathrm{mm} \\ (125/3) + 0.1 \times P_d & P_d > (250/3)\,\mathrm{mm} \end{cases} \tag{6.6}$$

式中：P_e 为旬有效降雨量，mm；P_d 为旬降雨量，mm。

6.4.2.3　C-D 生产函数模型

（1）模型建立。建立 C-D 生产函数模型：

$$Y = A \prod_{i=1}^{n} X_i^{b_i} \tag{6.7}$$

式中：Y 为作物产出量；A 为待定系数；i 为影响作物产量的第 i 个因子；n 为影响作物产量的因子总数；X_i 为第 i 种因子投入量；b_i 为第 i 种因子的弹性系数。

为方便运算，对方程两边同时取对数使其线性化，则得

$$\ln Y = \ln A + \sum_{i=1}^{n} b_i \ln X_i \tag{6.8}$$

（2）影响因子筛选。玉米产量的影响因素是多方面因素共同作用的结果，在指标的选取上需要做到全面，但是在实际上很难达到这一点，因此需要从众多影响因素中挑选出主导因素。同时为避免共线性，本次研究选取的指标均为直接影响因素，而不考虑间接影响因素。所以依据对玉米产量的影响程度、资料收集的难易程度和大庆市农业生产的实际情况，参考《统计年鉴》中的指标，筛选出的影响因素为化肥施用量、农药施用量、有效降雨量以及玉米种植面积。其中化肥、农药施用量为能源投入量，有效降雨量为水资源投入量。

6.4.3 结果分析

6.4.3.1 遥感解译结果

2001 年玉米田大多分布于研究区南部地区，尤其是东南地区；到 2014 年玉米田分布与大庆市东南和北部地区，近 50% 玉米田由草甸/林地及其他用地转化而来（表 6.6）。根据分类结果计算可得，玉米田种植面积由 2001 年的 3977.96km² 增加到 5603.12km²。图 6.30 分别展示了 2001 年和 2014 年大庆市土地利用分类情况。

表 6.6　　　　　　　　　　大庆市 2001—2014 年土地转换情况　　　　　　　　　单位：km²

2014 年＼2001 年	城市	盐碱地	水田	草甸/林地	其他用地	水体	玉米田
城市	39.84	16.36	2.41	4.20	8.29	5.63	0.78
盐碱地	3.89	31.96	0.15	0.29	1.91	0.85	0.16
数天	0.85	0.46	56.66	3.92	4.33	2.24	2.89
草甸/林地	23.43	7.70	29.12	40.46	28.30	10.29	24.67
其他用地	18.48	29.57	2.27	15.68	31.56	1.68	4.77
水体	7.50	12.53	5.98	1.45	4.11	78.82	0.46
玉米田	6.02	1.44	3.40	34.00	21.50	0.60	66.27

通过混淆矩阵对分类结果进行评价，分类结果总体精度在 95% 以上，Kappa 系数大于 0.9（表 6.7），因此本次研究中遥感解译结果合理、可靠。

表 6.7　　　　　　　　　　　　遥感影像分类精度统计

年　份	2001	2014
总体精度/%	96.40	99.67
kappa 系数	0.9500	0.993

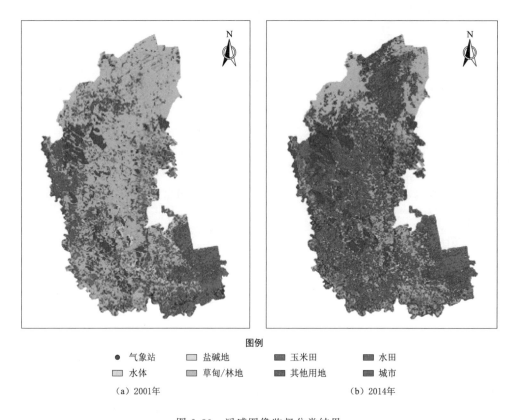

图例

● 气象站　　□ 盐碱地　　■ 玉米田　　■ 水田

□ 水体　　■ 草甸/林地　　■ 其他用地　　■ 城市

（a）2001年　　　　　　　　　　　　　　（b）2014年

图 6.30　遥感图像监督分类结果

6.4.3.2　有效降雨量计算结果

通过泰森多边形法计算大庆市降雨量，再利用美国农业土壤保持局（USDA Soil Conservation Service）推荐方法计算有效降雨量。由泰森多边形分别切割 2001 年及 2014 年的研究区如图 6.31 所示，计算泰森多边形中玉米田面积占研究区总玉米田面积的比值，作为泰森多边形的降雨权重。

2001 年七种类型土地面积见表 6.8。2014 年七种类型土地面积见表 6.9。从中可以看出 2001 年与 2014 年总面积误差不足 1％，解译精度满足要求，结果可信。因为解译的两个图像时间跨度较长，所以假设 2001—2014 年泰森多边形中玉米田的增长率保持一定，得到见表 6.10 的泰森多边形玉米田的占比权重。

表 6.8　　　　　　　　　　　　　2001 年各种类型土地面积及分布　　　　　　　　　　单位：km²

气象站	玉米田	水田	水体	盐碱地	草甸/林地	其他用地	城市	总面积
50949	238.38	284.22	198.11	43.27	928.14	245.11	193.81	2131.04
50948	0.67	0.10	4.25	0.26	13.82	9.31	0.74	29.15
50953	473.98	59.88	18.04	8.20	100.07	88.15	35.21	783.53
50854	1089.81	99.22	687.45	830.12	4201.41	1215.42	1613.90	9737.33

续表

气象站	玉米田	水田	水体	盐碱地	草甸/林地	其他用地	城市	总面积
50844	29.67	102.97	287.84	92.89	726.19	943.10	140.09	2322.75
50758	30.38	67.73	76.86	5.74	2146.16	205.17	111.54	2643.59
50745	1.14	28.84	283.72	24.57	493.15	162.72	86.80	1080.94
50742	2.01	57.61	98.39	50.07	1623.73	351.63	266.33	2449.78
总面积	1866.03	700.57	1654.66	1055.12	10232.67	3220.60	2448.42	21178.07

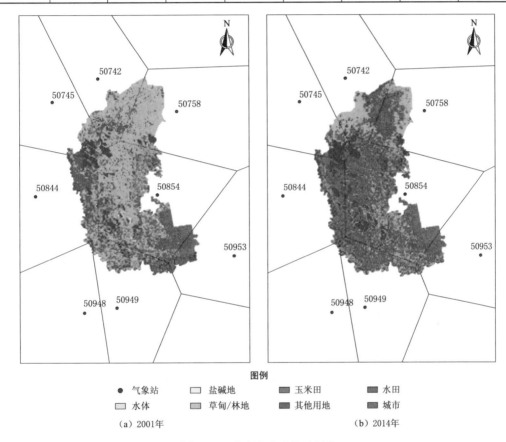

图例

● 气象站　　□ 盐碱地　　▨ 玉米田　　▨ 水田
▨ 水体　　▨ 草甸/林地　　▨ 其他用地　　▨ 城市

（a）2001年　　　　　　　　　　　　　　（b）2014年

图 6.31　泰森多边形单元划分

表 6.9　　　　　　　　　　　2014 年各种类型土地面积及分布　　　　　　　　单位：km²

气象站	玉米田	水田	水体	盐碱地	草甸/林地	其他用地	城市	总面积
50949	291.42	392.73	171.48	59.92	571.82	513.59	130.09	2131.04
50948	3.66	8.01	7.99	0.15	7.47	0.49	1.39	29.16
50953	418.21	61.18	28.78	3.04	206.79	27.00	38.51	783.51
50854	2689.82	87.61	744.19	416.56	2517.40	2048.11	1233.65	9737.34
50844	510.40	351.05	430.60	47.65	339.54	535.92	107.64	2322.80

续表

气象站	玉米田	水田	水体	盐碱地	草甸/林地	其他用地	城市	总面积
50758	869.27	101.07	92.53	3.09	1240.69	162.93	173.96	2643.54
50745	196.92	21.92	340.02	5.33	361.81	101.67	53.23	1080.91
50742	623.42	30.71	134.54	6.11	1296.19	128.53	230.29	2449.79
总面积	5603.12	1054.29	1950.12	541.86	6541.72	3518.24	1968.76	21178.10

表 6.10　　　　　　　　　　　　泰森多边形多年玉米田占比变化情况

年份	50949	50948	50953	50854	50844	50758	50745	50742
2001	12.77%	0.04%	25.40%	58.40%	1.59%	1.63%	0.06%	0.11%
2002	12.19%	0.04%	24.02%	57.60%	2.17%	2.70%	0.33%	0.96%
2003	11.61%	0.04%	22.64%	56.80%	2.75%	3.76%	0.59%	1.80%
2004	11.03%	0.04%	21.26%	56.00%	3.33%	4.83%	0.86%	2.65%
2005	10.44%	0.05%	19.88%	55.20%	3.90%	5.90%	1.12%	3.50%
2006	9.86%	0.05%	18.50%	54.41%	4.48%	6.97%	1.39%	4.35%
2007	9.28%	0.05%	17.12%	53.61%	5.06%	8.04%	1.65%	5.19%
2008	8.70%	0.05%	15.74%	52.81%	5.64%	9.10%	1.92%	6.04%
2009	8.11%	0.06%	14.36%	52.01%	6.22%	10.17%	2.18%	6.89%
2010	7.53%	0.06%	12.98%	51.21%	6.80%	11.24%	2.45%	7.74%
2011	6.95%	0.06%	11.60%	50.41%	7.37%	12.31%	2.71%	8.59%
2012	6.37%	0.06%	10.22%	49.61%	7.95%	13.37%	2.98%	9.43%
2013	5.78%	0.07%	8.84%	48.81%	8.53%	14.44%	3.24%	10.28%
2014	5.20%	0.07%	7.46%	48.01%	9.11%	15.51%	3.51%	11.13%

根据各气象站 2001—2014 年的降雨以及降雨权重（玉米田占比）计算能得到研究区历年有效降雨见表 6.11。

表 6.11　　　　　　　　　　　　大庆市玉米田有效降雨量

年份	2001	2002	2003	2004	2005	2006	2007
有效降雨/mm	212.79	286.99	329.12	244.68	347.23	308.29	256.86

年份	2008	2009	2010	2011	2012	2013	2014
有效降雨/mm	293.32	299.22	291.31	320.26	350.62	367.17	351.91

本研究通过改进泰森多边形法＋USDA-SCS 有效降雨量算法得到的有效降雨量，比传统的泰森多边形＋USDA-SCS 有效降雨量算法得到的有效降雨量精度提高了 0.12%～11%。

6.4.3.3 C-D生产函数模型结果

根据收集到的玉米产量、种植面积以及计算得到玉米种植需要的化肥施用量、农药施用量和有效降雨量，得到玉米产量等各种物质要素的投入量变化（表6.12）。

表 6.12   大庆市玉米生产投入产出情况

年份	玉米产量/万 t	种植面积/万 hm²	化肥/万 t	有效降雨量/mm	农药/t
2001	67.52	18.66	12.44	212.79	619.58
2002	112.11	17.81	13.78	286.99	734.09
2003	82.65	17.63	15.68	329.12	663.82
2004	123.15	25.63	16.30	244.68	774.19
2005	165.45	25.50	17.89	347.23	805.85
2006	177.57	35.61	17.27	308.29	1195.41
2007	160.67	34.58	19.34	256.86	1250.36
2008	242.80	29.97	20.71	293.32	1546.79
2009	310.56	45.07	23.36	299.22	1782.30
2010	416.18	51.41	24.81	291.31	1859.39
2011	458.68	52.41	25.70	320.26	2086.96
2012	540.38	53.57	26.04	350.62	2452.47
2013	431.16	54.15	27.35	367.17	2619.93
2014	451.17	56.03	27.73	351.91	2701.76

用 C-D 生产函数模型来估算大庆市玉米产量的主要影响因素，其基本形式如下：

$$Y = AC^{\alpha}P^{\beta}R^{\gamma}L^{\delta} \tag{6.9}$$

两边取对数所得到的模型表达式为

$$\ln Y = \ln A + \alpha \ln C + \beta \ln P + \gamma \ln R + \delta \ln L \tag{6.10}$$

式中：Y 为玉米产量，作为因变量；A 为基期综合技术水平，为常数项；C 为化肥施用量；P 为农药施用量；R 为有效降雨量；L 为种植面积；α、β、γ、δ 分别为其产出弹性。

将 2001—2014 年数据代入 C-D 生产模型，得到结果见表6.13和表6.14。

表 6.13   模 型 概 述

模型	R^2	调整后 R^2	F 检验	D-W 检验
1	0.958	0.94	51.93	2.234

表 6.14   系 数 拟 合 结 果

模型	系数	标准误差	T 检验值	标准化系数
lnA	−3.934	2.121	−1.855	
lnL	0.484	0.449	1.079	0.307

续表

模型	系数	标准误差	T检验值	标准化系数
lnC	0.796	0.860	0.925	0.304
lnR	0.384	0.458	0.838	0.086
lnP	0.423	0.389	1.086	0.328

根据表 6.14 中的估计结果，可以得到模型表达式为

$$\ln Y = -3.934 + 0.796\ln C + 0.423\ln P + 0.384\ln R + 0.484\ln L$$

通过统计数据对模型进行检验，可以看出调整后的 R^2 值为 0.94，说明玉米增产的效果有 94% 与化肥、农药、降雨以及种植面积的变化相关。进一步考察 T 检验值，虽然除了常数项外其他各影响因素 T 值都没有大于其临界值（$t = 1.4$，在 0.1 显著水平下），但是对于农业生产，化肥、农药、土地和降雨都是不可或缺的一部分，而且单独每个变量对玉米产量的影响也都呈显著性影响，根据 D-W 检验也可以说明各影响因素之间没有自相关性，所以将结果予以保留。

对结果进行进一步分析：

（1）各个投入要素的产出弹性之和大于 1，且为正值，说明大庆市玉米产量增长的速度大于玉米物质投入的速度，说明大庆市的玉米种植处于良性增长阶段，具有很好的粮食增产潜力。

（2）化肥、农药、种植面积和降雨的 T 检验值虽然没有通过，但是各项系数为正值，说明这四个变量对玉米产量具有积极的影响。

（3）根据标准化系数可以看出，大庆市玉米产量的影响因素从大到小排列为：农药施用量＞种植面积＞化肥施用量＞降雨量。

大庆市农药主要为除草剂和杀虫剂，农药施用量的产出弹性为 0.423，表明农药施用量每增加 1%，玉米产出增加 0.423%，说明农药对玉米产量的提升是有效果的。从表 6.12 可以看出，农药施用量的增长速度比种植面积的增长速度大，说明农田杂草及病虫害的抗药性也在增加，迫使农药的施用量不断增加。但农药的利用效率是否提高还需要进一步研究。

种植面积对玉米的产出有着积极作用，种植面积每增加 1%，玉米产出增加 0.484%。化肥的产出弹性为 0.796，化肥施用量的增长率明显小于种植面积的增长率，说明化肥的施用效率是提高的。降雨对玉米产出的影响较小，主要是因为大庆市属于半干旱地区，而玉米品种多为耐旱品种，所以对于降雨的需求较低。但是降雨对于玉米种植仍然不可或缺投入要素。

6.4.4 主要粮食作物单位产量预测

6.4.4.1 研究方法

选取大庆市的四种主要粮食作物（水稻、玉米、小麦和大豆）2001—2017 年的单位产量作为基础实验数据，对四种主要粮食作物 2018—2030 年的单位产量进行预测。

通过建立 C-D 生产模型，测算在粮食生产过程中，各类生产要素对粮食生产的影响程度。假设在未来一段时间内，粮食生产的技术维持在当前水平。根据趋势外推的方法

对粮食单位产量进行预测。

粮食单位产量的变化是众多因素共同作用下的结果，本次研究选取年平均气温、年平均降水量、有效灌溉面积所占比例、单位面积化肥施用量、单位面积农药施用量以及单位面积农用机械总动力。

结合本次研究，模型其基本形式如下：

$$\ln Y_i = A + \alpha \ln T + \beta \ln R + \gamma \ln P + \delta \ln E + \theta \ln C + \varepsilon \ln I \tag{6.11}$$

式中：Y_i 为各粮食作物单位产量，kg/hm²；A 为基期综合技术水平，为常数项；T 为年平均气温，℃；R 为年平均降水量，mm；P 为农药施用量，kg/hm²；E 为农用机械总动力，kW/hm²；C 为化肥施用量，kg/hm²；I 为有效灌溉面积所占比例；α、β、γ、δ、θ、ε 分别为其产出弹性。

6.4.4.2 系数确定

四种主要粮食作物单位产量、化肥施用量、农药施用量、有效灌溉面积以及农用机械总动力等数据是根据《大庆市统计年鉴》的数据计算得到，年平均气温以及年平均降水量从大庆市周围气象站数据计算得到。在四种主要粮食作物中，水稻为水田作物，灌溉所占比例为100%，在本次研究过程中，假设大庆市玉米、小麦和大豆的种植均需要灌溉，且灌溉面积与种植面积的比值一定，即有效灌溉面积所占比例相同，得到数据见表6.15和表6.16。

表 6.15 　　　　　　　　　　　　**大庆市四种粮食作物单位产量**

年份	水稻单位产量 /(kg/hm²)	玉米单位产量 /(kg/hm²)	小麦单位产量 /(kg/hm²)	大豆单位产量 /(kg/hm²)
2001	5245	3649	5245	919
2002	6146	6425	6146	1987
2003	4400	4756	4400	1250
2004	6080	4929	6080	1108
2005	6705	6624	6705	1876
2006	7658	6514	7658	1798
2007	7244	5659	7244	1298
2008	9074	8346	9074	1796
2009	8163	7121	8163	1860
2010	9024	8391	9024	2184
2011	9584	9099	9584	2117
2012	9405	10518	9405	2154
2013	7029	8226	7029	1328
2014	6653	8155	6653	1711
2015	6721	7985	6721	1569
2016	7181	7150	7181	1456
2017	7016	7774	7016	1667

表 6.16 　　　　　　　　　　　大庆市粮食单位产量的影响因素

年份	年平均气温 /℃	年平均降水量 /mm	单位面积化肥施用量 /(kg/hm²)	单位面积农药施用量 /(kg/hm²)	单位面积农机机械总动力 /(kW/hm²)	有效灌溉面积所占比例 /%
2001	4.18	267.03	439.75	2.19	2.42	7.19
2002	4.61	451.95	648.97	3.46	3.68	11.36
2003	5.22	524.90	570.10	2.41	3.13	19.05
2004	5.10	315.17	489.43	2.32	2.82	13.99
2005	4.04	550.48	517.61	2.33	3.42	23.67
2006	4.27	445.79	448.77	3.11	3.87	35.19
2007	5.90	358.80	498.51	3.22	4.27	45.55
2008	5.41	432.15	532.70	3.98	4.76	70.15
2009	3.89	508.48	476.63	3.64	4.12	54.33
2010	3.46	425.24	459.68	3.44	4.08	55.79
2011	4.27	463.35	477.38	3.88	4.37	79.85
2012	3.60	583.21	464.17	4.37	4.45	42.47
2013	3.73	568.24	500.73	4.80	4.83	26.76
2014	4.95	483.14	508.60	4.96	5.01	8.57
2015	5.13	504.56	497.94	5.42	5.07	40.17
2016	4.30	544.19	536.30	5.85	5.26	56.44
2017	5.12	433.60	518.17	5.72	5.51	48.87

可以看出，四种粮食单位产量呈现先上升后下降的趋势。从 2001 年到 2012 年，四种粮食单位产量呈现上升趋势，而从 2012 年开始，四种粮食单位产量呈现下降的趋势。

利用 Spss 软件，表 6.15 和表 6.16 的数据代入公式进行相关性分析，得到模型概况见表 6.17。

表 6.17 　　　　　　　　　　　　　　模　型　概　况

模型	R^2	调整后 R^2	Durbin-Watson 检验	显著性	F 检验
1-水稻	0.726	0.601	2.128	0.007	5.821
2-玉米	0.822	0.715	2.231	0.003	7.675
3-小麦	0.792	0.667	2.424	0.006	6.334
4-大豆	0.622	0.396	2.739	0.076	2.746

表 6.17 中，模型 1 对应的是水稻产量与各影响因素之间的相关关系；模型 2 对应的是玉米产量与各影响因素之间的相关关系；模型 3 对应的是小麦产量与各影响因素之间的相关关系；模型 4 对应的是大豆产量与各影响因素之间的相关关系。

可以看出，模型 1、模型 2、模型 3 的 R^2 均大于 0.6，说明 60.1% 的水稻产量、71.5% 的玉米产量以及 66.7% 的小麦产量可以由模型中的影响要素进行解释，模型 1、模型2、模型3具有较好的拟合度。通过 Durbin - Watson 检验可以看出，模型1、模型2、模型3中各影响要素之间不存在相关性，模型1、模型2、模型3是正确的。模型1、模型2、模型3的显著性小于 0.05，说明各模型中的影响要素有大于 95％ 的可能性存在至少一个影响要素对粮食单位产量产生影响。综上所述，模型1、模型2、模型3具有较好的可信度。而对于模型4来说，虽然其调整后 R^2 较小，显著性水平也不高，不过在实际农业活动中，模型4中的影响要素对大豆的产量确实存在着影响，所以模型4仍然可以使用。

通过 Spss 软件对粮食产量进行预测，得到模型系数见表6.18。

表 6.18 模 型 系 数

模型	1 - 水稻	2 - 玉米	3 - 小麦	4 - 大豆
A	12.745	7.763	11.612	3.003
α	−0.807	0.582	−0.725	−0.970
β	−0.468	0.116	−0.440	−0.108
γ	−0.780	−0.289	−0.498	−0.861
δ	1.841	1.260	1.228	1.668
θ	−0.222	−0.034	−0.067	0.824
ε	0.000	0.017	0.108	0.040

得到如下公式：

$$\left.\begin{aligned}
\ln Y_1 &= 12.745 - 0.807\ln T - 0.468\ln R - 0.78\ln P + 1.841\ln E - 0.222\ln C \\
\ln Y_2 &= 7.763 - 0.582\ln T + 0.116\ln R - 0.289\ln P + 1.260\ln E - 0.034\ln C + 0.017\ln I \\
\ln Y_3 &= 11.612 - 0.725\ln T - 0.440\ln R - 0.498\ln P + 1.228\ln E - 0.067\ln C + 0.108\ln I \\
\ln Y_4 &= 3.003 - 0.970\ln T - 0.108\ln R - 0.861\ln P + 1.668\ln E + 0.824\ln C + 0.040\ln I
\end{aligned}\right\}$$

$$(6.12)$$

式中：Y_1 为水稻单位产量；Y_2 为玉米单位产量；Y_3 为小麦单位产量；Y_4 为大豆单位产量。

可以看到，四种主要粮食作物的单位产量均与农用机械总动力呈现正相关，而与气温和农药的施用量呈现负相关；玉米、小麦和大豆的单位产量与有效灌溉面积所占比例呈现正相关；而水稻、小麦和大豆的产量与降水量呈现正相关；水稻、玉米和小麦与化肥施用量呈现负相关。所以加快推进农业机械化的进程、科学的使用农药、培育耐高温品种以及增加有效灌溉面积对于提高四种粮食作物的产量具有促进作用。

6.4.4.3 结果分析

根据《第三次气候变化国家评估报告》，与 1971—2000 年相比，SRES（Special Report on Emission Scenarios）情景下东北地区 2011—2030 年可能升温 1.02～1.05℃、降水量增加 1.89％～3.77％。

本次研究假设到 2030 年，大庆平均气温将上升 1.05℃，降水将增加 3.77％（大庆市 1971—2000 年平均气温为 3.92℃，平均降水量为 435.78mm）；假设从 2000 年之后气候变化是匀速的，实际上这个假设并不一定成立，随着温室气体排放的速度增加，今后的气候变化速度应该是加速的，但是如果各个国家的温室气体减排工作效果显著，那么气候变化有可能是匀速的。为了方便分析，本次研究暂且接受未来气候匀速变化的假设。

同时，假设化肥施用量、农药施用量以及农用机械总动力的增长速度随着时间的增加而逐渐变缓，表现形式采用对数函数进行表达。各生产要素的变化趋势见表 6.19。

表 6.19　　　　　　　　　　2018—2030 年各类生产要素的变化趋势

年份	年平均气温/℃	年平均降水量/mm	单位面积化肥施用量/(kg/hm²)	单位面积农药施用量/(kg/hm²)	单位面积农机机械总动力/(kW/hm²)	有效灌溉面积所占比例/%
2018	4.34	442.40	494.35	4.96	5.09	52.45
2019	4.39	443.23	493.72	5.02	5.14	53.32
2020	4.45	444.06	493.13	5.08	5.19	54.15
2021	4.50	444.90	492.56	5.14	5.24	54.94
2022	4.55	445.74	492.02	5.20	5.29	55.69
2023	4.60	446.58	491.51	5.26	5.33	56.41
2024	4.66	447.42	491.01	5.31	5.37	57.09
2025	4.71	448.27	490.54	5.36	5.41	57.75
2026	4.76	449.11	490.09	5.41	5.45	58.38
2027	4.81	449.96	489.65	5.45	5.49	58.99
2028	4.87	450.81	489.23	5.50	5.53	59.58
2029	4.92	451.66	488.82	5.54	5.56	60.15
2030	4.97	452.20	488.43	5.58	5.59	60.69

将各年份的生产要素数值代入式（6.12），分别可以得到水稻、玉米、小麦和大豆的每年的单位产量预测值，见表 6.20。

表 6.20　　　　　　　　2018—2030 年四种主要粮食作物单位产量预测值

年份	水稻单位产量/(kg/hm²)	玉米单位产量/(kg/hm²)	小麦单位产量/(kg/hm²)	大豆单位产量/(kg/hm²)
2018	8772.18	8599.41	8781.08	1857.77
2019	8759.41	8623.93	8768.07	1846.13
2020	8743.07	8644.26	8751.76	1834.22
2021	8723.64	8660.87	8732.60	1822.10
2022	8701.50	8674.18	8710.97	1809.83
2023	8677.02	8684.56	8687.20	1797.44
2024	8650.48	8692.31	8661.56	1784.98
2025	8622.16	8697.70	8634.30	1772.48
2026	8592.28	8700.98	8605.62	1759.95
2027	8561.04	8702.36	8575.72	1747.43
2028	8528.60	8702.01	8544.75	1734.93
2029	8495.14	8700.11	8512.86	1722.47
2030	8463.47	8696.12	8482.69	1710.19

从 2018 年至 2030 年四种主要粮食单位产量的预测值可以看出，水稻、小麦和大豆的单位产量呈现下降的趋势，而玉米的单位产量呈现上升趋势。

6.5 松嫩平原水-粮食-种植结构互馈机理及优化方案

6.5.1 研究方法和模型原理

6.5.1.1 SWAP 模型简介

SWAP 模型是荷兰瓦赫宁根大学（徐旭，2011）集成当今 SPAC 系统水分运动的最新研究成果而开发的用于模拟农田尺度水盐运移的专业软件。SWAP 模型由土壤水运动、溶质迁移、热量传输、土壤蒸发、作物蒸腾、作物生长等子模块组成，各个模块之间相互联系且互相影响。该模型主要用于田间尺度下土壤-植物-大气环境中水分运动、溶质运移、热量传输及作物生长的模拟。

SWAP 模型运用 Richard 方程对土壤水流运动进行模拟计算：

$$\frac{\partial \theta}{\partial t} = c(h) \frac{\partial h}{\partial t} = \frac{\partial}{\partial z} \left[K \left(\frac{\partial h}{\partial z} + 1 \right) \right] - S(h) \tag{6.13}$$

式中：h 为压力水头，cm；θ 为土壤体积含水率，cm^3/cm^3；K 为导水率，cm/d；S 为作物根系吸水量，$cm^3/(cm^3 \cdot d)$；c 为容水度，cm^{-1}；t 为时间，d；z 为空间坐标，向上为正。

根据已知的 θ、h 和 K 之间的关系，SWAP 模型在给定的初始条件和边界条件下，通过有限隐式差分格式求解方程的数值解。土壤水力函数表示土壤含水率、水压力水头和非饱和导水率之间的关系，在 SWAP 模型中，土壤水力函数可采用 van Genuehten（1980）和 Mualem（1976）模型表示，也可采用土壤实测数据关系表示。由 van Genuchten 提出的土壤水分特征曲线函数 $\theta(h)$ 为

$$\theta(h) = \begin{cases} \theta_r + \dfrac{\theta_s - \theta_r}{[1 + (\alpha |h|^n)]^m}, & h < 0 \\ \theta_s, & h \geqslant 0 \end{cases} \tag{6.14}$$

式中：θ_s 和 θ_r 分别为饱和和残留含水率，cm^3/cm^3；α、n、m 为经验参数。

结合 Mualem（1976）提出的关于非饱和导水率的理论，可以得出导水率函数 $K(h)$：

$$K(h) = K_s S_e^\lambda [1 - (1 - S_e^{\lambda/m})^m]^2 \tag{6.15}$$

式中：K_s 为土壤饱和导水率，cm/d；λ 为取决于 dK/dh 的形状参数，一般取值为 0.5；S_e 为有效水分饱和度，定义如下：

$$S_e = [1 + (\alpha |h|)^n]^{-m} \tag{6.16}$$

SWAP 模型使用逐日气象资料根据 Penman - Montheith 公式计算作物潜在腾发量 ET_p：

$$ET_p = \frac{\dfrac{\Delta_v}{\lambda_w}(R_n + G) + \dfrac{p_1 \rho_{air} C_{air}}{\lambda_w} \dfrac{e_{sat} - e_a}{r_{air}}}{\Delta_v + \gamma_{air} \left(1 + \dfrac{r_{crop}}{r_{air}}\right)} \tag{6.17}$$

式中：ET_p 为作物潜在腾发量，cm/d；λ_w 为水的汽化潜热，J/g；R_n 为净辐射，$J \cdot d/m^2$；G 为土壤热通量，$J \cdot d/m^2$；ρ_{air} 为空气密度，kg/m^3；C_{air} 为定压比热，$J \cdot ℃/g$；e_{sat} 和 e_a 分别为饱和水汽压和实际水汽压，kPa；r_{crop} 和 r_{air} 分别为作物阻力和空气动力阻力，s/m；Δ_v 为饱和水汽压-温度曲线斜率，$kPa/℃$；γ_{air} 为湿度表常数，$kPa/℃$；p_1 为单位换算系数，取 $8.64 \times 10^6 s/d$。

如有必要或没有气象资料，SWAP 可直接使用参考作物腾发量 ET_0 计算 ET_p：

$$ET_p = k_c ET_0 \tag{6.18}$$

式中：k_c 为作物系数，主要取决于作物种类及生育期、生长状况等因素。

SWAP 模型根据叶面积指数 LAI 或土壤覆盖率 SC，将 ET_p 分为潜在作物蒸腾量 T_p 和潜在土壤蒸发量 E_p 两部分。然后根据土壤实际的水盐状况计算作物实际蒸腾量和土壤实际蒸发量。在有作物覆盖条件下，由于土壤表面风速较小，导致空气阻力很大，空气动力项较小，可忽略不计，潜在土壤蒸发量 E_p（cm/d）按不计空气动力项的 Penman - Monteith 公式计算。因此，土壤蒸发仅受土壤表面接收的太阳辐射量影响，假定冠层中的净辐射量从上到下按指数函数递减，并忽略土壤热通量，可得

$$E_p = ET_p \exp^{-\beta LAI(t)} \tag{6.19}$$

式中：β 为太阳辐射消光系数，通常取值为 0.39；$LAI(t)$ 为叶面积指数，随作物生长阶段变化。当叶面积指数随作物生长阶段的变化为未知时，可用土壤覆盖度 SC 计算 E_p：

$$E_p = (1 - SC)ET_p \tag{6.20}$$

潜在作物蒸腾量 T_p（cm/d）为

$$T_p = ET_p - E_p \tag{6.21}$$

如果出现降雨，潜在腾发量除包含作物蒸腾量和土壤蒸发量外，还有冠层降雨截留蒸发量，故潜在蒸腾量按降雨截留量蒸发所需时间进行折减。

$$T_p = \left(1 - \frac{P}{ET_{p0}}\right)ET_p - E_p \tag{6.22}$$

式中：ET_{p0} 为冠层湿润状态下作物潜在腾发量（$r_{crop} = 0$）。

当土壤湿度较大时，土壤蒸发量等于潜在土壤蒸发量。当土壤较干燥时，土壤蒸发量将减少。表层土壤最大土壤蒸发量 E_{max} 可按 Dracy 定律计算：

$$E_p = K_{\frac{1}{2}}\left(\frac{h_{atm} - h_1 - z_1}{z_1}\right) \tag{6.23}$$

式中：$K_{1/2}$ 为土壤表面与垂向土柱第一个节点之间的平均导水率，cm/d；h_{atm} 为与大气相对湿度相平衡的土壤水压力水头，cm；h_1 为第一个节点的土壤水压力水头，cm；z_1 为第一个节点的深度，cm。

作物根系潜在吸水速率 $S_p(z)$（d^{-1}）的大小取决于该处的根系密度 $l_{root}(z)$（cm/cm^3）和根系密度积分项的比值，即

$$S_p(z) = \frac{l_{root}(z)}{\int_{-D_{root}}^{0} l_{root}(z)dz} T_p \tag{6.24}$$

式中：D_{root} 为根层厚度，cm。

土壤的过度干旱或湿润以及盐渍化都会减少 $S_p(z)$。作物实际根系吸水项 S 一般可以表达为

$$S(h,z) = \alpha_{rw}(h)S_p(z) \tag{6.25}$$

式中：$\alpha_{rw}(h)$ 表示土壤水分压力（或土壤含水量）对根系吸水的影响函数（Feddes 等，1978）。当 $\alpha_{rw}(h)$ 等于 1 时，作物根系吸水量等于潜在根系吸水量。如果 $0 < \alpha_{rw}(h) < 1$，植物根区的水分状况就变得很重要。对于水盐联合胁迫，SWAP 模型采用乘法式表达，即土壤深度 z 处实际根系吸水率 $S_a(z)(d^{-1})$ 为

$$S_a(z) = \alpha_{rw}(h)\alpha_{rs}(EC)S_p(z) \tag{6.26}$$

式中：$\alpha_{rs}(EC)$ 为盐分胁迫消减系数。$S_a(z)$ 在整个根系区积分可以得到作物实际腾发率 T_a：

$$T_a(z) = \int_{-D_w}^{0} S_a dz \tag{6.27}$$

上边界受气象条件（降雨、蒸发）的控制，可以用降雨量、潜在蒸发蒸腾量 $ET_p(cm/d)$ 和灌溉水量描述。土壤水流运动系统下边界可位于土壤非饱和或饱和区域。下边界条件可以用压力水头（DiriChlet 条件）、水流通量（Neumann 条件）或二者的关系式（CauChy 条件）描述。SWAP 针对不同的情况，提供了 8 种可供选择的下边界条件，主要包括：①给定地下水位随时间的变化过程 $\phi_{gwl}(cm)$；②给定底部通量 q_{bot} 随时间的变化过程（cm/d）；③计算量来自弱透水层以下的水流通量 $q_{bot}(cm/d)$；④根据平均地下水位与水流通量的指数关系计算来自深层水流通量 $q_{bot}(cm/d)$；⑤指定计算单元底部的水头 h 随时间变化关系；⑥当底部为不透水层时，$q_{bot}=0$；⑦对于自由排水的剖面，假定下边界为单位梯度，并得出 $q_{bot}=-k_{bot}$；⑧指定土-气界面上的为自由出流。

在 SWAP 中，灌溉可用固定灌溉制度和制定灌溉制度两种形式描述。对于固定灌溉制度，灌溉时间和灌溉水量要预先给定。对于制定灌溉制度，SWAP 按灌水时间标准和灌水水深标准计算出灌溉时间和灌溉水量。

SWAP 模型中采用的作物模型包括详细作物生长模型（WOFOST）和简单作物模型。详细作物模型考虑了实际作物生长和水盐胁迫的相互作用，其利用作物冠层吸收的光合有效辐射（PAR）及叶片光合特征模拟作物的生长过程。简单作物模型要求输入叶面积指数、作物高度以及作物根深与作物各发展阶段的函数，其不能模拟作物生长过程和实际产量，只能描述作物最终产量与水分的关系。但简单作物模型可以计算作物相对产量，即作物的实际产量与潜在产量的比值。大量的研究表明，作物产量与腾发量的关系用相对产量和相对腾发量的关系表示具有较好的稳定性。

$$1 - \frac{Y_{a,k}}{Y_{p,k}} = K_{y,k}\left(1 - \frac{T_{a,k}}{T_{p,k}}\right) \tag{6.28}$$

式中：$Y_{a,k}$ 为各生育阶段作物实际产量；$Y_{p,k}$ 为各生育阶段作物最大产量；$T_{a,k}$、$T_{p,k}$ 为各生育阶段实际蒸腾量、最大蒸腾量；$K_{y,k}$ 为各生育阶段产量反应系数；k 为作物不同生育阶段。因此，整个生育阶段的相对产量表示为

$$\frac{Y_{a}}{Y_{p}} = \prod_{k=1}^{n} \left(\frac{Y_{a,k}}{Y_{p,k}}\right)^{k} \tag{6.29}$$

式中：Y_a 为整个生育期累积作物实际产量；Y_p 为整个生育期作物累积最大产量；n 为作物不同生育阶段的数量。

6.5.1.2　EPIC 作物生长模型简介

EPIC（Environmental Policy-Integrated Climate）模型是一个定量评价"气候-土壤-作物-管理"系统的综合动力学模型，是 20 世纪 80 年代初期由美国得克萨斯农工大学黑土地研究中心和美国农业部研究机构共同研究开发的。整个程序由 FORTRAN 语言编写而成，源代码开放，经过编译可以在 DOS、Windows 及 UNIX 操作系统下运行。EPIC 模型是一个农田尺度的单点模型，包含 11 个子模块，即气候模块、水文模块、土壤侵蚀模块、养分循环模块、土壤温度模块、作物生长模块、耕作模块、经济效益模块和作物环境控制模块、农药模块、碳循环模块。其中，作物生长模型是一种多作物通用型生长模型，以积温为基础模拟作物的物候发育过程，能够模拟上百种作物的生长过程（Williams et al.，2006）。模型参数相对较少，且易获得。因此，该模型得到广泛应用。

作物的物候发育以逐日热量单元累积为基础（Williams et al.，1989），可以表示为

$$HU_{k} = \left[\frac{T_{max,k} + T_{min,k}}{2}\right] - T_{b}, \quad HU_{k} \geqslant 0 \tag{6.30}$$

式中：HU_k 为第 k 天的热量单元值，℃；$T_{max,k}$ 和 $T_{min,k}$ 分别为第 k 天的最高温度和最低温度，℃；T_b 是作物生长的基点温度，℃。热量单元系数（HUI）取值范围在播种时为 0，至生理成熟期为 1，采用下式计算：

$$HUI_{i} = \frac{\sum_{k=1}^{i} HU_{k}}{PHU} \tag{6.31}$$

式中：HUI_i 为第 i 天的热量单元系数，范围从 $0 \sim 1$；PHU 为作物成熟所需的最大热量单元，℃。

作物截获的太阳辐射采用 Beer 定律方程计算：

$$PAR_{i} = 0.5RA_{i}[1 - \exp(-0.65LAI_{i})] \tag{6.32}$$

式中：PAR_i 为作物截获光合有效辐射，MJ/m^2；RA_i 为太阳辐射，MJ/m^2；LAI_i 为叶面积指数，下标 i 表示某个年份的第 i 天，0.65 为窄行距作物消光系数。采用 Monteith 方法可以计算某一天生物量的最大值：

$$\Delta B_{p,i} = (BE)_{i}(PAR)_{i} \tag{6.33}$$

式中：$\Delta B_{p,i}$ 为逐日生物量潜在增长量，kg/hm^2；BE 为作物把能量转换为生物量的转换因子，$(kg/hm^2)/(MJ/m^2)$。

叶面积指数 LAI 是热量单元、作物胁迫和作物发育阶段的函数。从出苗到叶面积开始下降，采用下式计算 LAI：

$$LAI_{i} = LAI_{i-1} + \Delta LAI \tag{6.34}$$

$$\Delta LAI = (\Delta HUF)(LAI_{max})\{1 - \exp[5.0(LAI_{i-1} - LAI_{max})]\}\sqrt{REG_{i}} \tag{6.35}$$

式中：LAI 为叶面积指数；HUF 为热量单元因子；REG_i 为最小作物胁迫因子值，主要

包括水分胁迫 WS 和温度胁迫 TS；下标 max 表示作物最大叶面积指数；i 为日序。

大多数作物根系深度在生理成熟前通常已达到最大根深，根系深度采用热量单位和最大根系深度的函数表示：

$$RD_i = 2.5RD_{max}HUI_i, \quad RD_i \leqslant RD_{max} \tag{6.36}$$

$$RD_i = RD_{max}, \quad RD_i > RD_{max} \tag{6.37}$$

式中：RD_i 为第 i 天的根系深度，cm；RD_{max} 为最大根系深度，cm。

大多数作物在各种环境条件下的收获指数值通常相对稳定，因此在 EPIC 模型中作物产量采用收获指数来计算：

$$YLD = HI_{max}B_a \tag{6.38}$$

式中：YLD 为作物收获的潜在产量，kg/hm²；HI_{max} 为最大收获指数；B_a 为作物地上部分生物量，kg/hm²。在胁迫条件下，环境胁迫对收获指数的影响采用下式表示：

$$HI_{adj} = \frac{HI_i}{1 + WSYF(0.9 - WS)\max\left\{0, \sin\left[\frac{\pi}{2}\left(\frac{HUI - 0.3}{0.3}\right)\right]\right\}} \tag{6.39}$$

因此作物实际产量为

$$YLD_a = HI_{adj}B_a \tag{6.40}$$

式中：$WSYF$ 为作物对干旱的敏感指数，即收获指数的下限。

WS 为水分胁迫指数，可表示为

$$WS_i = \frac{T_{ac}}{T_p} \tag{6.41}$$

式中：T_p 为作物潜在蒸腾速率，cm/d；T_{ac} 为考虑根系补偿性吸水的作物实际蒸腾速率，cm/d。

温度胁迫采用下式计算：

$$TS_i = \sin\left[\frac{\pi}{2}\left(\frac{TG_i - T_{bj}}{T_{oj} - T_{bj}}\right)\right], \quad 0 \leqslant TS_i \leqslant 1 \tag{6.42}$$

式中：TS 为温度胁迫因子；TG 为每天的平均气温；T_{oj} 为作物 j 生长的最佳温度；T_{bj} 为作物 j 生长的基础温度。

6.5.1.3　分布式农业水文模型——GSWAP - EPIC

由于 SWAP 模型的简单作物模块不能模拟作物的生长过程和实际产量，而需通过人为输入作物生长观测数据（如 LAI、株高、根深等），以与水盐运移进行交互计算；其详细作物生长模块 WOFOST 则计算复杂，需要过多的作物观测数据与经验参数，局限了其在资料不充分地区的适用性。因此，本研究采用徐旭（2011）构建的改进的农田水盐运移与作物生长耦合模型——SWAP - EPIC 进行模拟研究。该模型在 SWAP 基础上耦合了参数与输入数据较少且可以模拟作物生长过程及实际产量的 EPIC 作物生长模块（Williams et al.，1989），采用 Fortran 95 语言进行编译，以实现土壤水盐运移与作物生长的交互式计算与模拟。

综上所述，改进后的耦合模型以 SWAP 模型为基础，嵌入 EPIC 作物生长模块，其很好地模拟农田尺度水分、溶质和热量运移的同时，也降低了模型对作物参数与观测数据量的需求，且能模拟作物生长过程及实际产量，可较好地拓展 SWAP - EPIC 模型的适用范围。

在此基础上，Jiang 等（2014）通过耦合 GIS 与农业水文模型 SWAP - EPIC，构建了 GSWAP - EPIC 分布式农业水文模型。该模型适用于描述区域尺度一维土壤水分运动和作物生长相互作用过程。GSWAP - EPIC 由土壤水分运动、溶质运移、热量传输、土壤蒸发、作物蒸腾及 EPIC 作物生长六个子模块组成，各个模块相互影响。

6.5.2　模型构建和校核

6.5.2.1　基础数据收集

为了获取松嫩平原喷灌适用性评价研究所需的具体数据，本研究组赴松嫩平原地区黑龙江省和吉林省开展玉米、大豆、水稻等主要作物的灌水制度和产量收益等相关的调研工作。此次调研，主要通过查阅各县统计年鉴数据和实地走访调研来获取相关的数据，其中以年鉴数据获取为主，实地走访调研为辅。通过座谈及查阅统计年鉴的形式，了解当地的种植习惯、土壤类型分布、作物种植面积、单产以及总产等。本研究组通过查阅当地各县区的统计年鉴获得了甘南、青冈、海伦、榆树、乾安、肇州、肇源、林甸、杜蒙等各县的 2009—2017 年的水稻、玉米、大豆等产量数据，见表 6.21、表 6.22 和表 6.23。

表 6.21　　　　　2009—2017 年各县统计年鉴水稻单产数据　　　　单位：kg/hm²

县域	2009 年	2010 年	2011 年	2012 年	2013 年	2014 年	2015 年	2016 年	2017 年
大庆市辖区	8305	10515	—	5988	—	7425	7388	6617	6283
肇州	7519	7519	—	8133	—	6899	7344	7201	7985
肇源	8815	10500	—	9823	—	7645	7803	7879	7753
林甸	8100	9868	—	10066	—	7357	6905	7918	7777
杜蒙	6923	5772	—	8165	—	6480	6517	7644	7123

表 6.22　　　　　2009—2017 年各县统计年鉴玉米单产数据　　　　单位：kg/hm²

县域	2009 年	2010 年	2011 年	2012 年	2013 年	2014 年	2015 年	2016 年	2017 年
大庆市辖区	4334	7487	—	10377	—	8672	8329	7425	7890
肇州	8400	10509	—	11336	—	9512	8989	7605	8666
肇源	7911	8908	—	11451	—	9661	9266	8233	8770
林甸	7638	9326	—	11300	—	8832	9262	8506	8603
杜蒙	5581	4086	—	7614	—	7282	7164	7060	7805
甘南	4844	—	—	—	5907	—	—	—	—
青冈	—	—	—	9750	—	—	—	—	—
海伦	7500	8250	8250	—	—	—	—	—	—
榆树	—	9038	8056	—	—	—	—	—	—
乾安	—	—	5288	—	—	—	—	—	—

表 6.23 　　　　　　　2009—2017 年各县统计年鉴大豆单产数据　　　　　单位：kg/hm²

县域	2009 年	2010 年	2011 年	2012 年	2013 年	2014 年	2015 年	2016 年	2017 年
大庆市辖区	—	—	—	—	—	1637	1597	1543	1483
肇州	2250	4564	—	3675	—	2082	2110	2120	2491
肇源	2820	3000	—	3307	—	1904	2550	1706	1883
林甸	2109	2130	—	2264	—	1914	1686	1509	1863
杜蒙	1795	1290	—	2729	—	1914	1797	1689	1790

　　通过中国气象数据网收集松嫩平原区 25 个国家基准地面气象观测站点地面气候资料日值数据集。各气象站点的气象资料包括 50 年（1964—2013 年）的日降雨量、极大风速、极大风速风向、日平均气压、平均风速、平均气温、平均水汽压、平均相对湿度、日照时数、日最低气温、日最高气温等。根据获得的气象资料，采用联合国粮农组织（FAO）推荐的 Penman - Monteith 公式计算参考作物腾发量（ET_0），日辐射量根据日照时数换算得到。

　　松嫩平原土壤特征数据集来源于联合国粮农组织（FAO）和维也纳国际应用系统研究所（IIASA）所构建的世界土壤数据库（HWSD）。中国境内数据源为第二次全国土地调查南京土壤所所提供的 1：100 万土壤数据（Shi et al.，2004）。该数据集包括表层（0～30cm）的土壤干容重、砂粒含量、粉粒含量和黏粒含量；深层（30～100cm）的土壤干容重、砂粒含量、粉粒含量和黏粒含量等。为了降低模型的计算量，本研究不考虑面积较小（小于总面积 2‰）的土壤类型（Singh et al.，2006），研究区土壤类型由原有的 79 种减少至 44 种。利用 Rosetta（Schaap et al.，2001）软件基于土壤粒径组成计算土壤初始 van Genutchen 水力学参数。

　　东北地区作物种植结构数据（黄青等，2010）由中国农业科学院农业资源与农业区划研究所吴文斌副研究员课题组提供。黄青等（2010）通过分析东北地区春玉米、春小麦、一季稻及大豆等主要作物的时序光谱特征，确定不同作物种植结构遥感提取的阈值，建立基于 MODIS NDVI 数据的上述 4 种作物种植结构提取模型，获取 2009 年东北地区主要作物空间种植结构格局特征。由于本研究选取春玉米作为研究对象，提取了松嫩平原春玉米的种植结构分布。

　　松嫩平原遥感蒸腾蒸发量数据由中国科学院东北地理与农业生态研究所宋开山研究员课题组提供。曾丽红等（2010）为了准确估算松嫩平原不同地表覆盖的蒸散量，以 MODIS 产品及实测气象资料为数据源，通过 SEBAL 模型估算了松嫩平原 2008 年生长季（5—9 月）的蒸散量，并利用涡度相关数据验证估算结果，发现估算值与实测值的变化趋势相吻合，整个生长季蒸散量的相对误差为 18.26%，基本可以满足区域蒸散研究需求（Zeng et al.，2011）。本研究提取了 2008 年玉米种植区生长季的蒸腾蒸发总量。

　　调研发现当地农民受传统灌溉习惯的影响，使用节水灌溉设备时，存在灌溉不及时、灌水次数少、次灌水量大等问题。如膜下滴灌灌水定额最高达到 60mm；小型移动式喷灌机灌水定额达到 70mm。通过分析发现灌水次数和灌水量与当地的降雨时间和降雨量密切相关。研究区不同水文年降雨量分布特点为东多西少，且与经纬度密切相关。由于研究区面积比较大，难以获取详细的灌水数据。因此，依据降雨量分布特点，研究区划分为7个灌水子区（图6.32）。为了验证灌水分区的合理性，本研究分析了7个灌水区2000—2013年共14年的平均降雨量，见表6.24。从表6.24中可看出，灌水1区、2区、3区、4区、5区、6区和7区多年平均降雨量分别为：<300mm、300～350mm、350～400mm、400～450mm、350～400mm、400～450mm、>450mm。由此可见，灌水分区结果比较合理。

6.5.2.2 模型构建

农田土壤中的水分运动和作物产量与气象、灌溉、土壤类型、作物类型等因素有关，因此研究区域土壤水分运动与作物产量变化不能采用以前的"以点带面"的方法，而是考虑区域的各种影响因素。通过气象-土壤-作物-灌溉等影响因子的空间叠加划分均质模拟单元，每个均质模拟单元近似为只有一种农田环境，对每个单元格单独运行一维田间水文模型SWAP-EPIC，从而取得各模拟单元的作物耗水量和产量。实现模拟单元的划分，需要借助ArcGIS软件的空间分析功能。

本研究综合考虑气象-土壤-作物-灌溉等多因素的影响，应用ArcGIS软件叠加土壤类型、灌水分区、气象站点和种植结构等获取均质模拟单元。由于种植结构分布图计算单元格很多（>300000），且本研究只考虑玉米或者大豆单一作物类型。为了减小计算前

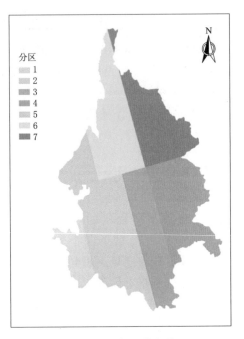

图6.32 研究区灌水分区

期数据处理量，均值模拟单元划分未考虑种植结构分布。但在后期结果分析中通过将计算得到的产量和耗水分布图与种植结构图叠加，获得区域最终的玉米或者大豆的产量和耗水分布图。本研究获得的均质模拟单元划分结果如图6.33，研究区共划分为1745个均质单元。

表6.24 　　　　　　　　 2000—2013年灌水分区多年平均降雨量 　　　　　　　 单位：mm

灌水分区	灌水1区	灌水2区	灌水3区	灌水4区	灌水5区	灌水6区	灌水7区
平均降雨量	299	325	398	436	379	406	460
降雨量范围	<300	300～350	350～400	400～450	350～400	400～450	≥450

6.5.2.3 模型校核

本研究模型参数率定的顺序依次为作物生长参数、土壤水力参数。本研究采用研究组于2011—2013年在黑龙江省水利科学研究院综合试验研究基地开展的玉米滴灌试验和大豆喷灌试验数据来率定分布式农业水文模型GSWAP-EPIC玉米和大豆作物模型参数。

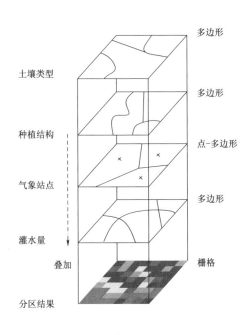 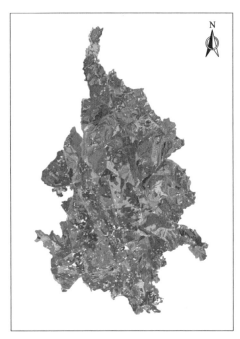

图 6.33 研究区均质模拟单元划分结果图

玉米地上部分干物质量模拟值与实测值比较如图 6.34 所示。从图 6.34 中可看出，地上部分干物质量模拟值与实测值吻合均较好。地上部分干物质量的模拟结果更好，其 $RMSE$、$nRMSE$ 及一致性指数 d 值分别为 $1128 \sim 1622 \text{kg/hm}^2$、$9.0\% \sim 14.7\%$ 和 $0.984 \sim 0.991$。此外，玉米产量模拟值与实测值之间吻合较好，决定系数 R^2 接近 0.7，部分观测值与模拟值之间差异低于实测值的标准差。由此可看出模型模拟效果较好。因此，玉米作物生长模型参数的率定结果较好，率定参数见表 6.25。

表 6.25　　　　　　　　　　　作物模型参数率定结果

参　　　数	缺省值	率定值
生物量-能量转化参数 $BE/[(\text{kg/hm}^2)/(\text{MJ/m}^2)]$	40	40
作物生长最低温度 $T_b/℃$	8	5
作物生长最佳温度 $T_0/℃$	25	25
最适叶面积指数曲线上第一点 ab_1	15.05	15.05
最适叶面积指数曲线上第二点 ab_2	50.95	50.95
从出苗至叶面积开始下降阶段占总生育期的比例 $DLAI$	0.8	0.8
叶面积下降速率 $RLAD$	1	1
最大叶面积指数 $LAI_{\max}$	6	4
最大根系深度 $RD_{\max}/\text{cm}$	200	100
最大株高 $HM_{\max}/\text{cm}$	200	200
最大收获指数 $HI_{\max}$	0.5	0.6
作物成熟所需的最大热量单元值 PHU	2000	2450

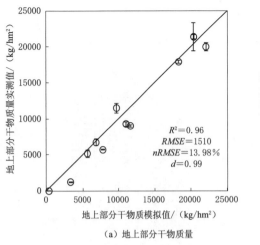

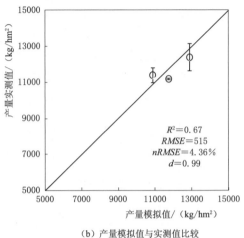

（a）地上部分干物质量 　　　　　（b）产量模拟值与实测值比较

图 6.34　玉米地上部分干物质量、产量模拟值与实测值比较

　　基于土壤质地和土壤容重数据，利用 Rosetta 软件计算研究区主要土壤类型水分运动参数初始值，并将其与作物参数率定结果输入模型中，模拟研究区全生育期作物耗水量。比较研究区作物耗水量模拟值与遥感反演 ETa 之间的差异，率定研究区土壤水分运动参数。为了更好地说明模拟值与遥感反演的 ETa 值的吻合程度，本研究分析了面积大于总面积 5‰的均值单元格 2008 年玉米生育期内遥感反演 ETa 数据与模拟值之间的关系。从图 6.35 中可看出，数据点基本落在 1∶1 线附近，决定系数 R^2 为 0.42。本研究利用 2009—2013 年甘南、青冈、海伦、榆树、乾安等 5 个县区的玉米产量统计数据来验证 GSWAP - EPIC 模型（图 6.36）。从图 6.36 中可看出，模拟值与统计值吻合较好，决定系数 R^2 为 0.9002，$nRMSE$ 及一致性指数 d 值分别为 7.65% 和 0.94。模型模拟效果较好。

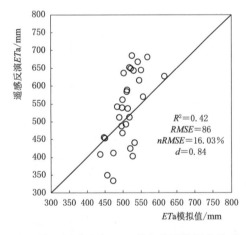

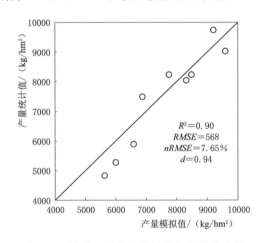

图 6.35　遥感反演 ETa 值与模拟值相关关系　　图 6.36　县域玉米单产统计值与模拟值比较

　　大豆株高和产量模拟值与实测值比较如图 6.37 所示。从图 6.37 中可看出，株高和产量模拟值与实测值吻合均较好。株高模拟值与实测值之间 $RMSE$、$nRMSE$ 及一致性指数

d 值分别为 4.06、6.2% 和 0.81。产量的模拟结果与实测值之间的 $RMSE$、$nRMSE$ 及一致性指数 d 值分别为 294kg/hm²、8.6% 和 0.92。由此可看出模型模拟效果较好。因此，作物生长模型参数的率定结果较好，大豆作物生长模型率定参数见表 6.26。综上所述，GSWAP - EPIC 可用于模拟松嫩平原玉米和大豆的产量及耗水量。

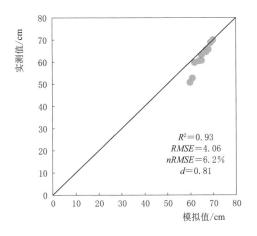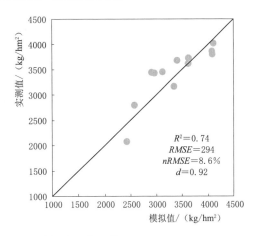

图 6.37 大豆株高和产量模拟值与实测值比较

表 6.26   大豆作物模型参数率定结果

参 数	缺省值	率定值
生物量-能量转化参数 $BE/[(kg/hm^2)/(MJ/m^2)]$	25	25
作物生长最低温度 $T_b/℃$	10	10
作物生长最佳温度 $T_0/℃$	25	25
最适叶面积指数曲线上第一点 ab_1	15.05	15.05
最适叶面积指数曲线上第二点 ab_2	50.95	50.95
从出苗至叶面积开始下降阶段占总生育期的比例 $DLAI$	0.9	0.9
叶面积下降速率 $RLAD$	0.1	0.1
最大叶面积指数 LAI_{max}	5	5
最大根系深度 RD_{max}/cm	200	120
最大株高 HM_{max}/cm	200	70
最大收获指数 HI_{max}	0.4	0.32
作物成熟所需的最大热量单元值 PHU	2000	1600

6.5.3 不同水文年型典型作物灌水量与粮食产量关系模拟

6.5.3.1 玉米灌水量与产量关系

（1）玉米灌溉制度分析。考虑与当地农民灌水实践保持一致，在灌溉情景设置方面，本研究基于 14 年（2000—2013 年）间不同水文年不同灌水区玉米生育期各阶段内降雨量分布（图 6.38），结合松嫩平原玉米各生育阶段的作物需水量的已有研究结果（表 6.27、图 6.39），同时考虑当地农民灌水习惯（灌水周期长）和实际灌溉中采用的轮灌制度，设置灌水间隔为 10d，从而分别制定了松嫩平原 2000—2013 年不同水文年玉米生育期补充灌溉制度。

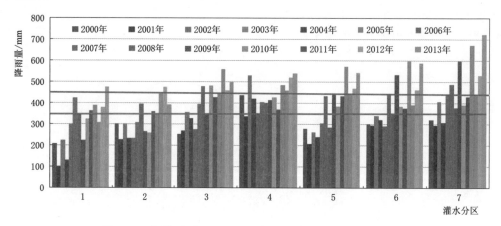

图 6.38　松嫩平原 2000—2013 年不同灌水分区降雨量比较

表 6.27　　　　　　　　　　东 北 玉 米 生 长 过 程

生育阶段	苗期	拔节期	抽穗期	灌浆期	成熟期
时间	5 月 1 日—6 月 20 日	6 月 21 日—7 月 20 日	7 月 21 日—8 月 5 日	8 月 6 日—8 月 20 日	8 月 20 日—9 月 20 日
生育期天数/d	50	30	15	15	30

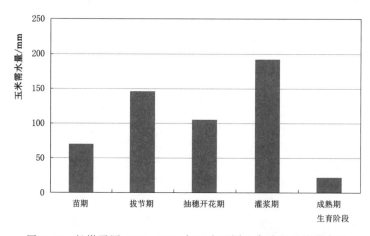

图 6.39　松嫩平原 1992—2011 年玉米不同生育阶段平均需水量

（2）玉米灌溉水量与产量关系模拟。为了研究松嫩平原农业用水总量与粮食产量之间的相互关系，本研究利用校核后的模型模拟分析了不同灌水分区不同水文年灌水量与玉米产量之间的关系，不同水文年不同灌水分区灌水量与玉米单位面积产量关系式如下所示：

1）丰水年：

灌水 1 区 $y = -0.1798x^2 + 39.885x + 8613.7$

灌水 2 区 $y=-0.0436x^2+16.038x+10183$

灌水 3 区 $y=-0.5299x^2+85.316x+8213.7$

灌水 4 区 $y=-0.3662x^2+28.858x+10497$

灌水 5 区 $y=-0.0685x^2+9.7256x+10573$

灌水 6 区 $y=0.3079x^2-59.627x+10841$

灌水 7 区 $y=-0.1217x^2+38.23x+5259.1$

2）平水年：

灌水 1 区 $y=-0.1134x^2+35.298x+7147.6$

灌水 2 区 $y=-0.0513x^2+23.174x+8469.5$

灌水 3 区 $y=-0.2553x^2+35.309x+10035$

灌水 4 区 $y=-0.1346x^2+28.332x+9852.3$

灌水 5 区 $y=-0.1383x^2+24.104x+10241$

灌水 6 区 $y=-0.0065x^2+15.289x+8682.8$

灌水 7 区 $y=-0.1023x^2+24.961x+8320.7$

3）干旱年：

灌水 1 区 $y=16.624x+5787.8$

灌水 2 区 $y=-0.0676x^2+31.065x+7016.9$

灌水 3 区 $y=-0.0881x^2+27.797x+9343.8$

灌水 4 区 $y=-0.0459x^2+16.197x+9952.5$

灌水 5 区 $y=-0.1049x^2+32.338x+7327.5$

灌水 6 区 $y=-0.0671x^2+29.9x+7387.1$

灌水 7 区 $y=0.0614x^2-1.91x+8192.5$

（3）玉米最优灌溉水量与产量分析。根据上述不同水文年不同灌水分区灌水量与玉米单位面积产量关系式，计算得到不同水文年不同灌水分区玉米最优灌水量与产量，见表 6.28。可以看出，研究区不同水文年玉米最优灌水量和产量差异较大。丰水年最优灌水量和最优产量均最小，分别为 109mm 和 10417kg/hm²；干旱年最优灌水量最大，为 209mm；平水年最优产量最大，达到 10848kg/hm²。这可能是因为干旱年和平水年气温比丰水年高，导致作物的积温较高，从而达到较高的产量。相同水文年，不同灌水区最优灌水量和最优产量差异较大，尤其是丰水年。最优灌水量为 39～184mm，产量为 8261～11658kg/hm²。这可能是因为不同灌水分区土壤理化性质差异较大导致的。

表 6.28　　　　　　　不同水文年不同灌水分区玉米最优灌水量与产量

灌水分区	丰 水 年		平 水 年		干 旱 年	
	最优灌水量 /mm	最优产量 /(kg/hm²)	最优灌水量 /mm	最优产量 /(kg/hm²)	最优灌水量 /mm	最优产量 /(kg/hm²)
灌水 1 区	111	10826	156	9894	320	11107
灌水 2 区	184	11658	226	11087	230	10586
灌水 3 区	81	11648	69	11256	158	11536

灌水分区	丰　水　年		平　水　年		干　旱　年	
	最优灌水量 /mm	最优产量 /(kg/hm²)	最优灌水量 /mm	最优产量 /(kg/hm²)	最优灌水量 /mm	最优产量 /(kg/hm²)
灌水 4 区	39	11066	105	11343	176	11381
灌水 5 区	71	10918	87	11291	154	9820
灌水 6 区	120	8539	180	11224	223	10718
灌水 7 区	157	8261	122	9843	200	10061
平均值	109	10417	135	10848	209	10744

6.5.3.2　大豆灌水量与产量关系

（1）大豆灌溉制度分析。考虑与当地农民灌水实践保持一致，在灌溉情景设置方面，本研究基于 14 年（2000—2013 年）间不同水文年不同灌水区大豆生育期各阶段内降雨量分布，结合松嫩平原大豆各生育阶段的作物需水量的已有研究结果（表 6.29、图 6.40），同时考虑当地农民灌水习惯（灌水周期长）和实际灌溉中采用的轮灌制度，设置灌水间隔为 10d，从而分别制定了松嫩平原 2000—2013 年不同水文年大豆生育期灌溉情景。

表 6.29　　　　　　　　　　　　东 北 大 豆 生 长 过 程

生育阶段	苗期	分枝期	花荚期	鼓粒期	成熟期
时间	5月6日— 5月31日	6月1日— 6月28日	6月29日— 7月30日	7月31日— 9月4日	9月5日— 9月26日
生育期天数/d	25	28	32	35	22

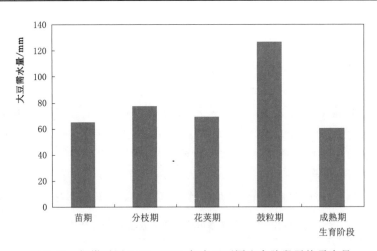

图 6.40　松嫩平原 1992—2011 年大豆不同生育阶段平均需水量

（2）大豆灌溉水量与产量关系模拟。与玉米产量与灌水量关系的计算方法相同，本研究利用校核后的模型模拟分析了不同灌水分区不同水文年灌水量与大豆产量之间的关系，不同水文年不同灌水分区灌水量与大豆单位面积产量关系式如下所示：

1）丰水年：

灌水 1 区 $y=-0.1798x^2+39.885x+8613.7$

灌水 2 区 $y=-0.0436x^2+16.038x+10183$

灌水 3 区 $y=-0.5299x^2+85.316x+8213.7$

灌水 4 区 $y=-0.3662x^2+28.858x+10497$

灌水 5 区 $y=-0.0685x^2+9.7256x+10573$

灌水 6 区 $y=0.3079x^2-59.627x+10841$

灌水 7 区 $y=-0.1217x^2+38.23x+5259.1$

2）平水年：

灌水 1 区 $y=-0.1134x^2+35.298x+7147.6$

灌水 2 区 $y=-0.0513x^2+23.174x+8469.5$

灌水 3 区 $y=-0.2553x^2+35.309x+10035$

灌水 4 区 $y=-0.1346x^2+28.332x+9852.3$

灌水 5 区 $y=-0.1383x^2+24.104x+10241$

灌水 6 区 $y=-0.0065x^2+15.289x+8682.8$

灌水 7 区 $y=-0.1023x^2+24.961x+8320.7$

3）干旱年：

灌水 1 区 $y=16.624x+5787.8$

灌水 2 区 $y=-0.0676x^2+31.065x+7016.9$

灌水 3 区 $y=-0.0881x^2+27.797x+9343.8$

灌水 4 区 $y=-0.0459x^2+16.197x+9952.5$

灌水 5 区 $y=-0.1049x^2+32.338x+7327.5$

灌水 6 区 $y=-0.0671x^2+29.9x+7387.1$

灌水 7 区 $y=0.0614x^2-1.91x+8192.5$

（3）大豆最优灌溉水量与产量分析。根据上述不同水文年不同灌水分区灌水量与大豆单位面积产量关系式，计算得到不同水文年不同灌水分区大豆最优灌水量与产量，见表 6.30。可以看出，研究区不同水文年大豆最优灌水量和产量差异较大。丰水年最优灌水量和最优产量均最小，分别为 15mm 和 3332kg/hm^2；干旱年最优灌水量和最优产量最大，达到 286mm 和 3469kg/hm^2。这可能是因为丰水年降雨量大，作物生育期气温低，导致产量较低。相同水文年，不同灌水区最优灌水量和最优产量差异较大，尤其是丰水年。最优灌水量为 45～261mm，产量为 2634～3899kg/hm^2。这可能是因为不同灌水分区土壤理化性质差异较大导致的。

表 6.30 不同水文年不同灌水分区大豆最优灌水量与产量

灌水分区	丰 水 年		平 水 年		干 旱 年	
	最优灌水量 /mm	最优产量 /(kg/hm^2)	最优灌水量 /mm	最优产量 /(kg/hm^2)	最优灌水量 /mm	最优产量 /(kg/hm^2)
灌水 1 区	261	3899	287	3531	300	4029
灌水 2 区	62	3489	252	3573	542	3981

灌水分区	丰　水　年		平　水　年		干　旱　年	
	最优灌水量/mm	最优产量/(kg/hm²)	最优灌水量/mm	最优产量/(kg/hm²)	最优灌水量/mm	最优产量/(kg/hm²)
灌水3区	45	3512	165	3686	361	3571
灌水4区	60	3304	131	3396	239	3280
灌水5区	223	3179	158	3410	229	3106
灌水6区	101	2634	150	2792	240	3015
灌水7区	56	3307	86	3601	90	3298
平均值	115	3332	176	3427	286	3469

6.5.3.3　水稻灌水量与产量关系

由于选定的分布式农业水文模型 GSWAP-EPIC 不适合模拟水稻的灌水量与产量之间的相关关系，通过查阅大量已发表的文献资料，获取了松嫩平原不同水文年不同灌水分区条件下水稻产量与灌水量之间的相关关系，不同水文年灌水量与水稻单位面积产量关系式如下所示：① 丰水年 $y=-0.0049x^2+1.2939x+8941.4$；② 平水年 $y=-0.0048x^2+4.75x+6356.2$；③ 干旱年 $y=-0.0041x^2+9.436x+4329$。

可以看出，干旱年水稻产量随着灌水量的增加而增加，最优灌水量超出实测数据范围。为了更加科学的制定最优灌溉制度，根据本研究获取的最大灌水量确定干旱年水稻最优灌水量为 750mm，相应的最大产量为 9166kg/hm²。根据上述不同水文年不同灌水分区灌水量与水稻单位面积产量关系式，计算得到不同水文年不同灌水分区水稻最优灌水量与产量（表 6.31）。从表 6.31 中可看出，研究区水稻丰水年最优灌水量最小，为 132mm，最优产量为 7069kg/hm²。

表 6.31　　　　　　　　不同水文年不同灌水分区水稻最优灌水量与产量

水文年型	最优灌水量/mm	最优产量/(kg/hm²)
干旱年	750	9166
平水年	487	7069
丰水年	132	9027

6.5.4　水土约束下的松嫩平原作物种植结构优化方案

6.5.4.1　种植结构优化水土约束条件

本研究通过查阅相关地区年鉴，获取了松嫩平原 2018 年各县区的农作物（包括谷物和大豆）播种面积、产量以及水资源总量统计数据，见表 6.32。

表 6.32 松嫩平原 2018 年各县区市农作物播种面积和产量统计

县区市	播种面积/hm²				产量/t			水资源总量/万 m³
	农作物	粮食	谷物	大豆	粮食	谷物	大豆	
阿城区	74996	73137	70647	2219	531704	526994	3424	40342
呼兰区	142251	135051	126033	2212	1010034	968059	4083	22876
宾县	158641	148407	140140	4915	1016144	996847	8973	67633
依兰县	208837	204405	184293	19864	1317898	1284369	32978	40342
双城区	221384	202164	198073	512	1619503	1597774	965	40342
五常市	275539	260997	252100	8519	1919043	1902139	15522	229507
巴彦县	218935	215527	181173	24458	1494104	1408448	40429	36784
木兰县	99278	97213	80560	16062	575869	542408	30181	64223
龙江县	326793	317368	300307	3198	1928337	1900393	4953	59823
依安县	266056	260442	175080	55910	1296771	1093565	70861	27016
泰来县	164023	158131	148493	3068	807658	797835	3906	37946
甘南县	231496	225837	187320	24561	1075137	1009380	33365	58310
富裕县	145282	143616	135327	6950	829192	814911	10814	39786
克山县	196810	196459	57093	119310	648694	370652	173707	31146
克东县	120573	116254	27847	87367	327813	190000	135630	23069
拜泉县	248369	243389	75067	146059	796933	510547	240578	25287
绥化市	97294	88861	86468	2394	610500	606000	4500	34616
讷河市	387974	382551	172027	127531	1620273	1107529	205783	77349
肇州县	146065	129099	126160	980	966135	959329	2262	14348
肇源县	166855	148741	142253	3777	1043435	1030342	6594	39307
林甸县	153728	146714	103033	14982	860459	766610	25867	23307
杜蒙自治县	140139	133499	113000	3900	788447	750523	6471	38450
大庆市区	78151	70395		1524	470860		2166	30990
北安市	187421	185748	41960	136430	537653	275647	249202	111253
五大连池市	190855	180661	46673	130161	471809	260383	204518	158428
爱辉区	114728	110622	35217	62568	309724	160087	128160	223877
嫩江县	394074	390640	68027	318333	920298	331620	579795	223877
安达市	132672	127716	123500	3242	998409	992004	4898	19835
肇东市	253568	228547	222900	3290	1761480	1744335	6681	28668
海伦市	304840	292604	105600	182146	1141723	733340	390216	63368
北林区	206015	197111	159753	24957	1301689	1231631	42013	34616
望奎县	166910	164966	127553	30784	1070340	988658	52833	18943
兰西县	167870	159589	154627	3566	1030235	1020775	5510	17683
青冈县	170145	158555	149880	8169	1136714	1120604	14853	15326

续表

县区市	播种面积/hm²				产量/t			水资源总量/万 m³
	农作物	粮食	谷物	大豆	粮食	谷物	大豆	
庆安县	171311	166624	133167	30651	1048987	986870	52727	125309
明水县	138711	136863	95740	33510	818322	745883	54550	14476
绥棱县	136674	129796	63360	65868	600547	477196	121345	99944
长春市区	1152208	1103179	1059698	19819	7379323	7329735	49588	15495
九台区	171392	168109	163830	1733	1070019	1065204	4815	24649
农安县	402566	373953	353618	7799	2475504	2455079	20425	18770
榆树市	390487	385321	368133	9593	2797801	2774238	23563	37195
德惠市	217541	210986	208070	339	1281801	1281148	653	23091
伊通满族自治县	130414	129045	127732	815	985700	983603	2097	25302
公主岭市	322075	311790	302789	5411	2476077	2462581	13496	18899
前郭尔罗斯自治县	328170	257670	237996	5169	1863512	1850497	13015	5426
长岭县	297471	265960	230394	20268	1588410	1556887	31523	4053
乾安县	163023	153432	137615	2698	848426	844350	4076	2477
扶余市	336552	248509	235297	8898	1919692	1898338	21354	6207
洮北区	155616	129491	113652	2084	887148	881211	5937	2759
镇赉县	185399	177951	161803	3385	1150999	1142130	8869	4925
通榆县	224207	207922	112242	10493	393968	371808	22160	7884
洮南市	198720	180302	151085	14719	937595	915255	22340	13068
大安市	147077	125821	102641	2757	747223	741712	5511	4807

根据松嫩平原各县区的作物种植面积、产量和水资源量，其面积按照加权平均计算分析得到了松嫩平原 2018 年不同灌水分区农作物播种面积和产量统计，见表 6.33。

表 6.33　　　　松嫩平原 2018 年不同灌水分区农作物播种面积和产量统计

灌水分区	播种面积/hm²				产量/t			水资源总量/万 m³
	农作物	粮食	谷物	大豆	粮食	谷物	大豆	
灌水 1 区	549498	493612	376599	23848	2313055	2267320	44145	25408
灌水 2 区	2244665	2029845	1768914	61555	12047898	12419737	115460	197668
灌水 3 区	2850120	2641383	2535334	49858	18376601	18189519	113927	213934
灌水 4 区	3010785	2908376	2431263	416424	18720107	17695219	807949	751321
灌水 5 区	506488	488803	445582	21753	2803426	2730545	30921	115843
灌水 6 区	1768648	1737985	865350	691761	7318149	5534439	1134269	482741
灌水 7 区	1409512	1363942	487989	830554	4925435	3303225	1519804	633717
总计	12339716	11663946	8911031	2095753	66504671	62140004	3766475	2420632

可以看出，灌水区农作物现状种植面积为 $506488 \sim 3010785 \mathrm{hm}^2$，粮食产量为 $2313055 \sim 18720107 \mathrm{t}$，水资源总量为 25408 万 ~ 751321 万 m^3。为了使种植结构优化结果更加可靠，上述现状农作物种植面积、粮食产量和水资源总量均作为优化计算的约束条件。同时，根据黑龙江省《用水定额》（DB23/T 727—2021）和吉林省《用水定额》（DB22/T 389—2019）确定松嫩平原玉米、大豆和水稻的灌溉定额分别为 $1500 \mathrm{m}^3/\mathrm{hm}^2$、$1300 \mathrm{m}^3/\mathrm{hm}^2$ 和 $8000 \mathrm{m}^3/\mathrm{hm}^2$。根据灌溉定额估算得到松嫩平原现状农业灌溉水量为 219 亿 m^3。

为了求解经济效益最大种植结构优化模型，本研究通过调研和查阅相关地区年鉴，获取了松嫩平原水稻、玉米、大豆的种植投入数据，见表 6.34。

表 6.34　　　　　　　　　　　　松嫩平原玉米生育期种植投入

处　理	水　稻	玉　米	大　豆
整地/（元/hm²）	1250	300	300
肥料/（元/hm²）	1500	2250	600
播种/（元/hm²）	1030	900	570
除草/（元/hm²）	450	450	950
喷药/（元/hm²）	450	260	600
灌水电费/[元/（hm²·mm）]	2	1	1
灌水人工费/[元/（hm²·mm）]	1.7	2	2
收割/（元/hm²）	1150	600	600
粮食价格/（元/kg）	2.6	1.6	3.6

6.5.4.2　优化模型构建

（1）粮食产量最大情景的种植结构优化模型。本研究拟构建基于粮食产量最大的种植结构优化模型，该模型可以在有限水资源约束下，求解得到最大粮食产量条件下的最优种植结构优化方案。模型具体表达式如下：

1）目标函数：

$$\max Y(a) = \sum_{i=1}^{I} \sum_{k=1}^{K} Y_{ik} a_{ik} \qquad (6.43)$$

2）约束条件：

面积约束

$$\sum_{k=1}^{K} a_{ik} \leqslant A_{i,\max} \qquad (6.44)$$

水量约束

$$\sum_{k=1}^{K} m_{ik} a_{ik} \leqslant Q_i \qquad (6.45)$$

粮食安全约束

$$\sum_{k=1}^{K} y_{ik} \geqslant Y_{i,\min} \, \forall \, k \qquad (6.46)$$

非负约束

$$a_{ik} \geqslant 0 \, \forall \, i, k \qquad (6.47)$$

式中：$Y(a)$ 为最大产量，kg；i 为地区，$i=1,2,\cdots,I$；k 为作物种类，$k=1,2,\cdots,K$；a_{ik} 为第 i 地区第 k 类作物种植面积，hm^2；Y_{ik} 为第 i 地区第 k 类作物单位面积最优产量，kg/hm^2；m_{ik} 为第 i 地区第 k 类作物最优灌溉定额，m^3/hm^2；$A_{i,\max}$ 为第 i 地区现状最大总种植面积，hm^2；Q_i 为第 i 地区现状水资源可利用量，m^3；y_{ik} 为第 i 地区第 k 类作物产量，kg；$Y_{i,\min}$ 为第 i 地区粮食作物的现状总产量，kg。

（2）用水量最小情景的种植结构优化模型。本研究拟构建基于水量最小的种植结构优化模型，该模型可以在保证当地粮食产量的情况下，求解得到最小用水总量情况下的最优种植结构优化方案。模型具体表达式如下：

1）目标函数：

$$\max W(a) = \sum_{i=1}^{I} \sum_{k=1}^{K} m_{ik} a_{ik} \tag{6.48}$$

2）约束条件：

面积约束

$$\sum_{k=1}^{K} a_{ik} \leqslant A_{i,\max} \tag{6.49}$$

水量约束

$$\sum_{k=1}^{K} m_{ik} a_{ik} \leqslant Q_i \tag{6.50}$$

粮食安全约束

$$\sum_{k=1}^{K} y_{ik} \geqslant Y_{i,\min} \ \forall k \tag{6.51}$$

非负约束

$$a_{ik} \geqslant 0 \ \forall i,k \tag{6.52}$$

式中：$W(a)$ 为最小用水量，万 m^3；i 为地区，$i=1,2,\cdots,I$；k 为作物种类，$k=1,2,\cdots,K$；a_{ik} 为第 i 地区第 k 类作物种植面积，hm^2；m_{ik} 为第 i 地区第 k 类作物最优灌溉定额，m^3/hm^2；$A_{i,\max}$ 为第 i 地区现状最大总种植面积，hm^2；Q_i 为第 i 地区现状水资源可利用量，m^3；y_{ik} 为第 i 地区第 k 类作物产量，kg；$Y_{i,\min}$ 为第 i 地区粮食作物的现状总产量，kg。

（3）经济效益最大情景的种植结构优化模型。本研究拟构建基于经济效益最大的种植结构优化模型，该模型可以在有限水资源约束及保证当地粮食产量的情况下，求解得到经济效益最大情况下的最优种植结构优化方案。模型具体表达式如下：

1）目标函数：

$$\max B(a) = \sum_{i=1}^{I} \sum_{k=1}^{K} P_{ik} Y_{ik} a_{ik} - \sum_{i=1}^{I} W_i \tag{6.53}$$

2）约束条件：

面积约束

$$\sum_{k=1}^{K} a_{ik} \leqslant A_{i,\max} \tag{6.54}$$

水量约束

$$\sum_{k=1}^{K} m_{ik} a_{ik} \leqslant Q_i \tag{6.55}$$

粮食安全约束

$$\sum_{k=1}^{K} y_{ik} \geqslant Y_{i,\min} \ \forall \, k \tag{6.56}$$

非负约束

$$a_{ik} \geqslant 0 \ \forall \, i, k \tag{6.57}$$

式中：$B(a)$ 为最大经济效益，元；i 为地区，$i=1,2,\cdots,I$；k 为作物种类，$k=1,2,\cdots,K$；a_{ik} 为第 i 地区第 k 类作物种植面积，hm^2；Y_{ik} 为第 i 地区第 k 类作物单位面积最优产量，kg/hm^2；m_{ik} 为第 i 地区第 k 类作物最优灌溉定额，m^3/hm^2；$A_{i,\max}$ 为第 i 地区现状最大总种植面积，hm^2；Q_i 为第 i 地区现状水资源可利用量，m^3；P_{ik} 为第 i 地区第 k 类作物平均单价，元/kg；W_i 为第 i 个目标种植业的中间消耗，元；y_{ik} 为第 i 地区第 k 类作物产量，kg；$Y_{i,\min}$ 为第 i 地区粮食作物的现状总产量，kg。

6.5.4.3　作物种植结构优化的节水增粮效益

（1）粮食产量最大情景。根据粮食产量最大的种植结构优化模型以及约束条件，利用 LINGO 模型（李茉等，2014）求解不同水文年粮食产量最大条件下优化种植结构。

计算得到不同水文年相应的灌水分区的优化种植结构见表 6.35。可以看出，粮食产量最大化目标下，研究区丰水年应主要种植产量高的玉米，在降雨量较大的地区种植水稻；平水年和干旱年则种植需水较小且产量高的玉米。

表 6.35　　　　　产量最大情景下松嫩平原不同水文年种植结构优化方案

灌水分区	丰水年/万 hm²			平水年/万 hm²			干旱年/万 hm²		
	玉米	大豆	水稻	玉米	大豆	水稻	玉米	大豆	水稻
灌水 1 区	22.89	0	0	16.28	0	0	7.94	0	0
灌水 2 区	0	0	149.75	87.46	0	0	85.94	0	0
灌水 3 区	264.12	0	0	285.01	0	0	135.40	0	0
灌水 4 区	301.08	0	0	301.08	0	0	301.08	0	0
灌水 5 区	50.65	0	0	50.65	0	0	50.65	0	0
灌水 6 区	0	0	176.86	176.86	0	0	176.86	0	0
灌水 7 区	0	0	140.95	140.95	0	0	140.95	0	0

由表 6.36 可以看出，丰水年、平水年和干旱年优化种植结构条件下研究区粮食产量分别为 1.14 亿 t、1.17 亿 t 和 0.98 亿 t，比现状粮食产量分别高 71%、76% 和 47%。丰水年、平水年和干旱年优化种植结构条件下研究区灌溉用水量分别为 101 亿 m^3、127 亿 m^3 和 172 亿 m^3，比现状灌溉用水量分别低 54%、42% 和 21%。

（2）用水量最小情景。根据用水量最小的种植结构优化模型以及约束条件，利用 LINGO 模型求解不同水文年用水量最小条件下优化种植结构。

计算得到不同水文年相应的灌水分区优化种植结构见表 6.37。可以看出，农业用水最小目标下,研究区丰水年应大量种植需水量较少的玉米,在降雨量较大的地区少量种植需水量高的水稻;平水年和干旱年则主要种植需水较小的玉米。

表 6.36　　　　　　　产量最大情景下松嫩平原不同水文年用水量及粮食产量

项　目	丰水年/万 hm²			平水年/万 hm²			干旱年/万 hm²		
	玉米	大豆	水稻	玉米	大豆	水稻	玉米	大豆	水稻
用水量/亿 m³	39.27	0	61.72	127.02	0	0	172.12	0	0
产量/亿 t	0.72	0	0.42	1.17	0	0	0.98	0	0
现状粮食产量/亿 t	0.665								
现状灌溉水量/亿 m³	219								

表 6.37　　　　　　　用水量最小情景下松嫩平原不同水文年作物种植结构优化

灌水分区	丰水年/万 hm²			平水年/万 hm²			干旱年/万 hm²		
	玉米	大豆	水稻	玉米	大豆	水稻	玉米	大豆	水稻
灌水 1 区	21.37	0	0	23.38	0	0	20.83	0	0
灌水 2 区	0	0	137.58	112.02	0	0	113.81	0	0
灌水 3 区	157.77	0	0	163.26	0	0	159.29	0	0
灌水 4 区	169.17	0	0	165.04	0	0	164.49	0	0
灌水 5 区	25.67	0	0	24.83	0	0	28.55	0	0
灌水 6 区	85.71	0	0	65.2	0	0	68.28	0	0
灌水 7 区	0	0	54.56	50.04	0	0	48.96	0	0

从表 6.38 中可看出,丰水年、平水年和干旱年优化种植结构条件下研究区粮食产量分别为 0.67 亿 t,与现状粮食产量相同。丰水年、平水年和干旱年优化种植结构条件下研究区灌溉用水量分别为 52 亿 m³、78 亿 m³ 和 116 亿 m³,比现状灌溉用水量分别低76%、65% 和 47%。

表 6.38　　　　　　　用水量最小情景下松嫩平原不同水文年用水量及粮食产量

项　目	丰水年/万 hm²			平水年/万 hm²			干旱年/万 hm²		
	玉米	大豆	水稻	玉米	大豆	水稻	玉米	大豆	水稻
用水量/亿 m³	33.86	0	18.16	77.56	0	0	116.38	0	0
产量/亿 t	0.50	0	0.17	0.67	0	0	0.67	0	0
现状粮食产量/亿 t	0.665								
现状灌溉水量/亿 m³	219								

（3）经济效益最大情景。根据经济效益最大的种植结构优化模型以及约束条件,利用 LINGO 模型求解不同水文年经济效益最大条件下优化种植结构。

计算得到不同水文年相应的灌水分区的优化种植结构见表 6.39。可以看出,经济效益最大目标下，研究区丰水年应大量种植需水量较少、产量高的玉米，在降雨量较大的地区少量种植需水量较高、单价高的大豆；平水年则主要种植需水量较少、产量高的玉米；干旱年主要种植需水量较少、产量高的玉米，在降雨量较大的地区少量种植需水量高、附加值高的水稻。

表 6.39   经济效益最大情景下松嫩平原不同水文年作物种植结构优化

灌水分区	丰水年/万 hm²			平水年/万 hm²			干旱年/万 hm²		
	玉米	大豆	水稻	玉米	大豆	水稻	玉米	大豆	水稻
灌水 1 区	22.89	0	0	16.28	0	0	7.95	0	0
灌水 2 区	106.54	2.65	0	87.46	0	0	85.94	0	0
灌水 3 区	237.99	47.02	0	285.01	0	0	135.4	0	0
灌水 4 区	301.08	0	0	301.08	0	0	262.5	0	38.57
灌水 5 区	50.65	0	0	50.65	0	0	44.3	0	6.35
灌水 6 区	176.86	0	0	176.86	0	0	160.1	0	16.76
灌水 7 区	40	100.96	0	140.95	0	0	76.98	0	63.96

表 6.40   经济效益最大情景下松嫩平原不同水文年用水量及粮食产量

项目	丰水年/万 hm²			平水年/万 hm²			干旱年/万 hm²		
	玉米	大豆	水稻	玉米	大豆	水稻	玉米	大豆	水稻
用水量/亿 m³	84.26	7.93	0	127.02	0	0	147.82	0	94.23
产量/亿 t	1.00	0.05	0	1.17	0	0	0.85	0	0.12
现状粮食产量/亿 t	0.665								
现状灌溉水量/亿 m³	219								

从表 6.40 中可看出，丰水年、平水年和干旱年优化种植结构条件下研究区粮食产量分别为 1.05 亿 t、1.17 亿 t 和 0.97 亿 t，比现状粮食产量分别高 58%、76% 和 46%。丰水年和平水年优化种植结构条件下研究区灌溉用水量分别为 92 亿 m³ 和 127 亿 m³，比现状灌溉用水量分别低 58% 和 42%，而干旱年灌溉用水量比现状灌溉用水量高 11%，这主要是由于现状农业灌水量为多年平均值。

6.5.5   分析小结

本研究以松嫩平原为研究对象，实地调查分析研究区现有灌溉技术模式以及投入与产出情况，查阅文献资料获取研究区土壤类型、种植结构、气象数据和灌水数据。考虑区域尺度各要素的空间变异性，划分用于分布式模拟的均值单元格。结合研究区典型试验站点详细的田间试验数据和研究区遥感反演 ET 数据，以及研究区各区县的玉米、大豆产量统计数据分别率定了分布式农业水文模型 GSWAP-EPIC 玉米和大豆作物模型参数以及土壤水分运动参数，利用校核后的 GSWAP-EPIC 模型模拟分析了不同水文年不同灌水情景下的玉米和大豆的产量，并拟合得到不同水文年不同灌水分区玉米和大豆最优灌水量和产量。同时，查阅文献获取水稻灌水和产量数据，拟合得到水稻的最优灌水量和产量。在此基础上，构建了粮食产量最大、用水量最小和经济效益最大的种植结构模型，优化分析了现状水土约束条件下的研究区种植结构。主要认识如下：

（1）分布式农业水文模型 GSWAP - EPIC 能够较好地模拟松嫩平原区不同灌水情景下的玉米和大豆产量差异。

（2）松嫩平原不同水文年玉米最优灌水量为 $109\sim209$mm，最优产量为 $10417\sim10848$kg/hm^2；大豆最优灌水量为 $115\sim286$mm，最优产量为 $3332\sim3469$kg/hm^2；水稻最优灌水量为 $132\sim750$mm，最优产量为 $7069\sim9166$kg/hm^2。

（3）粮食产量最大化目标下，研究区丰水年应主要种植产量高的玉米，在降雨量较大的地区种植水稻；平水年和干旱年则种植需水较小且产量高的玉米。优化种植结构条件下粮食增产幅度为 $47\%\sim76\%$，灌溉用水量降低达 $21\%\sim54\%$。

（4）农业用水最小目标下，研究区丰水年应大量种植需水量较少的玉米，在降雨量较大的地区少量种植需水量高的水稻；平水年和干旱年则主要种植需水较小的玉米。优化种植结构条件下灌溉用水量降低达 $47\%\sim76\%$。

（5）经济效益最大目标下，研究区丰水年应大量种植需水量较少、产量高的玉米，在降雨量较大的地区少量种植需水量较高、单价高的大豆；平水年则主要种植需水量较少、产量高的玉米；干旱年主要种植需水量较少、产量高的玉米，在降雨量较大的地区少量种植需水量高、附加值高的水稻。优化种植结构条件下粮食增产幅度为 $46\%\sim76\%$，灌溉用水量降低达 $42\%\sim58\%$。

第7章 总结与建议

7.1 研究结论

本书针对东北粮食主产区水-能源-粮食互馈机理及协同变化这一关键科学问题开展了系统性研究，采用统计方法、机理模型和指标体系等手段，研发了面向粮食安全的水资源竞争协调-高效利用-全程管控的水-能源-粮食协同保障技术，实现了东北粮食主产区水-能源-粮食协同安全的机理辨识、量化模拟和综合评价。研究结论如下：

（1）分析了东北粮食主产区水-能源-粮食协同安全格局和现状问题：从水-能源-粮食时空耦合格局、国家战略定位、气候变化和国际环境影响等综合来看，东北粮食主产区水-能源-粮食协同安全面临着水资源可持续性、耕地可持续性、能源可持续性、生态环境可持续性、社会经济可持续性、内外部环境可持续性等6个方面的主要问题。

东北粮食主产区气候及土壤本底条件较好，是我国水稻、玉米和大豆的优势产区，是我国重要的商品粮基地。同时，区域煤、油、气在全国能源格局中占有重要地位，生物质能也具备了一定的基础。但是，区域内部存在水、热、土地、矿产等资源错配情况，粮食增产、能源稳产给部分地区资源环境带来较大压力。

本研究基于匹配距离和不平衡指数对其进行了量化分析，结果表明：黑龙江的水-能源-粮食与气候-土地-经济的适配问题最为突出；水资源、气候、土地等要素禀赋承受的压力较大，是区域协调发展的关键所在。当水资源、气候、土地等条件发生恶化时，可能对能源、粮食造成显著的制约。

在此基础上，本研究从水资源可持续性、耕地可持续性、能源可持续性、生态环境可持续性、社会经济可持续性、内外部环境可持续性等6个方面，阐述了东北粮食主产区水-能源-粮食协同安全面临的主要问题，主要体现为地下水超采、黑土地退化、能源稳产的经济和环境成本升高、耕作及畜牧超载造成生态环境潜在风险凸显、区域经济转型难度大、国际形势及气候变化下的不确定性风险等。

（2）解析了东北粮食主产区水-能源-粮食纽带关系和互馈机理：东北粮食主产区水-能源-粮食纽带关系主要包括水、能源、粮食在全生命周期中互为耗用的核心关联关系及其与经济、社会、环境系统的外围关联关系两条主线，其互馈机理体现为正向响应（实物资源耗用、虚拟资源转移、环境影响）和反向约束（水热耦合约束、水土承载力约束、环境约束）。

本研究基于生命周期评估理论（LCA），针对水资源全生命周期（取水、用水、耗水、排水）、能源全生命周期（开采、运输、转化、利用）、粮食全生命周期（种植、加工、贸易、消费）开展链条式审查，解析了水资源（地表水、地下水、非常规水源）、能源（煤炭、石油、天然气、电力、生物质能）、粮食（水稻、玉米、大豆、小麦）等各类要素在不同环节对水、能源、粮食的需求，并针对东北地区特点进行了总量和定额指标的定量分析，深入阐释了水、能源、粮食在全生命周期中互为耗用的核心关联关系。

外围关联关系主要是社会系统、经济系统以及环境系统与水-能源-粮食系统之间的关系。气候变化、环境污染和自然灾害等因素（环境子系统）通过影响其供应链和生产过程（供给侧）影响水-能源-粮食核心关联关系；社会子系统和经济子系统一般通过影响人类对水、能源和粮食需求侧影响水-能源-粮食核心关联关系。近年来，受国际形势变化和国家战略调整影响，东北粮食主产区在国家粮食安全保障和石油稳产方面的地位更加重要，也是本研究的一项重要外部条件。

在东北粮食主产区水-能源-粮食纽带关系的基础上，本研究基于系统动力学模型的因果关系图，系统梳理了东北粮食主产区水资源子系统、能源子系统、粮食子系统、社会子系统、经济子系统以及环境子系统等 6 大子系统之间 79 条反馈回路，解析了主要因子之间的函数关系和正负效应，全面阐释了东北粮食主产区水-能源-粮食互馈机理。

（3）构建了东北典型地区系统动力学（SD）模型并应用于水-能源-粮食均衡发展模式研究：以大庆市和黑龙江省为对象，分别构建系统动力学模型，对水-能源-粮食互馈关系进行定量化描述，并在历史校验中取得了较好的效果，在此基础上对未来不同发展方案进行模拟，提出了以水、能源、粮食节约集约利用为核心推荐方案的水-能源-粮食均衡发展模式。

大庆市系统动力学模型以水资源、能源和粮食子系统为模型主体，以社会、经济和环境子系统为模型客体，构建系统方程式，并对历史阶段 2005—2017 年 6 个代表性变量（城镇化率、水稻种植面积、天然气产量、人口总量、第三产业产值以及供水总量）进行校验，误差在 ±10% 以内。在此基础上，针对未来 2018—2030 年，结合区域发展相关规划，设置了现状延续发展（方案 1）、水资源开源发展方案（方案 2）、生物质能发展（方案 3）、粮食单产提升发展方案（方案 4）、能源和粮食生产结构调整（方案 5）以及水资源、能源、粮食节流发展（方案 6）等 6 个方案，开展情景分析。综合来看，强化水、能源、粮食节约集约利用的方案 6 最优，降低高耗水粮食和能源品种占比的方案 5 也相对较优，在增加人均 GDP 的基础上，不仅提高了能源自给率和粮食自给率、缓解了水资源供需矛盾，还减少了水体污染物当量，有利于促进大庆市水-能源-粮食协同安全。

黑龙江省系统动力学模型以水资源子系统、能源子系统和粮食子系统为核心，加入必要的辅助变量模拟真实系统的逻辑关系，综合确定了 131 个变量之间的函数关系，并对历史阶段 2010—2017 年区域居民生活需水量、能源消费量和粮食生产量等要素以及水资源、能源、粮食的供需差额进行模拟验证，展现了较好的模型精度、一致性和稳定性。在此基础上，结合区域发展相关规划，分别以水资源安全、能源安全、粮食安全、多系统安全以及常规发展等 5 类发展方案为基础，耦合高、中、低三种不同发展强度，构建了16 种情景模式，开展了未来 2018—2035 年黑龙江省水-能源-粮食系统综合模拟。结果表明，在不同方案下，黑龙江省水资源供需缺口、粮食盈余、能源总量亏缺的现象将长期存在，且随着区域粮食加工转化（燃料乙醇等）和消费需求的增加，粮食供需比将由 3 以上降低到 1.5 以下，调出粮食能力明显降低；以水或能源或粮食为单核心的发展方案在相应要素控制上效果明显，但对其他要素产生了负面效应，因此推荐多系统综合发展方案，支撑区域水–能源–粮食协同发展。

（4）构建了东北水–能源–粮食协同安全评价指标体系并开展了动态评价和风险评估：构建了东北粮食主产区水–能源–粮食协同安全评价的稳定性（11 项指标）、协调性（4 项指标）、可持续性（8 项指标）基础指标体系，开展了东北地区省级和地市级水–能源–粮食协同安全的历史和现状评价，并结合黑龙江省未来不同情景下系统动力学模拟结果开展水–能源–粮食协同安全动态演化评估。

东北水–能源–粮食协同安全评价指标体系涵盖了水资源系统、能源系统、粮食系统的单系统安全（稳定性）、水–能源–粮食两两系统之间的协调安全（协调性）和基于社会经济发展的发展安全（可持续性）三个方面共 23 项指标。在评价方法方面，采用熵值法确定各指标的权重，采用综合指数法确定水–能源–粮食协同安全水平，并将水–能源–粮食协同安全划分为极不安全、不安全、临界安全、较安全、非常安全等 5 个等级。

对东北三省 2010—2017 年评价结果表明：黑龙江省水–能源–粮食协同安全水平为 0.2~0.4，属于不安全类型，主要是由于系统的不协调性和不可持续性造成的；吉林省水–能源–粮食协同安全水平为 0.57~0.72，介于临界安全和较安全之间，但是各准则层评价结果波动较大，特别是近年来协调性显著降低；辽宁省水–能源–粮食协同安全水平为 0.53~0.66，协调性和可持续性的安全评价值相对较高，但是稳定性指标处于极不安全水平。

对东北各地市 2010—2016 年评价结果表明：多数地级市水–能源–粮食协同安全水平指数为 0.4~0.6，处于临界安全状态，且随着时间推移，多数地区协同安全水平所有降低，尤其是松嫩平原的西北地区。采用耦合度和耦合协调度指标分析水–能源–粮食系统的耦合及协调水平，结果表明：东北各地市 2010—2016 年水–能源–粮食系统耦合度总体在 0.8~1.0，属于高水平耦合阶段，说明水、能源、粮食之间相互影响强烈；各地级市耦合协调度在 0.6 上下波动，总体上处于初级–中级协调水平，水–能源–粮食系统耦合协调性仍有待提高。采用 GM（1,1）灰色预测模型对东北地区未来十年（2017—2026 年）水–能源–粮食系统耦合协调度进行分析预测，结果表明：如果按照现状模式继续发展，东北地区水–能源–粮食系统协调性将显著降低。

结合黑龙江省系统动力学模拟结果，对 2010—2035 年区域水–能源–粮食协同安全动态演化状况进行评估。结果表明：在 2012 年之后，黑龙江省水–能源–粮食协同安全性从临界安全转变为不安全，并以 0.32 为基准上下波动；在常规发展模式下，自 2021 年起安全性评价值以 3.6% 的年均增长率小幅上升，但是综合来看，多系统综合发展的高强度发展情景和水资源核心的高强度发展情景对提升黑龙江省水–能源–粮食系统安全性的效果比其他方案显著，有利于东北水–能源–粮食协同安全和均衡发展。

（5）构建了东北三省可计算一般均衡（CGE）模型并应用于区域水–能源–粮食–经济纽带关系解析：针对水–能源–粮食耦合研究需求，对传统 CGE 模型的农业部门进行种植作物细分、对关系不紧密的行业进行归并，并设置调整种植结构、增加灌区面积、使用后备耕地等情景，模拟各部门用水变化、能源产业以及宏观经济影响，完成了基于经济学视角的水–能源–粮食–经济纽带关系解析。

以国际主流的政策分析工具可计算一般均衡（CGE）模型为基础，考虑东北地区水–能源–粮食耦合研究中对于粮食作物精细化模拟的需求，对模型进行针对性改进。将农林牧渔产品和服务业拆分为水稻种植业、玉米种植业、大豆种植业、其他种植业和其他农业，将与水、能源、粮食关系不紧密的行业进行归并，从而把 2017 年投入产出表中 42 个行业重新整理为 19 个行业。结合区域粮食产量、产值和经济社会相关数据，分别建立 2017 年黑龙江省、吉林省、辽宁省社会核算矩阵。在基础数据准备的基础上，参考相关文献和东北实际，完成了替代弹性系数等外生参数设定。在完成 CGE 模型改进的基础上，针对东北三省设置了调整种植结构（主要考虑增加大豆种植面积）、增加灌区面积（考虑提升灌溉水平和作物单产）、使用后备耕地（响应国家粮食安全需求）等 3 种情景，并开展模拟。

对于黑龙江省，在增加 1 倍大豆种植面积、同比例降低水稻种植和玉米种植面积的极端情景下，区域 GDP 降低 1.3%，经济总产出降低 0.5%，社会总福利降低 186 亿元，劳动就业降低 2.6%，农业用水量减少 73.6 亿 m³（占区域农业用水总量的 20% 以上），煤炭石油天然气及电力等能源产出降幅在 1.5%～1.9%，主要是由于大豆单产相对较低、水稻种植面积减少导致农业用水下降等影响。对于吉林省，考虑降低 50% 玉米种植面积、等量增加水稻和豆类种植面积的情景下，GDP 将增加 4.0%，总产出将增加 4.1%，总福利将增加 273 亿元，就业将增加 7.8%；农业用水由于水稻面积的增加而增长 54 亿 m³，工业和生活用水也有少量增加；玉米面积每降低 10%，通过中间投入和资本流动等经济社会系统影响，煤炭产出将增加 1.1%，石油天然气增加 1.2%，炼油炼焦产业增加 1.2%，电力产出增加 1.2%，吉林的粮食-能源纽带关系比黑龙江更为敏感。对于辽宁省，在调降玉米种植面积、增加豆类种植面积、水稻面积不变的情景下，经济社会要素、用水量和能源变化都呈现降低的趋势。

因此，对于东北地区，粮食与水之间纽带关系较为紧密，与能源、经济之间也存在直接和间接联系但是相对较弱。水稻作为高耗水作物对区域农业用水有重要影响，但是在经济方面较大豆、玉米等作物产值高；降低水稻种植面积在显著降低用水总量、缓解区域水资源压力的同时，也对区域 GDP 等经济社会要素产生一定程度的负面影响。

（6）解析了气候变化、种植结构调整、灌溉制度优化等影响下东北地区粮食安全及协调发展优化格局：基于研究区作物生长季长度、生产潜力、水足迹等综合分析，梳理了区域气候特点、种植结构和用水特性等，并通过构建松嫩平原 GSWAP - EPIC 分布式农业水文模型，解析了不同水文年主要作物灌水量及产量的定量关系，在此基础上开展了生态优先、产量优先、经济效益优先等情景分析。

基于 1961—2016 年东北地区 81 个气象站点的逐日气温数据，分析东北地区作物生长季长度、生长季开始日期和生长季结束日期的变化趋势。可以看出，生长季长度整体呈现增加的趋势，增加趋势为 2.5d/10a；生长季开始日期主要呈现 1.5d/10a 的提前趋势，而生长季结束日期呈现 1.1d/10a 的推迟趋势；最主要的升温时间是 2 月，且南部地区的升温趋势明显高于北部地区。从气温的角度来说，这对区域作物生长较为有利。

以黑龙江省玉米、大豆、水稻、小麦为对象，解析了 2000—2017 年主要粮食作物生长的蓝水足迹、绿水足迹和灰水足迹。结果表明：黑龙江省主要粮食作物的水足迹增长了约 2.8 倍，粮食总产量增长了约 3.1 倍，水足迹的增长速度小于粮食产量的增长速度；水稻的水足迹总量较其他粮食作物高，且随着水稻种植面积的增加呈升高趋势；玉米、大豆、小麦的绿水足迹在总水足迹中的占比均大于蓝水，但是对水稻来说相对更依赖灌溉，其蓝水足迹和绿水足迹分别占到总水足迹的 52.6% 和 47.0%；代表着稀释农业生产中进入自然水体污染物至标准值的灰水足迹整体占比均低于 2%，主要是由于东北地区土壤肥沃、单位面积化肥施用量显著低于其他地区。

以东北粮食主产区的核心地区之一松嫩平原为对象，构建了 GSWAP-EPIC 分布式农业水文模型，并结合优化模型，解析了生态优先（用水量最小）、粮食产量优先（作物总产量最大）、经济效益优先（种粮净收入最高）等情景下区域种植结构及用水情况。将 EPIC 作物生长模型、SPAC 水分和溶质运移模型与 GIS 平台耦合，形成了改进的土壤水盐运移与作物生长耦合模型工具，对松嫩平原划分的 7 个灌水区（考虑降雨量级和实际灌溉制度）、1745 个均值单元（进一步考虑土壤类型、种植结构等）进行建模分析。根据叶面积指数、株高、产量、耗水量等对模型的作物生长参数、土壤水力参数等进行率定和校验，取得了较好的效果，论证了模型的可靠性。结合机理模型和统计方法，解析了玉米、大豆、水稻等主要作物灌水量及产量关系式，提出了丰水年、平水年、枯水年不同作物的最优灌水量。不同水文年玉米最优灌水量为 109~209mm，最优产量为 10417~10848kg/hm²；大豆最优灌水量为 115~286mm，最优产量为 3332~3469kg/hm²；水稻最优灌水量为 132~750mm，最优产量为 7069~9166kg/hm²。

在此基础上，建立优化模型开展水土约束下松嫩平原作物种植结构分析，结果表明：①在粮食产量最大化目标下（粮食产量优先），研究区丰水年应主要种植产量高的玉米，在降雨量较大的地区种植水稻；平水年和干旱年则种植需水较小且产量高的玉米。粮食理论总产量为 1.0 亿~1.2 亿 t，增产幅度为 47%~76%；农业需水量为 101 亿~172 亿 m³，占当地水资源量的 40%~70%，受产量较高的玉米和大豆对水稻替代的影响，灌溉用水量较现状多年平均降低 21%~54%。②在农业用水最小目标下（生态优先），研究区丰水年应大量种植需水量较少的玉米，在降雨量较大的地区少量种植需水量高的水稻；平水年和干旱年则主要种植需水较小的玉米。粮食理论总产量在 6700 万 t 左右，与现状持平；农业需水量在 50 亿~120 亿 m³，占当地水资源量的 20%~50%，灌溉用水量较现状多年平均降低 47%~76%。③在种粮净收入最高目标下（经济效益优先），研究区丰水年应大量种植需水量较少、产量高的玉米，在降雨量较大的地区少量种植需水量较高、单价高的大豆；平水年则主要种植需水量较少、产量高的玉米；干旱年主要种植需水量较少、产量高的玉米，在降雨量较大的地区少量种植需水量高、附加值高的水稻。粮食理论总产量为 1.0 亿~1.2 亿 t，增产幅度为 46%~76%；农业需水量在 92 亿~242 亿 m³，占当地水资源量的 40%~100%，灌溉用水量较现状多年平均变化为 −58%~11%。

7.2 成果总结

7.2.1 技术成果

本研究基于统计方法、机理模型和指标体系，构建了水-能源-粮食的竞争协调、风险管控和水资源高效利用技术。

（1）在水-能源-粮食竞争协调技术方面，基于水-能源-粮食互馈机理开发了 WEF 量化均衡模型工具箱，支撑区域水、能源、粮食协同发展模式的优化。

1）基于生命周期评估（Life Cycle Assessment，LCA）理论，解析了水-能源-粮食互馈机理，包括水、能源、粮食之间互为耗用的流动途径和定量关系，以及水-能源-粮食系统与社会、经济、环境等系统之间的耦合特性。

2）构建了东北粮食主产区/典型区的系统动力学仿真模型、投入产出模型、可计算一般均衡模型，形成了基于水-能源-粮食互馈机理的量化均衡模型工具箱，具备了水-能源-粮食-社会-经济-环境耦合系统模拟能力。

（2）在粮食主产区水资源高效利用技术方面，构建了考虑水热制约的作物响应统计与模拟方法库，支撑气候变化及粮食增产背景下的水资源优化配置和高效利用。

1）基于统计学方法和计量经济学方法（C-D 函数），开展了东北粮食主产区不同作物产量的关键影响因素分析和未来预测，支撑东北粮食增产关键制约要素的识别和粮食时空格局的优化。

2）针对不同典型区特点，构建了 CROPWAT 模型、WOFOST 模型、GSWAP-EPIC 模型，开展了不同水热限制条件下东北粮食主产区主要作物耗水规律分析、水足迹计算以及区域种植结构优化模拟。

（3）在水-能源-粮食风险管控技术方面，提出了面向水-能源-粮食协同安全的动态评价指标体系，支撑协同安全风险和关键短板的识别以及协同安全水平的提升。

1）从稳定性、协调性、可持续性等方面，针对性地提出了东北粮食主产区水资源安全、能源安全和粮食安全基础指标共 23 项，综合反映了水-能源-粮食系统内部关系及其与外部环境的耦合特性，分析了水-能源-粮食协同安全的耦合协调度指标。

2）提出了东北粮食主产区水-能源-粮食协同安全评价模型和耦合协调度评价指标，支撑不同情景下区域综合风险水平的预警以及关键短板的辨识，为针对性的政策规划建议和技术推广应用提供参考。

7.2.2　创新性成果

本研究在水-能源-粮食纽带关系和互馈机理的量化模拟方面有明显突破，成果创新性体现如下：

（1）提出了水-能源-粮食与经济-社会-环境耦合研究的"机理-模拟-评价"定量工具，改善了以往研究整体性不足的问题。

本研究解析了水资源供给消耗-能源开发利用-粮食生产消费以及经济、社会、环境相关要素的纽带关系和因果回路，在此基础上构建了涵盖多种水资源类型、能源类型和粮食作物种类以及经济社会环境相关要素的系统动力学模型，并结合模型输入输出变量提出了水-能源-粮食协同安全评价指标体系和评价方法，形成了面向水-能源-粮食协同安全的"机理-模拟-评价"研究框架，提出了针对水-能源-粮食与经济-社会-环境耦合研究的体系化的研究工具，改进了以往对水-能源-粮食两两关系研究较多、整体研究较少且缺乏量化研究工具的不足。

（2）创新改进了传统的可计算一般均衡（CGE）模型，实现了东北粮食主产区水-能源-粮食纽带关系的经济学解析。

以国际主流的政策分析工具 CGE 模型为基础，考虑东北地区水-能源-粮食耦合研究中对于粮食作物精细化模拟的需求进行针对性改进。将模型中社会核算矩阵（SAM 表）的农林牧渔产品和服务业拆分为水稻种植业、玉米种植业、大豆种植业、其他种植业和其他农业，将与水、能源、粮食关系不紧密的行业进行归并，将原 SAM 表中 42 个行业重新整理为 19 个行业，在此基础上结合东北地区作物种植结构、产量、粮食价格等统计调查数据，完成了新版 SAM 表构建，并成功应用于东北三省不同农业情景下国民经济各部门用水变化、能源产出以及宏观经济影响等综合模拟。

7.3 建议

（1）在宏观对策方面：

1）在空间布局、行业结构、要素配置等不同层次上，加强水资源-能源-粮食系统内部及其外部社会经济、生态环境系统的统筹协调。

在区域相关规划中加强对水、能源、粮食、土地、社会经济和生态环境的统筹考虑，明确水资源开发利用红线以及能源、粮食相关产业的规模阈值和负面清单，促进缺水地区能源开发利用、粮食种植加工以及其他高耗水行业的协调布局。

强化相关规划和项目的水资源、水环境和生态影响及综合效益评价，将能源、粮食的高影响、低效益区域逐步恢复自然生态，并结合域内经济转型、产业布局和结构优化、域外贸易替代等手段，促进水、能源、粮食可持续发展。

2）加强对能源和粮食的生产、加工、消费等全过程水资源影响的"量-质-效"综合管理，促进水资源保护，提升水资源综合利用效率和效益。

大力推广保水开采、低影响开发、综合节水等技术，减轻能源开采对地下含水层的扰动和地表地下水循环的影响，提升能源行业用水效率；逐步提高废污水排放标准，减轻能源开发、转化、利用全过程对水环境的影响。

优化作物种植结构，扩大高效节水灌溉面积，结合最严格水资源管理三条红线要求，严格控制农业用水中地下水的开采量，提升农业用水效率和效益；控制农药、化肥使用，减少农业面源污染对水环境的影响。

3）完善水-能源-粮食协同安全风险评价体系，建立变化环境下水资源、能源、粮食预测预警机制。

评估气候变化、经济形势等外部环境变化对水-能源-粮食协同安全的正向影响和逆向反馈，建立涵盖水、能源、粮食及其互馈路径的分级预警机制，并统筹制定各类风险的应对预案。

树立水-能源-粮食与社会经济、生态环境协同发展的综合安全观，建立相关管理部门间沟通和协作机制，在绿色发展的基础上，确立并深化水-能源-粮食均衡的协同发展思路和模式。

（2）在具体措施方面：

1）坚持节水优先，特别是加强农业节水力度。2019 年黑龙江、吉林、辽宁农田灌溉水有效利用系数分别为 0.610、0.594、0.591，高于全国平均水平（0.559），但是相比于河北（0.674）、山东（0.643）、河南（0.615）等产粮大省，仍有提升空间。因此，加大农业节水力度，是控制区域取用水总量、促进水–能源–粮食可持续发展的重要途径。一是需要农业节水技术的推广，二是加大农业节水投资力度，加强农田基础设施建设，三是优化种植结构。

2）加快推进东北平原地区地下水超采治理。水资源是东北粮食主产区经济社会可持续发展的基础保障，特别是松嫩平原、三江平原、辽河平原等地下水超采问题，是水资源保护面临的主要问题之一。编制《地下水超采治理与保护方案》，梳理地下水开发利用状况，分析地下水超采现状与原因，按照"一减一增"综合治理思路，因地制宜提出治理与保护的目标任务与对策措施。"一减"即通过节水、农业结构调整等措施，压减地下水超采量；"一增"即多渠道增加水源补给，实施河湖地下水回补，提高区域水资源水环境承载能力。

3）注重能源开发利用中的水资源保护。煤炭、石油等化石资源在开采、运输、转化、利用过程中，对当地水循环系统产生较大影响，相关产业的用水和排污对区域水环境影响显著，进而对生态环境造成破坏。应强化能源相关行业的用水、节水管理，推广煤炭保水开采、石油水驱替代等技术。

4）立足水土资源可持续利用，保障粮食安全。一方面，综合考虑水资源、土地资源、气候资源等，优化土地管理和水源利用，在水土资源可持续利用的前提下，提高作物生产率；另一方面，加强粮食安全公众参与和引导，优化饮食结构，厉行粮食节约。

5）坚持以水资源最大刚性约束，倒逼东北粮食主产区产业结构调整。严格落实最严格水资源管理制度，进一步细化不同地区、不同行业的用水总量、用水效率等控制指标要求，促进区域经济结构优化和产业转型升级。

6）健全监测体系，推进东北地区水治理体系和治理能力现代化。夯实用水监测统计基础，动态监测和评价重要水功能区水质状况，建立突发水污染事故快速监测和评估方法，制订应急处置方案，建立专业处置队伍。

参 考 文 献

敖雪，翟晴飞，崔妍，等，2017. 东北地区气候变化 CMIP5 模式预估 [J]. 气象科技，45（2）：298 - 306，312.

陈诗一，陈登科，2018. 雾霾污染，政府治理与经济高质量发展 [J]. 经济研究，53（2）：20 - 34.

程亨华，肖春阳，2004. 中国粮食安全及其主要指标研究 [J]. 黑龙江粮食，（2）：20 - 21.

樊明太，郑玉歆，马纲，1998. 中国 CGE 模型：基本结构及有关应用问题（上）[J]. 数量经济技术经济研究，（12）：39 - 47.

冯俏彬，2018. 我国经济高质量发展的五大特征与五大途径 [J]. 中国党政干部论坛，（1）：59 - 61.

冯尚友，刘国全，1997. 水资源持续利用的框架 [J]. 水科学进展，8（4）：301 - 307.

耿直，刘心爱，王小军，等，2009. 我国粮食主产区地下水管理现状及保护措施研究 [J]. 中国水利，（15）：37 - 38.

郭淑敏，马帅，陈印军，2007. 我国粮食主产区粮食生产影响因素研究 [J]. 农业现代化研究，28（1）：83 - 87.

贺菊煌，沈可挺，徐嵩龄，2002. 碳税与二氧化碳减排的 CGE 模型 [J]. 数量经济技术经济研究，（10）：39 - 47.

何洋，纪昌明，石萍，2015. 水电站蓝水足迹的计算分析与探讨 [J]. 水电能源科学，33（2）：37 - 41.

虎渠摇，2004. 粮食安全的三层内涵 [J]. 中国粮食经济，（6）：34.

黄青，唐华俊，周清波，等，2010. 东北地区主要作物种植结构遥感提取及长势监测 [J]. 农业工程学报，26（9）：218 - 223.

黄群慧，2018. 改革开放四十年中国企业管理学的发展——情境、历程、经验与使命 [J]. 管理世界，34（10）：92 - 100，238.

黄群慧，2018. 浅论建设现代化经济体系 [J]. 经济与管理，（1）：1 - 5.

惠泱河，蒋晓辉，黄强，等，2001. 二元模式下水资源承载力系统动态仿真模型研究 [J]. 地理研究，5（2）：191 - 198.

金碚，2018. 关于"高质量发展"的经济学研究 [J]. 中国工业经济，（4）：5 - 18.

李桂君，李玉龙，贾晓菁，等，2016. 北京市水-能源-粮食可持续发展系统动力学模型构建与仿真 [J]. 管理评论，28（10）：11 - 26.

李茉，郭萍，2014. 基于双层分式规划的种植结构多目标模型研究 [J]. 农业机械学报，45（9）：168 - 174.

李平，付一夫，张艳芳，2017. 生产性服务业能成为中国经济高质量增长新动能吗 [J]. 中国工业经济，（12）：5 - 21.

娄峰，2015. 中国经济-能源-环境-税收动态可计算一般均衡模型理论及应用 [M]. 北京：中国社会科学出版社.

马树庆，王琪，2010. 区域粮食安全的内涵、评估方法及保障措施 [J]. 资源科学，（1）：7.

米红，周伟，2010. 未来 30 年我国粮食、淡水、能源需求的系统仿真 [J]. 人口与经济，（1）：1 - 7.

农业农村部，2017. 关于全国耕地质量等级情况的公报 [R]. 北京：农业农村部.

任保平，2018. 新时代中国经济从高速增长转向高质量发展：理论阐释与实践取向 [J]. 学术月刊，50（3）：66 - 74，86.

阮本青，沈晋，1998. 区域水资源适度承载能力计算模型研究 [J]. 水土保持学报，4（3）：57 - 61.

沈利生，2009. 中国经济增长质量与增加值率变动分析 [J]. 吉林大学社会科学学报，49（3）：126 -

134，160.

施雅风，曲耀光，1992. 乌鲁木齐河流域水资源承载力及其合理利用 [M]. 北京：科学出版社.

水利部水文司，水利部水文水资源监测预报中心，2019. 地下水动态月报 [R]. 北京：水利部水文司.

孙鸿烈，2000. 中国资源科学百科全书 [M]. 北京：中国大百科全书出版社.

陶纯苇，2016.CMIP5 多模式对东北地区气候变化的模拟与预估 [D]. 北京：北京林业大学.

王浩，陈敏建，何希吾，等，2004. 西北地区水资源合理配置与承载能力研究 [J]. 中国水利，（22）：
　43 - 45.

王建华，姜大川，肖伟华，等，2017. 水资源承载力理论基础探析：定义内涵与科学问题 [J]. 水利学
　报，48（12）：1399 - 1409.

王喜峰，李富强，2018. 经济发展方式转变对水资源承载能力影响研究——基于北京市相关数据的实证
　分析 [J]. 价格理论与实践，（2）：106 - 110.

王喜峰，王富强，2019. 经济安全、高质量发展与水资源承载力关系研究 [J]. 价格理论与实践，
　415（1）：24 - 28.

王喜峰，沈大军，李玮，2019. 水资源利用与经济增长脱钩机制、模型及应用研究 [J]. 中国人口·资
　源与环境，（11）：146 - 152.

王喜峰，2018. 考虑区域承载力的水资源效率研究 [J]. 城市与环境研究，16（2）：99 - 112.

魏敏，李书昊，2018. 新时代中国经济高质量发展水平的测度研究 [J]. 数量经济技术经济研究，
　35（11）：3 - 20.

吴初国，何贤杰，盛昌明，等，2011. 能源安全综合评价方法探讨 [J]. 自然资源学报，26（6）：964 - 970.

夏军，朱一中，2002. 水资源安全的度量：水资源承载力的研究与挑战 [J]. 自然资源学报，17（3）：
　262 - 269.

徐旭，黄冠华，2013. 农田水盐运移与作物生长模型耦合及验证 [J]. 农业工程学报，（4）：118 - 125.

徐旭，2011. 内蒙古河套灌区水文过程及其对农业节水响应的模拟研究 [D]. 北京：中国农业大学.

许有鹏，1993. 干旱区水资源承载能力综合评价研究：以新疆和田河流域为例 [J]. 自然资源学报，
　8（3）：229 - 237.

杨伟民，2018. 贯彻中央经济工作会议精神 推动高质量发展 [J]. 宏观经济管理，（2）：13 - 17.

詹贻琛，吴岚，2014. 中美均面临水、能源、粮食三者冲突 [J]. 中国经济报告，（1）：109 - 111.

曾丽红，宋开山，张柏，等，2010. 松嫩平原不同地表覆盖蒸散特征的遥感研究 [J]. 农业工程学报，
　26（9）：233 - 242.

左其亭，2017. 水资源承载力研究方法总结与再思考 [J]. 水利水电科技进展，（3）：1 - 6，54.

ALAOUZE C M，MARSDEN J S，ZEITSCH J，1977. Estimates of the Elasticity of Substitution Between
　Imported and Domestically Produced Commodities at the Input - Output Level of Aggregation，July 1，
　1977 [C]. Victoria University.

BAZILIAN M，ROGNER H，HOWELLS M，et al.，2011. Considering the energy，water and food nex-
　us：Towards an integrated modelling approach [J]. Energy Policy，39（12）：7896 - 7906.

ENDO A，BURNETT K，ORENCIO P M，et al.，2015. Methods of the Water - Energy - Food Nexus
　[J]. Water，7：5806 - 5830.

FEDDES R A，KOWALIK P J，ZARADNY H. Simulation of Field Water Use and Crop Yield [M].
　John Wiley & Sons，New York，NY，1978.

Food and Agriculture Organization of United Nations，2014. The Water - Energy - Food nexus：A new ap-
　proach in support of food security and sustainable agriculture [R]. Rome：Food and Agriculture Organ-
　ization of United Nations.

HOFF H，2011. Understanding the nexus：Background paper for the Bonn 2011 Nexus Conference：The
　water energy and food security nexus [R]. Stockholm：Stockholm Environment Institute.

JIANG Y, XU X, HUANG Q, et al., 2014. Assessment of irrigation performance and water productivity in irrigated areas of the middle Heihe River basin using a distributed agro - hydrological model [J]. Agricultural Water Management, 147: 67 - 81.

LI Q S, WILLARDSON L S, DENG W, et al., 2005. Crop water deficit estimation and irrigation scheduling in western Jilin province, Northeast China [J]. Agricultural Water Management, 71: 47 - 60.

MUALEM Y, 1976. A new model for predicting the hydraulic conductivity of unsaturated porous media [J]. Water Resource Research, 12: 513 - 522.

SCHAAP M G, LEIJ F J, VAN GENUCHTEN, et al. 2001. Rosetta: a computer program for estimating soil hydraulic parameters with hierarchical pedotransfer function [J]. Journal of Hydrology, 251: 163 - 176.

SHI X Z, YU D S, WARNER E D, et al., 2004. Soil Database of 1: 1000000 Digital Soil Survey and Reference System of the Chinese Genetic Soil Classification System [J]. Soil Survey Horizons, 45: 129 - 136.

SINGH R, KROES J G, VAN DAM J C, et al., 2006. Distributed ecohydrological modeling to evaluate the performance of irrigation system in Sirsa district, India: I. Current water management and its productivity [J]. Journal of Hydrology, 329: 692 - 713.

STRASSER L D, LIPPONEN A, HOWELLS M, et al., 2016. A Methodology to Assess the Water Energy Food Ecosystems Nexus in Transboundary River Basins [J]. Water, 8: 59.

VAN GENUCHTEN, M Th. A closed - form equation for predicting the hydraulic conductivity of unsaturated soils [J]. Soil Science Society of America Journal, 1980, 44, 892 - 898.

WILLIAMS J R, JONES C A, KINIRY J R, 1989. The EPIC crop growth model [J]. Transactions of the ASAE, 32 (2): 497 - 511.

WILLIAMS J R, WANG E, MEINARDUS A, 2006. EPIC Users Guide v. 0509 [R]. http://epicapex. brc. tamus. edu/media/23015/ epic0509usermanualupdated. pdf.

ZENG L, SONG K, ZHANG B, et al., 2011. Evapotranspiration estimation using moderate resolution imaging spectroradiometer products through a surface energy balance algorithm for land model in Songnen Plain, China [J]. Journal of Applied Remote Sensing, 5 (1), 053535. doi: 10. 1117/1. 3609840.